天下文化
BELIEVE IN READING

財經企管｜600B

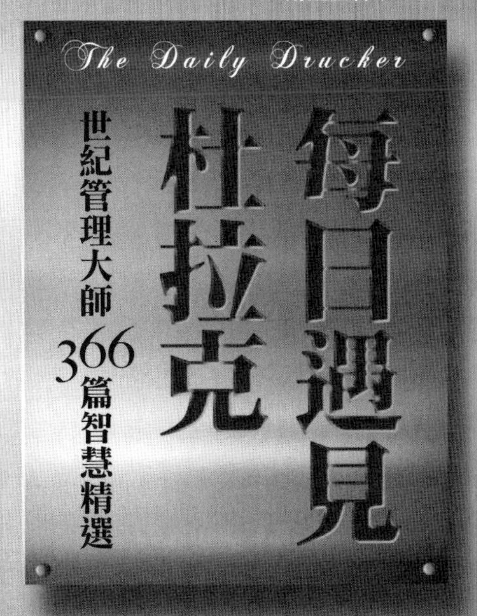

366 Days of Insight and Motivation for Getting the Right Things Done

杜拉克 Peter F. Drucker_著
馬齊里洛 Joseph A. Maciariello_編
胡瑋珊、張元嘉、張玉文_合譯

作者簡介

彼得・杜拉克（Peter F. Drucker）

杜拉克是作家、教師、顧問、哲學家，也是當代頂尖的管理思想泰斗，有「現代管理學之父」、「大師中的大師」之譽。杜拉克著述不輟，思想對現代企業發展影響深遠。他無論在管理、組織、策略、領導發展、激勵員工等方面皆洞察犀利，不斷提出擲地有聲的觀點；而他對潮流及趨勢的預見更是精準，宛如為世人劃下「明日的地標」。他曾提出「分權」、「知識工作者」、「目標管理」、「利潤中心」以及「不連續」等觀念，如今已在真實世界中得到印證，並成為主宰世界的潮流。

編者簡介

約瑟夫・馬齊里洛（Joseph A. Maciariello）

紐約大學經濟學博士，是杜拉克長年的同僚，也是多年的好友。目前於彼得杜拉克及伊藤正俊管理學院任霍頓講座教授。

譯者簡介

胡瑋珊

國立中興大學經濟學系畢業。曾任英商路透社編譯、記者。譯作《知識管理》曾獲經濟部金書獎殊榮。

張元蕙

美國密蘇里大學新聞學院碩士，曾翻譯許多重要財經企管著作，譯作曾榮獲經濟部金書獎。

張玉文

台灣大學外文系畢業，美國威斯康辛大學麥迪遜校區新聞碩士。曾任《天下雜誌》、《聯合報》記者及《遠見雜誌》副總編輯。現為《哈佛商業評論》全球繁體中文版總編輯。

CONTENTS 目次

編輯部整理

專訪杜拉克_ 大師心智，運轉不息

二〇〇五年八月，在《每日遇見杜拉克》第一版出版前夕，編輯部透過本書的編者馬齊里洛教授，與杜拉克對話，完成了這篇越洋專訪。杜拉克和馬齊里洛是多年至交，從他們的對話裡，我們得以窺見仍然轉動不息的大師心智世界。以下便是專訪摘要。

問：《每日遇見杜拉克》這本書與您過去所有的選集或著作比較之下，最大的特點是什麼？本書的編排方式，是否是針對某些讀者群而設計的呢？

答：這本書和我已往出版的作品完全不同。它的編排方式是以工作手冊的形式，每日提供管理者日常工作指南。

問：書中的篇章裡，您曾點出「管理是博雅教育」，但是管理思想或經營哲學素來似乎是擔任管理職的經理人才會涉獵的領域，您覺得管理知識對於非管理職或非資深的工作者最大的助益為何？而對青年世代而言，如果要追求企業高階主管的生涯，您會給他們什麼建議？

答：每個階層的管理人員或專業人員，都需要了解營運和管理。最需要對此有所涉獵的是基層人員，這樣他們才能裝備自己，有所貢獻。

問：您的學習和工作都跨越好幾個不同的領域，您在做職涯和人生抉擇時，關鍵因素是什麼？您對所謂「失落的一代」，在這方面有何建議？

答：與其說我是主動採取行動，不如說我是因應現實做出回應。只是，我的回應大部分基於我對重要新機構的分析。不過，在做職涯選擇時，重要的是個人核心能力和機會的搭配。年輕人要及早體認自身的核心能力為何，並專注於個人長處。

問：關於巴西、俄羅斯、印度和中國這四個新興經濟體的發展，您的評價如何？而這些新興經濟體和過去由美、日、歐構成的鐵三角，會產生什麼樣的衝擊？

答：這四國的興起是日本自明治時代以來所面對最大的威脅。日本多國企業最大的成就便是，在中國市場扎根，建立地位，尤其是在中國的出口市場。

問：您經常強調，經營者要留意「已經發生的未來」（the future that already has happened），以尋找企業策略及獲利成長的契機，是否可以與讀者分享，您認為當今有哪些值得關注、但卻尚未為人察覺的「已經發生的未來」？

答：我認為目前最重要的「已經發生的未來」，就是網際網路的興起，並成為主要的通路。

問：您歷經了一次世界大戰、二次世界大戰、以及九一一事件，您的世界觀也因此歷經了重大轉折嗎？

答：是的。直到不久前，我認為經濟世界仍然由西方世界所主宰；現在，世界經濟快速轉變成真正由NAFTA、EU等幾個主要經濟區塊所組成的全球經濟。

問：全球化使資本主義更加深化，有人主張，連九一一恐怖攻擊事件都算是對這個全球化資本主義的反動，您認為呢？

答：不，我不認為九一一恐怖攻擊事件是對資本主義的反動；我認為它是對美國的反動。

問：在所有的管理經典裡，您會推薦哪一本，可以做為現代管理者的智慧泉源？而又有哪些管理之外的領域，是值得現代管理者多所關注的呢？

答：亞佛瑞・史隆（Alfred Sloan）所著的《我與通用汽車》一書（*My Years with General Motors*），這是我推薦所有管理者閱讀的書。而管理者需要在經濟學、心理學以及政治科學方面多所涉獵。

問：您創造了管理這門學科，管理思想中有許多重要的觀念，也都是來自於您的原創，而您也向世人揭示了許多精闢而深入的觀察。您自己覺得對世界影響最深、最自得的洞見是哪一個？

答：我最重要的貢獻是將管理變成具體可見的主要學習領域，並且讓這門學科廣為世人接受。一九四〇年代，在我首度提出「管理學」之前，這是前所未聞的領域。

司徒達賢（國立政治大學企業管理系所教授）

序_大師的典範

大部分書籍都有其思想主軸。筆者為書寫序時，通常是設法將書中的重要觀點做一摘要整理，一方面代表本身的閱讀心得，一方面也協助讀者提升閱讀與吸收的效率。

然而這本《每日遇見杜拉克》卻無法摘要出主軸，因為這是杜拉克一生思想與寫作的精華，他所討論的議題涵蓋極為廣泛，思想內容博大精深，而此書本身即是一本摘要，無法也不必再用更簡潔的文字來表達其中的內容。

然而，在閱讀全書後，不得不令人想像，做為一位管理學者，杜拉克是如何進行他的研究？如何產生如此豐富且創新的觀念？何以能夠在半個多世紀中，不斷提出令企業界感到震撼，同時又值得其他學者持續深入研究的課題？

宏觀與微觀兼具的杜拉克

現代學術界對學者的期許與要求，是方法嚴謹、樣本客觀、引據精確的學術研究，這當然也是做學問的途徑，但顯然與杜拉克的成長過程大不相同。

杜拉克的學術思想特色是：議題極為廣博，兼具宏觀與微觀；文字之間，充滿了高度前瞻性的洞見；所提出的觀念，具有高度之實用價值與可行性。而在各個單一議題的背後，又擁有屬於自己的完整思想體系。在此一思想體系中，杜拉克將「社會」、「企業」、「管理」、「人」之間的互動與關聯，銜接得十分緊密。因此，可以從企業的發展中，預見社會的變化；從社會的趨勢中，感知企業及管理人員未來的挑戰；從企業在社會中的角色，延伸出人性在管理工作中的重要性。現代企業實務所關心的議題，例如：企業定位、組織變革與創新、知識工作者、非營利組織之管理、高階領導人的品格與倫理、組織良心、科技進步對社會演化之影響、政府與企業，甚至家族企業等，雖然杜拉克未必是提出這些觀念的第一人，但他深入的解說、用心的提醒，卻是帶動人類社會在這些觀念方面不斷提升，不斷進步的功臣。

各種管理議題的根源

這也造成了今日管理學術中所談的議題，往往可以在杜拉克幾十年前的著作中找到最起始的根源。

形成這些成就與貢獻的背後，除了天賦的智慧與健康長壽之外，顯然尚有幾項因素。

第一是廣博的知識基礎。從各種著作中可以窺見，年輕時的杜拉克即在經濟、政治、社會、歷史等領域，擁有極充實的學術訓練，因此，他對大環境中的變化趨勢有高度的敏銳性，而且能對人性觀察入微。

第二，他對實務世界有廣泛而深入的接觸與瞭解。家庭背景及早期的成就，讓他有機會面對面接觸許多學術界的大師、世界頂級企業及其他組織的領袖，而使其思想與觀點的格局與層次遠高於一般學者。

第三，從其關心議題的廣度，可想見其對社會周遭事務的好奇心與觀察力。

第四，終身學習的精神，以及對眾生的關愛，是他持續創作，不斷提出新觀念的原動力。

總之，杜拉克所表現的思想深度、創意以及對人類社會未來福祉的關注，是其成就與貢獻背後的重要因素。這當然是我們應學習的典範，卻也可能正是今日的學術體制下極容易被忽視的。

許士軍（元智大學講座教授）

序_為什麼杜拉克被稱為「大師中的大師」？

二〇〇九年，應《哈佛商業評論》全球繁體中文版邀約，為當代偉大思想家彼得．杜拉克百年冥誕寫篇文章，接下這一邀約後，內心頗感躊躇。一方面，我在過去十年間，曾經為了介紹或評述杜拉克先生的思想和論著，寫過至少十四篇文字，以個人有限的知識，如何另闢蹊徑，避免重複，至為不易；在另一方面，以杜拉克先生之博學多聞和前瞻睿智，如果信口雌黃，亦恐難免貽笑大方。

歐巴馬獲得和平獎的理由

恰在當時，消息傳來，美國總統歐巴馬榮獲該年度諾貝爾和平獎，這一消息大出人們意外，以他上任未及一年，雖然他提出的一些觀念和主張以及採取的某些具體行動，如上任第一天關閉關塔那摩監獄，決定放棄在東歐波蘭部署飛彈基地，幫助阿富汗和巴基斯坦政府建立反恐行動的能力，並在二〇一一年準備結束美軍在伊拉克駐軍等，較之前任布希總統令人有耳目一新之感。但究竟這些決定，今後對於人類和平有何卓越貢獻，似乎言之過早，也不符合過去獲獎者的先例。但細讀委員會所公布之獲獎理由，主要在於他致力於加強國際外交和世界人民之間的合作所做的「非凡努力」，其中最具震撼力的，就是去開羅大學發表的演說，承認伊斯蘭教對人類文明的重大貢獻，代表他所領導的美國政府，一反過去的僵固立場，向回教世界伸出手，表示對於回教文明之尊重和善意。這些努力之「非凡」，在於他直接面對當前世界上人類所面臨的最大危機，走出歷史困境，這種眼光和勇氣恐怕是使他獲得和平獎的主要理由。

杜拉克的「疆界史觀」

從諾貝爾和平獎委員會頒給歐巴馬所舉出的主要理由，也讓我們聯想到杜拉克所提出的歷史觀，從中找到同樣線索和依歸。依他早在二十年前一本巨著《新現實》（*The New Realities*）中所提出人類社會發展的一種疆界史觀，以許多具體事例說明，在歷史的長河中實際上存在有某些重大的疆界，雖然這種疆界在當時並不特別明顯，但事後看來，一旦超過某一疆界，「社會政治風貌，便全然改觀，氣候與語言也有不同，從此開啟新現實」。在杜氏史觀中，可以上溯到古羅馬時代，但以近代而言，由一七七六年亞當斯密出版《國富論》（*The Wealth of Nations*）時代開始，到一八七三年發生維也納股票市場大崩盤的大約一百年間，屬於自由主義為主流的階段。但接著在此以後所發生的一些事件，如德國俾斯麥制定國民健康保險與養老金保險制度，英、奧等國通過工廠安全與婦女勞動法，美國制定農民救濟法和反托拉斯法，以及設置州際產業委員會等，加上各國紛紛推動公營事業，代表福利國思想取代自由主義時代的到來；不幸的是，這一潮流日後仗著馬克思主義和反猶太主義的盛行一時，帶給世界不同形式的極權主義政府。

儘管人類為了這種時代潮流付出極大代價，熬過了納粹政權和史達林的共產主義暴政，但福利國家思想仍然延續，譬如美國詹森總統所提出的「與貧窮戰爭」的「大社會」計畫，更不要提發生在中國長達十年文化大革命的浩劫，象徵著這一歷史階段的最後瘋狂和結束。

多元主義的興起

再下來，乃是美國的雷根總統、英國的柴契爾總理，以及中國的鄧小平登場，「不管他們所做的為何」，在杜拉克觀察中，他們除了放棄「社會福利」思維外，同時體悟到政府的角色是有限的，更不是建立或改善社會的「唯一」管道。但是杜拉克提醒人們，人類並沒有因此又回歸到十八世紀那種自由主義時代。由於全球化和新科技的發展，尤其是知識社會的出現成為主導力量。在這些改變下，這個世界進入的一個新的現實——一種多元主義的再興起。這時的問題是，由於各種團體一旦獲有較大自主權以後，可能只考慮本身利益，而忽略了對於共同利益的關懷；譬如政黨所關心的，只是哪些事是有利於自己保持政權或取得政權。這種多元主義所帶來的分歧，代表在這時代中人類所必須面臨的艱鉅挑戰。

事實上，這方面的問題並不只出現在國內，它同樣發生在全球化舞台上。人類世界的現代化並沒有造就任何一種共通的文明，也沒有導致許多人所說的全盤西方化，反而是一種多元和多文明的全球化時代。冷戰結束之後，各種文明之間的權力結構發生改變，西方文明的影響力相對式微；相對地，亞洲文明迅速興起，反映在世界上學習中文風氣大開；而回教文明更是站在反西方立場帶給世界一種不穩定的情勢。

文明衝突與世界秩序重建

這種情勢所造成的，已非國與國之間的競爭，而在於不同文明的族群之間的競爭，如美國政治學者杭亭頓教授在他最重要的一本著作《文明衝突與世界秩序的重建》（*The Clash of Civilizations and the Remaking of World Order*）中所稱，這種衝突乃是今後全球政治最核心、也最危險的一個發展方向，今後人類社會的和平和福祉將大部分取決於能否妥善地解決此方面的問題。

杜拉克和杭亭頓在這方面都主張，西方社會必須重新認識西方文明「獨特，但並非全球共通」這一現實，尤其是美國人必須放棄百年來自以為代表人類文明走向的自負心態，接受世界多元文化和多元化的現實，在這基礎上建立一種新的世界秩序。這正是歐巴馬在他上任短短九個月中所做的努力，似乎也是構成他獲獎的主要理由和背景。

對「運作良好的社會」的追尋

縱觀杜拉克先生的一生，我們將發現，他所關懷的，就是屬於這種高度的人類問題：如何有效地增進人類福祉，實現他所謂「運作良好的社會」。我們可以從他自稱寫作第一本重要著作：《經濟人的末日》（*The End of Economic Man*）開始，到《工業人的未來》（*The Future of Industrial Man*），再到《不連續的時代》（*The Age of Discontinuity*）和《下一個社會》（*Managing in the Next Society*），都發現他一直在找尋有什麼機構，能促進人類運作良好的社會。

基本上，他對政府是不抱希望的，除了由於他親身目睹納粹和共產政權的暴虐外，也察覺西方民主政府的無能。這種無能不是由於政府太小，反而是太大了，大到太複雜太遙遠，以至於一般公民難以積極參與〔《杜拉克談未來管理》（*Managing for the Future*）〕。他也曾經將希望寄託在企業身上，然而他又發現，在市場驅策下的企業，所關心的乃是利潤；更糟的是，在華爾街的遊戲規則下，還是短期利潤，因而使得企業所做的事和社會真正需要的，愈行愈遠。

在他晚年，他注意到美國社會中非營利機構之蓬勃發展，抱以極大希望。他認為，由於這種機構所追求的，不是利潤或其他短期財務目標，而是為創造人類所需要的公民社會。這類機構在這使命下的任務，不是出售產品勞務，也不是利潤，而是「治癒後的病患，學到知識的兒童，不斷成長為自尊自重的年輕男女；他們是煥然一新的人」〔《彼得・杜拉克：使命與領導》（*Managing the Non-Profit Organization: Practice and Principle*）〕。

管理何以是他的最愛？

最能反映杜拉克這種關懷社會的崇高思想的，就是在他93歲高齡之際，不憚煩瑣地挑選他一生著作中和社會主題有關的部分，加以編輯成書，書名就叫做《運作健全的社會》（*A Functional Society*）。在這本書的序文中，他明白地表示：「在大家印象中，尤其在美國，我最主要的身份是管理方面的作家。其實，管理並非我最早關注、也不是我放最多心力的領域。我會對它產生興趣，出於我對社群（community）和社會的研究。」這段話說明了，他之所以在許多地方自稱管理是他的最愛，乃在於他發現管理有助於實現他這種關懷社會的理想，而不在於管理的本身。

然而即使如此，畢竟他乃是一位不折不扣的管理學的開創者和奠基者。事實上，他接觸到管理並感到興趣，乃是出自一次偶然的機緣。

一九四〇年代初，他應邀進入當時一家世界上最大、也最成功的美國企業「通用汽車」，進行一次長達十八個月的深入觀察。公司原意是請他探討有關營收和利潤方面的事，然而杜拉克所發現的，卻是存在現代任何機構中最基本也最關鍵的功能：組織和管理《企業的概念》（*Concept of the Corporation*），也因此開啟了一個人類活動和知識的嶄新的領域。

就在這本書的基礎上，他接著以《彼得・杜拉克的管理聖經》（*The Practice of Management*）和《管理：任務、責任、實踐》（*Management: Tasks, Responsibilities, Practices*）這兩部巨著建立了整個管理學的架構和重要議題，如目標管理，行銷觀念，創業和創新，高階主管功能，非營利事業角色和管理等等。尤其成為今日管理主流的知識管理，包括知識社會和知識工作者，早在一九五九年他所寫的《明日的地標》（*The Landmarks of Tomorrow*）一書中，即已首先提出。事實上，他在管理學方面所建立的觀念架構和主題，迄今學者都難以超越。更重要的是，杜拉克和絕大多數管理學者不同之處，在於他探討管理之道並不局限在管理層次，而是從大時代的潮流中探尋管理的意義和使命，其重心乃是放在外界變動迅速的環境上，我們可以從他所寫作的許多書名，例如「不連續的時代」、「變動的時代」、「未來的時代」、「後資本主義社會」、「下一個社會」等發現這一特色。

「遠眺窗外」的管理史觀

由這種動態觀點出發，使他在特別為《杜拉克談未來管理》中文版（*Managing for the Future*）所寫的序中，指出管理之一大挑戰，在於如何平衡目前的績效和未來的期望。他說，許多管理階層面對此一挑戰時，一般有兩種假定，第一是假設未來和今天很像，因此，只要把現在的工作做得更好就夠了，這種假設在二十世紀前半大致符合現實，但在今天顯然與現實脫節了。至於另外一種假設，承認將來和目前是不一樣的，但是管理者堅信，企業有能力經由擬定「策略」以創造未來，這也是目前在所謂「策略管理」典範下最流行的看法。

然而杜拉克所建議的，乃是有別於上兩種以外的第三種途徑，他稱之為「遠眺窗外」，意思是「尋找已經發生，但還沒產生全面衝擊的變動」。因此在他《談未來管理》這本書中，「每一個章節都在嘗試詮釋未來世界會有何變遷，而這些變化對經濟、人、市場、管理及組織代表什麼意義。」這些變化，包括人口結構的變化、全球化的興起，資訊化的組織等。近年來他特別感到興趣的，乃是中國的崛起及其發展，可能帶給世界和人類的影響，在他的不同論著中一再出現這一課題。

讓我們敬佩的是，早在二十年前，杜拉克就指出，地球暖化所將帶來的嚴重後果；他說「我們只有一個地球，需要人類一起來關懷這個問題，否則人類將面臨危機」；他預見「生態系統的問題與政策，必須成為全球性的政策」（見《新現實》）；他以大篇幅分析這方面的問題和肇因，大聲疾呼人類切不可執迷不悟，以為這只是局部性，或只是屬於先進國家問題；將這問題排除在經濟活動之外，讓消費者不必負責。反之，他明確主張：「不論環境破壞發生在地球上任何地方，均關係到整個人類的問題，對整個人類造成威脅，除非大家有這樣的共識，否則不可能採取有效活動」，真是何等的先見！

「大師中的大師」！

為了寫這篇文字，我特別翻閱杜拉克先生早年著作，發現一個有趣的現象，就是從他第一本重要著作《經濟人的末日》（1939年出版）開始，到《全新的社會》（*The New Society*），《不連續的時代》（1969年出版），以至於《杜拉克談未來管理》（1992年出版）。這些著作，不但獲得書商一再重新出版，而且每次他也都不厭其煩地為這些再版寫序。以《經濟人的末日》這本書而論，最初一版距今已達七十年之久，日後又有一九六九、一九九四再版，他還特別為二〇〇四年——也就是他辭世前一年——中文版讀者寫序。這種現象，在管理領域內，恐怕是絕無僅有的事，這也充分證明他對於社會的熱愛，以及對自己理念的投入，尤其是他所提出的觀念和立論，是多麼經得起時間的考驗，基於這些卓越和非凡的表現，稱他為「大師中的大師」，誰說不宜！

吉姆・柯林斯（Jim Collins，《從A到A+》作者）

序_追求完美，力臻卓越

一九九四年十二月的某一天，我開著租來的車，在杜拉克的住屋前停下來。我再三核對地址，因為眼前這棟房子看起來實在不夠大。這在克萊蒙大學（Claremont Colleges）附近的社區裡頭，算是不錯的房子，四周緊鄰類似的郊區房舍，車道上停了兩輛小型的豐田汽車。這應該是很適合當地大學教授的房子，不過我要找的可不是一般當地大學的教授，而是杜拉克。他可是奠定管理學基石的大師，是二十世紀下半葉最富影響力的思想家，也是杜拉克管理研究所（Peter F. Drucker Graduate School of Management）的創辦人。

不過，是這個地址，沒錯。我緩步走到前門按了門鈴，卻沒有人應門。於是，我再按了一遍。「好了、好了、我來了！我的手腳不像以前那麼快了！」屋子裡傳出這樣的聲音。這個聲音聽起來有點不耐煩，我想來開門的人脾氣大概不好。不過，門打開後，迎接我的卻是一張誠摯的笑臉，讓我覺得這位主人真的很開心見到我，即使我們從來沒有見過面。「柯林斯先生，很高興見到你，」杜拉克一邊和我握手，一邊熱忱地說道：「請進。」

我們在客廳坐下來，杜拉克坐在他最喜歡的藤椅上問我問題，時而探索，時而敦促，或是質疑。我當時只有三十六歲，沒有顯赫的名聲，正面臨事業生涯的關鍵時期；杜拉克慷慨無私地分享他的智慧，他只想幫助我的發展，一點也不要求回報。這樣的胸懷說明了杜拉克影響力廣被的原因。我想起他的作品《杜拉克談高效能的5個習慣》（*The Effective Executive*，遠流），以及「追求貢獻，而不是追求成功」的訓示。重要的不是「怎樣才能成功？」而是「我能貢獻什麼？」

深邃而精準的洞見

杜拉克的重要貢獻並非某個單一理念，而是他所有的作品，而這些作品都有一個偉大的優點，那就是：其中的論述基本上幾乎都是正確的。杜拉克對社會發展具備神奇的洞察力，而且他的看法後來都得到歷史的驗證。

他在一九三九年發表的第一本著作《經濟人的末日》（*The End of Economic Man*，寶鼎），探討極權主義的根源。一九四〇年，法國淪陷之後，邱吉爾將這本書列為英國預官學校畢業生必讀的教材。他在一九四六年的作品《企業的概念》（*The Concept of the Corporation*，天下遠見），以通用汽車為題，深入分析技術官僚企業。《企業的概念》一書中對於公司國家（corporate state）未來的挑戰，描述極為正確，這本書在通用高層引發一陣騷動，後來史隆執掌通用汽車時，這本書在通用內部基本上甚至成為禁書。杜拉克在一九六四年的作品，闡述企業策略應該遵守的原則，其內容遠遠超越時代的腳步；由於「策略」（strategy）一詞對當時而言實在太過新奇，出版商好不容易才說服杜拉克把書名從《企業策略》（*Business Strategies*）改成《成效管理》（*Managing for Results*，天下遠見）。

用一枝筆改變世界

改變世界有兩種方法：一是靠著筆（藉由觀念），一是靠著劍（運用權力）。杜拉克選擇了前者，並讓成千上萬權力在握的人換腦袋。一九五六年，大衛・派克（David Packard）坐下來寫出惠普公司（Hewlett-Packard Company）的企業目標時，他已經受過杜拉克作品的洗禮，惠普的企業目標很可能是以《彼得・杜拉克的管理聖經》（*The Practice of Management*，遠流）為依據，該書很可能仍然是今日最重要的管理著作。薄樂斯（Jerry Porras）和我在為《基業長青》（*Built to Last*，遠流）這本書進行研究工作時就發現到，許多卓越企業的領導人都受到杜拉克的影響，其中包括默克藥廠（Merck）、寶僑家品（Procter & Gamble）、福特汽車、奇異公司（GE）以及摩托羅拉（Motorola）。從警察局、交響樂團到企業集團，數以千計、各式各樣的機構都受到他的著作影響。由此看來，杜拉克堪稱二十世紀最具影響力的人物之一。

多產而質精的天才

在和杜拉克晤談的那一天，我曾經問道：「在你的二十六本著作裡頭，你最引以為傲的是哪一本？」

他不加思索地回答：「下一本。」

他那時不過八十六歲，每年幾乎都有新作問世，外加發表數量相當可觀的文章。過去這九年當中，他又發表了八本著作，並以九十四歲高齡繼續著述，密切探討二十一世紀所面對的挑戰。對於杜拉克而言，寫作猶如上了癮般，是一種正面的神經官能症，或許這是為什麼他這麼多產的原因。我問他，他的寫作怎麼能夠如此又多又快，他解釋道：「我是記者出身。我要寫得快，才能趕在截稿前交差。我所受的訓練就是要多產。」我不知道杜拉克至今究竟寫了多少頁，不過光是他的書，就絕對超過一萬頁。杜拉克是一種少見的天才，不但多產，而且見解鞭辟入裡。

短短一個段落，或是單單一句話，最能展現杜拉克智慧的光芒。他的文字深入複雜的現象，卻能化繁為簡、點出真理。杜拉克就像位禪師，隻字片語便能闡述放諸四海皆準的普世真理；他的教誨可以一再咀嚼，每次都讓人有更深的領悟。這本集錦囊括杜拉克所有論述的珠玉精品，讀者不必讀破萬頁書，只要本書就能深思杜氏所有的經典。馬齊里洛教授以卓越獨到的技巧，擷取杜拉克著作的精華，集成本書，他的貢獻值得肯定。

境達極致的思想雕刻家

杜拉克很喜歡講以下這個故事：西元前五百年，雅典市委託一位希臘雕塑家，為某座建築物雕塑一組雕像（這個故事收錄在本書十月一日，標題為〈追求完美〉的文章中）。這位雕塑家的工作時間比預期多好幾個月，因為他把雕像的背面做得跟正面一樣完美。雅典市的官員對此感到憤怒不已，質問道：「雕像背面幹嘛要弄得跟正面一樣漂亮？又沒有人看！」

這位雕塑家這麼回答：「喔，可是眾神看得到。」

本書可以說匯聚了所有雕像的正面，讓我們可以一次盡收眼底。不過，雕像正面之所以如此美輪美奐，是來自整座雕像所蘊藏的思想和工夫。要是沒有這些背後的工夫，這些成品便不夠完整，但這卻是我們看不到的部分。本書之所以字字珠璣，是因為這些精挑細選的篇章是以杜拉克所有的著作，也就是這位思想犀利的當代智者投注幾十萬小時思考的心血結晶，做為後盾。

不止息的探索與學習

一九九四年拜訪杜拉克的那天，我們最後在他最喜歡的當地餐廳吃飯。從餐廳返回他的住處途中，我在車上開口問他：「我要怎麼報答您，才能表達我的謝意？」我知道，能和杜拉克相處一天是極其珍貴的。

杜拉克說道：「我已經得到你的回報了。我們今天的談話讓我獲益良多。」那時我才發現，杜拉克獨特之處在於，他並不視自己為一代大師，他依然視自己為學生。大多數管理大師的所做所為是為了高談闊論，可是杜拉克卻是以學習為動力。杜拉克的作品旨趣橫生，而他自己就是個饒富意趣的人；套句約翰・嘉德納（John Gardner）的話，這是因為他對世界仍然興味盎然。

他最後說道：「儘管放手去做，讓自己成材。」接著，他一語不發下車，回到他那簡樸的家。我想他接下來應該會坐到打字機前面，繼續將他的思緒形諸文字，化為美麗的篇章，彷彿雕刻家手中正面、背面兼顧的美麗雕像。

科羅拉多州，圓石市（Boulder）

二〇〇四年八月三日

前言

「杜拉克的書，我應該讀哪一本？」「您的著作裡，哪一本對於人事任命的闡述最為精闢？」我每個禮拜都會聽到五六個類似這樣的問題。我在六十五年當中出了三十四本書，這些問題連我自己也覺得難以回答。

這本《每日遇見杜拉克》便是為了回答這些問題而問世。本書的呈現方式有條有理（而且直接摘錄自我的著作）：先引述我的話，做為關鍵句，然後以幾段文字（也是來自我的作品）論述或說明；其所涵蓋的主題包括管理、企業、世界經濟、社會變遷、創新以及創業精神、決策、人力的轉變和非營利機構與其管理等等。

不過，本書最重要的部分是頁扉下方的空白處。這是留給讀者發揮的空間。讀者可以在此記下自己的心得、行動、決策以及這些決策的結果。因為，這是一本「行動書」。

本書的誕生，全都多虧我的長年好友兼同事馬齊里洛教授。他提議將我的作品精華彙整成書，而且親自從我的著作、文稿和文章當中挑選適當的引言和論述。關於提升經營成效，本書的確是一本詳盡周延的指南書。為此，本書讀者以及我本人都要向馬齊里洛教授深深致謝。

彼得・杜拉克

加州，克萊蒙市（Claremont）

二〇〇四年夏

導論

在彙整《每日遇見杜拉克》的時候，我試著從杜拉克長年編織（至今仍努力不墜）的「織錦毯」中擷取精華，並進行拼合。我將這些精華歸為三百六十六篇文章，每篇都有一個主題，一年裡的每一天都有一篇，包括二月二十九日。每篇文章各有一個標題，並以「杜拉克格言」掌握該篇文章的精髓。這些格言、睿智話語和引言，以易於記憶的方式突顯出該篇主題。接下來的內容都是直接取材自杜拉克的作品。然後是「思考與實踐」，請讀者親身實踐該篇課題，應用於自身和所屬組織。

每篇文章最後都會注明文章的出處。除非另有說明，否則書後的「各篇出處索引」所列載的參考文獻都是指最新的版本。每本經引用的著作，其出版狀態都會在書末的「參考文獻」裡頭注明。杜拉克大多數的著作都還在出版，特別是經常引用的著作。所以，讀者可以藉此深入某個主題。

重在實踐的「杜拉克傳統」

在此建議讀者，留心「已經發生的未來」。如果你已經注意到逐漸興起的趨勢，並對其回應，你便可以進一步實踐所謂的「杜拉克傳統」（Drucker Tradition）。

我曾多次聆聽杜拉克對經營者發表演說，也有幾次觀察他從事顧問工作的情形。不論是教學還是提供諮詢服務，我最佩服杜拉克的是，他所採取方法的一貫性和成效。首先，他會百分之百確定問題癥結何在。接著，就像編織錦毯般，他會運用本身豐富的知識解決問題，一針一線地織出完整或部分的解決方案。在鎖定問題並且找出解決方案之後，他便會訂定解決問題應該採取的行動。最後，他會告訴聽眾：「不要告訴我這場演講很精采。我要知道的是，你們禮拜一早上會採取什麼樣的新做法。」

杜拉克處理問題的方法雖然一貫，他的著作或文章卻風貌多變。杜拉克多年來著述無數，對社會、管理等重大議題已形成系統化的精闢論述。如果我們研究杜拉克過去六十五年來所完成的著作，你會發現，我所說的「社會與管理的杜氏論述織錦毯」就會躍然紙上。

我從一九六二年大學畢業以來，就一直研究、運用杜拉克的著作。即便如此，在粹取、重整他的著作，並為各個主題提供適當的「思考與實踐」的過程中，卻讓我對他的論述有了全新的體會。我希望讀者在閱讀本書時，也會有同感。

致謝

我要向杜拉克深深致謝，感謝他給我這個畢生難得的機會，得以編成此書，我也要謝謝他多年來的友誼以及各種建議。在哈潑柯林斯出版社（HarperCollins）的史蒂芬・韓斯曼（Stephen Hanseman）以及里爾・史匹諾（Leah Spiro）的襄助下，這個機會才能順利實現。韓斯曼提出《每日遇見杜拉克》一書的構想，史匹諾則為本書的編撰工作提供周詳的建議與支援。我要特別感謝史匹諾，他不但審閱每個篇章，也協助撰寫「思考與實踐」。西吉・杭特（Ceci Hunt）是本書的文字編輯，我要謝謝她的編輯技巧以及辛勤工作。我也要感謝哈潑柯林斯出版社的主編戴安・愛隆森（Diane Aronson），以及那克斯・赫斯頓（Knox Huston）協助本書的籌備工作。

除了哈潑柯林斯出版社的協助，我也很感謝杜拉克與伊藤管理研究所（Peter F. Drucker and Masatoshi Ito Graduate School of Management）的迪恩・德克魯維（Dean de Kluyver），以及克萊蒙研究所（Claremont Graduate University）給我幾乎長達一年的休假，好專心完成本書。在這段期間，安東尼那・安東諾瓦（Antonina Antonova）擔任我的研究助理，柏那特・蘭伯斯（Bernadette Lambeth）則是我的行政助理，而杜拉克檔案室（Peter F. Drucker Archive）的戴安・華利斯（Diane Wallace）也協助我準備書後的「參考文獻」。我非常感謝他們三位的協助。

最後，我要感謝的是，在這段期間，內人茱蒂讓我能夠心無旁騖地專心工作，並在每個環節都傾力襄助。她是我最難得的賢內助。

約瑟夫・馬齊里洛
加州，克萊蒙市（Claremont）
二〇〇四年夏

JANUARY

一月

1. 領導者的品格
2. 掌握未來
3. 管理不可或缺
4. 組織惰性
5. 勇於割捨
6. 練習放棄
7. 知識工作者是資產，不是成本
8. 知識工作的自治權
9. 新企業的形象
10. 以管理取代暴政
11. 管理學與神學
12. 實務先於理論
13. 管理學與博雅教育
14. 管理的態度
15. 組織精神
16. 管理的功能在於展現成效
17. 管理：社會核心功能
18. 組織的社會
19. 社會的使命
20. 人和社會的本質
21. 獲利的功能
22. 經濟學屬於社會層面
23. 私德和公益
24. 反饋是不斷學習的關鍵
25. 自我蛻變
26. 社會生態學家
27. 管理這門學問
28. 不當管理的對照實驗
29. 績效是對管理的考驗
30. 恐怖主義和根本趨勢
31. 運作健全的社會

領導者的品格

組織的精神是由高層領導人所塑造的。

管理階層的誠實真摯和孜孜矻矻是品格中不能打折的要求。最重要的是，這點必須反映在管理階層的用人決策上。因為這是他們賴以領導統馭、樹立典範的特質。品行是裝不出來的。共事者（特別是屬下）只要幾個禮拜的時間就可以得知，與他們共事的人品格如何。他們或許可以原諒許多事情，比如無能、粗心、善變或是態度惡劣，可是他們無法寬貸沒有品格的人，以及當初選用這種人的管理階層。

這點對企業領導人特別重要。因為組織的精神是由高層領導人所塑造的。優良的企業精神來自優良的高層領導，如果企業精神腐化，也是因為高層領導的腐敗而致，諺語說得好：「上樑不正下樑歪。」資深主管的品行必須足以為部屬效尤的典範，如果公司對某人的品格有所疑慮，就不應該任命其人擔任高階主管。

《管理：任務、責任、實務》

思考與實踐

聘請執行長以及高階主管時，務必評估他們的品格。與誠正之士為伍。

1/2

掌握未來

重點在於鑑往知來。

未來學家總是根據他們預測的事情當中有多少成真，來評估他們的「打擊率」。可是他們卻從未衡量過，有多少重要的事情，他們不曾預測到。他們的預言當中多少有些會成真；可是他們可能沒看到現實世界裡微妙的重大變化，更糟糕的是，他們可能會對這些變化，視而不見。真正重要、特殊的事情，往往是人們的價值觀、觀點以及目標變化之後所產生的結果，而這些事情只能意會，無法臆測。因此，預測和現實脫節的現象在所難免。

不過，管理階層最重要的任務在於掌握已經發生的變化。而社會、經濟、政治面的重大挑戰在於，如何運用這些已經發生的變化，將變化轉為契機。這件事的重點在於鑑往知來，並建立一套方法，以感知、分析這些變化。我在一九八五年的著作《企業創新》一書中，花了相當的篇幅介紹這種方法，揭示如何有系統地觀察社會、人口結構、意義、科學和科技上的變化，讓這些成為締造未來的契機。

《不連續的時代》
《生態願景》

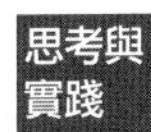

在你所屬的市場裡，找出已經出現的重大趨勢。以一頁的篇幅記下這些趨勢可能維持的期間有多長，以及它們對你的生活和組織有何影響。

1/3

管理不可或缺

能在只生一葉草的地上種出兩葉草的人，就值得稱頌，
而所有的思辯哲學家，或是抽象體系建構者都比不上他。

只要西方文明存在一天，管理學就仍然是它的根基，並在其中占有重要地位。管理學不光是以現代工業體系的本質，以及現代企業的需求為本（工業體系的人力和原料等資源必須由企業來運用）；管理學也展現了現代西方社會的基本信念，即透過經濟資源的組織體系，可以控制人們的生計；它也展現了，改善經濟可以做為人類追求更理想的生活、以及社會正義的強大動力。早在三百年前，史威夫特（Jonathan Swift）就曾經誇張地說，能在只生一葉草的地上種出兩葉草的人，就值得稱頌，而所有的思辯哲學家，或是抽象體系建構者都比不上他。

管理學這個社會的器官，秉持著提升組織經濟的責任，充分發揮資源的生產力，它反映出現代社會的基本精神。管理其實不可或缺，而這也說明了為什麼管理學會在幾乎沒有任何阻力的情況下，成長得如此迅速——雖然人們經常遺忘這一點。

《彼得．杜拉克的管理聖經》

管理階層的能力、品格和績效為什麼對自由世界具有決定性的影響？請提出幾個例子說明。

組織惰性

所有的組織都需要一套可以因應現實的紀律。

所有的組織都要知道，天底下沒有什麼計畫或活動可以不需要調整或是重新設計，就能長期持續運作。所有的活動最終都會落伍。忽視這個事實的組織，尤以政府機關最甚。事實上，當今政府部門之所以問題重重，最主要的癥結在於，所有事物都是沿襲過去，無法適時擺脫昨日的牽絆。這方面，醫院和大學只比政府好一點。

企業人士念舊的程度不下於政府官僚。如果某個產品或是計畫失敗，企業人士很可能會照樣加倍投資。不過幸好，他們無法完全照自己的意思這麼做。企業受制於一套客觀的規範，那就是市場。企業有一套客觀的外部衡量標準，那就是利潤。企業早晚得淘汰失敗或不具生產力的產品或計畫。對政府機構、醫院、軍隊等其他組織而言，經濟只是一項邊界條件。

所有組織都必須具備調整能力。就如同企業需要受到市場和獲利能力的檢驗，其他類型的機構也要有類似的衡量標準和觀念，只不過檢驗方式及衡量標準會相當不一樣。

《不連續的時代》

即使是非營利組織，對於績效也得有一套嚴謹的檢驗方式和衡量標準。

1/5

勇於割捨

沒有什麼事會比防止腐屍發臭更困難、更昂貴、更白費力氣的了。

高效能的經營者都知道，他們必須有效地完成任務。所以他們會專注一致。對於經營者而言，「專注」的第一道原則就是，割捨已經不具生產力的過往。勇於割捨，才能立刻釋出最重要的資源（特別是人力這樣稀有的資源），投入明日的契機。如果領導者無法擺脫昨日、割捨過去，自然也無法開創明天。

如果不有系統、有目的地進行淘汰，整個機構會淹沒在各式各樣的活動當中，而把最好的資源浪費在根本不應該做、或是不需繼續從事的事情上。結果，當機會出現，組織反而缺乏資源（特別是人才）去掌握、開發這些機會。願意割捨昨日的企業家猶如鳳毛麟角，也因此，具備開創明日所需資源的企業，更是寥寥可數。

《杜拉克談高效能的5個習慣》
《動盪時代下的經營》
《視野：杜拉克談經理人的未來挑戰》
《典範移轉：杜拉克看未來管理》

別把資源繼續浪費在過時的業務上，釋放人力，好讓人才掌握新契機。

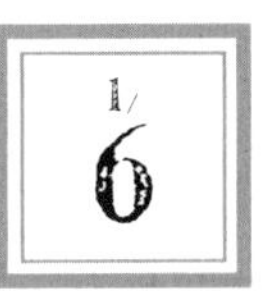

練習放棄

要不是已經做了，現在會決定這樣做嗎？

「要不是已經做了，早知道是這樣的話，我們還會這麼做嗎？」這個問題要一問再問，而且要認真地問。要是答案是否定的，接下來的問題便是：「現在怎麼辦？」

碰到以下這三種情況時，果決地放棄絕對是正確的舉動。倘若某個產品、服務、市場或是流程「還有幾年的壽命」，那就應該放棄。這些日落西山的產品老是需要最大的關注和心力，結果綁住最有生產力和最有能力的人才。同理，如果留住某個產品、服務、市場或是流程，唯一的理由是「成本已經完全攤提完畢」，那麼也應該選擇放棄。從管理的角度來看，天底下只有沉沒成本（sunk-cost），沒有「零成本資產」（cost-less assets）這種東西。第三個應該選擇放棄的情況（也是最重要的），便是為了保留舊式或是逐漸沒落的產品、服務、市場或是流程，而阻礙甚至忽視日漸成長的新產品、服務或是流程的發展。

《典範移轉：杜拉克看未來管理》

提出上述問題，如果答案是否定的，忍痛割捨向來珍視的業務。

知識工作者
是資產，不是成本

管理者的責任在於悉心保護機構的資產。

知識工作者擁有生產工具。他們的生產工具就是腦袋。這種生產工具可以隨身攜帶，是龐大的資本資產。由於知識工作者擁有自己的生產工具，所以具備高度的移動性。勞動工作者是人求事，遠超過事求人。如果說所有知識工作者的情況都正好相反，那倒也未必；不過對於大多數知識工作者而言，他們和工作之間屬於共生關係，也就是說，互需程度相當。

管理者的責任在於悉心保護機構的資產。當個別知識工作者的知識成為一種資產，而且在愈來愈多的機構裡，甚至變成主要資產時，這代表什麼意義？這對人事政策又有何影響？要如何才能吸引、留住生產力最高的知識工作者？要怎麼樣才能提昇他們的生產力，並將其轉化為組織的績效？

《典範移轉：杜拉克看未來管理》

思考與實踐 將知識工作者和他們的知識視為公司最重要的資產，藉此吸引、留住生產力最高的人才。

知識工作的自治權

知識工作需要自治和責任。

知識工作者必須自主，所以必須界定自己的任務和成果。就算在同一個領域裡，每個人所擁有的知識也各不相同，每個知識工作者都有自己獨到的知識。憑著獨一無二的專門知識，每個工作者對於自己所屬領域的瞭解程度都是同仁當中最深的。知識工作者的確必須比其它人都瞭解自己的領域，這正是組織延聘他們的原因。所以，一旦知識工作者界定好自己的工作，並且適切地重新建構工作，就應該自行完成任務，並對結果成敗負起責任。知識工作者應該自行規劃工作計畫，並切實依循，譬如：我的工作重點是什麼？我應該負責的成果有哪些？何時是完成期限？知識工作需要自治和責任。

《典範移轉：杜拉克看未來管理》

撰寫一份工作計畫，內容包括你的工作重點、理想的成果以及完成期限。並將這份計畫交給上司。

新企業的形象

下一個社會的企業裡，什麼都可以外包出去，
只有高層主管和公司密不可分。

在下一個社會的企業裡，高層主管就是公司的代名詞。他們的責任範圍包括整體公司的方向、規畫、策略、價值觀以及規範；還有公司的結構，以及內部成員之間的關係；還有聯盟、合夥、合資；以及研發、設計和創新等活動。

要建立新企業的形象，就要從企業的價值觀著手；這可能是高層主管最重要的任務。二次世界大戰後的半個世紀裡，企業創造了財富和就業機會，成功地證明它們是一種經濟組織。不過，在下一個社會裡，大型企業（特別是多國企業）最大的挑戰可能是它的社會正當性，也就是企業的價值觀、使命、願景。除了這些，其餘的都可以外包出去。

《下一個社會》
「下一個社會」（柯比迪亞線上課程）

專注於公司的價值觀、使命和願景；其餘的都可以考慮委外。

以管理取代暴政

能夠取代自治制度運作而締造績效的，不是自由，
而是極權暴政。

如果我們的多元社會並非以責任制自治運作，我們的社會就不會出現個人主義，人們也沒有機會實現自我。我們會活在徹底的管制中，沒有人可以享有自治權。在這種社會裡，史達林主義橫行，沒有參與式的民主，而要隨興去做自己想做的事，那就更不可能了。只有暴政能和自治制度一樣強大有效。

暴政以一人獨斷取代多元競爭，以恐懼取代責任感。暴政的確可以自外於制度，以獨大的機器官僚替代所有制度。暴政制度下，雖然還是能產出商品和服務，不過斷斷續續、多所浪費，產量也是少得可憐，而且還得背負苦難、羞辱和挫折等龐大的代價。在一個多元社會裡，唯有透過運作良好的責任制自治，達到高水準的成就，才能保障自由和尊嚴。運作有成的責任制管理是對抗暴政的唯一選擇。

《管理：任務、責任、實務》

思考與實踐　你和其他人可以採取什麼措施，提升你們所負責領域的績效？

管理學與神學

管理始終要面對人性，也要面對善惡。

管理者的生活、工作和活動，都是為其所屬的機構效力。所謂機構便是因工作而凝聚的人類社群。正因為管理的對象是因負有共同使命感的工作而凝聚的人類社群，管理者始終要面對人性，也要面對善惡（只要有管理實務經驗的人都會發現這點）。我在擔任管理顧問期間，對於神學的領悟要比起當初教授宗教學時更為透澈。

〈教導管理的工作〉（Teaching the Work of Management）
〔摘自《新管理》（*New Management*）〕

你有沒有真正邪惡透頂的同事？對此你有何對策？

實務先於理論

決策者的決定都必須考慮「已經發生的未來」。

不論是政府、大學、企業，還是工會、教堂，凡是決策者的決定，都必須考慮「已經發生的未來」。所以，決策者必須瞭解，哪些過去發生的事情並不符合他們現今的假設，而構成了新的現實。

知識份子和學者往往認為，「觀念」的形成先於政治、社會、經濟、心理面的新現實。這種情況的確存在，但通常是特例。一般來說，理論的腳步不會走在實務之前。理論扮演的角色是歸納、紀錄經過檢驗的實務經驗；也就是把零星、「非典型」的特例化為「規則」和「系統」，進而可以學習、傳授，最重要的是，變成可以普遍應用的事物。

《新現實》

你賴以決策的前提是否已經過時？你需要一套新的智識架構，以在當今的市場中勝出嗎？

管理學與博雅教育

管理學就是博雅教育。

管理學以往又稱為博雅教育（liberal art）：「博」（liberal）是指，管理學領域涵蓋了知識、自我認知、智慧以及領導統馭的基礎；「雅」（art）是指，管理學處理的是實務和應用。管理者運用人文和社會科學所有的知識與見解，包括哲學、歷史、心理學以及經濟學，還有物理學與倫理學。不過，他們最終要將這些知識投注於效能和成果，例如治療病人、教導學生、造橋、設計和銷售「易於使用」的軟體程式。

《新現實》

在人文和社會科學方面，你計劃如何充實自我？今天就開始發展這份計畫。

管理的態度

就算是基層員工也得具備「管理的態度」，
這項要求本身就是種創新。

在產業界，沒有一種生產資源的使用效率比人力資源還低。人才和態度是個被遺忘的寶庫；少數幾家能夠充分運用這個寶庫的企業，在生產力和產出上都有非常亮麗的表現。只要善加運用這塊寶藏，大多數企業都大有機會提升生產力。所以說，營運管理應該以人力管理為首要考量，而不是像以往那樣，執著於事物和技術。

我們也知道，要激發人力資源的效率和生產力，最重要的關鍵不是技術、也不是薪資，而是一種態度，也就是我們所謂「管理的態度」。秉持這樣的態度，個別員工會從管理者的角度，看待本身的工作、職責和產品，也就是放眼團隊和產品整體。

《全新的社會》

思考與實踐

你能採取什麼樣的措施，灌輸員工管理的責任感？

1/15

組織精神

「看重能力，而不是強調缺陷」。

有兩句話可以點出「組織精神」的真諦。其一是安德魯・卡內基（Andrew Carnegie）的墓誌銘：

長眠於此的這位，
生前懂得如何網羅
比他更優秀的人，
為他效力。

其二則是鼓勵身心障礙者就業的口號：「看重能力，而不是強調缺陷。」二次世界大戰時，小羅斯福總統（President Franklin D. Roosevelt）聘任的機要顧問海瑞・霍普金斯（Harry Hopkins），就是很好的例子。霍普金斯當時已經行將就木，舉步維艱，只能每兩天左右工作幾個小時。所以，他不得不把全副精神放在真正攸關的事務上，但他並未因此而無所建樹。相反地，他的成就在戰時的華府無人可出其右，甚至連邱吉爾都曾經稱他為「事情的真相」（Lord Heart of the Matter）。羅斯福總統破格任用行將就木的霍普金斯，讓他完成獨一無二的貢獻。

《彼得・杜拉克的管理聖經》
《杜拉克談高效能的5個習慣》

仔細想想每個員工或是同事有哪些優點，讓他們發揮長處，表現出色。

管理的功能在於展現成效

管理者最重要的責任在於締造成效。

管理者必須對其所管理的機構提供方向，思索機構所肩負的使命，為機構設定目標，並且為機構應該達到的成效統籌資源。誠如十九世紀經濟學家賽伊（J.B. Say）所言，管理者是「開創者」，他的責任是將願景與資源投注於最佳的成果和貢獻。

在執行這些重要的功能時，所有的管理階層都會面臨同樣的問題。管理階層必須組織工作，以提升生產力；他們要帶領員工，朝著生產力和成就邁進；他們要為公司對社會的影響負責。最重要的是，他們還得為組織賴以生存的成效負責，不論是經濟績效、學生的學習成果，還是病人的療效。

《管理：任務、責任、實務》

你所屬的機構是否達成應有的成效？如果沒有的話，請闡述你的使命。

1/17

管理：社會核心功能

正如我們以獲利能力檢驗企業績效，
非經濟機構也需要一套衡量標準。

愈來愈多非經濟機構向企業管理取經，學習如何管理。醫院、軍隊、天主教教會、公家機關等，都渴望學習商業管理。

這並不表示商業管理可以原封不動地為其他非經濟機構所沿用。其實正好相反。這些機構從商業管理學到的第一件事，就是管理必須從設定目標出發；也就是說，大學或是醫院等非經濟機構，需要一套有別於商業管理的管理方式。不過，這些機構以商業管理為標竿的做法並沒有錯。商業組織可以說是人類最早仔細研究的組織類型。正如我們以獲利能力檢驗企業績效，非經濟機構也需要一套衡量標準。換句話說，所謂「獲利能力」，既不是「特例」，也沒有偏離「人性」或是「社會」需求，它是多元社會裡所有機構的衡量標準，組織得以據此實施管理。

《生態願景》

思考與實踐 和你相關的非經濟機構中，最重要的為何？它是否有衡量績效的特定標準？它的表現有多優異？

組織的社會

「憑著他們的果子、就可以認出他們來。」

所有已開發國家的社會都已經成為組織社會；就算不是全部，大多數的社會工作都是在組織內、或是由組織所完成的。組織並非為了本身而存在，組織是社會的器官，承接社會釋出的工作。組織的目標是對個人和社會做出獨到的貢獻。組織不同於生物有機體，組織的績效要由外部標準來檢驗。因此，我們必須瞭解何謂各個機構的「績效」。

目標的定義愈明確，機構就愈強大；評量績效的標準愈多，效能就愈高；愈能嚴格遵守以績效做為授權的基礎，組織正當性就愈高。「憑著他們的果子、就可以認出他們來。」在由機構組成的新多元社會裡，這很可能就是社會的根本綱領。

《杜拉克談未來企業》
《不連續的時代》

思考與實踐 你們用來衡量績效的標準，是否與你們所設定的目標相稱？

社會的使命

唯有社會的使命和理想與個人的使命和理想相契合，
社會的存在才有意義。

除非個人具備社會地位和社會功能，否則社會對個人而言是不存在的。個人生活和團體生活之間必須有確切的功能關係。對於沒有社會功能和社會地位的個人而言，社會是不理性、無法測度、沒有具體形態的。「無根」的人猶如棄兒，看不到社會的存在，因為他缺乏社會功能和社會地位，無法和社會上的人建立關係。在他眼裡，只看到邪惡的力量，在明暗渾沌間若隱若現，他對它似懂非懂，無法預測掌握。這股力量決定他的生命和生計，可是他卻無從理解，也無從干涉。他猶如一個被蒙上雙眼的人，在陌生的環境裡，玩著一場自己不知道規則的遊戲。

《工業人的未來》

思考與實踐

撥時間和「無根」的人接觸，或許是失業者或是退休的人。寫張紙條鼓勵他們，或是帶他們出去吃頓午飯。

人和社會的本質

所有組織化的社會都是以人的本質、
人在社會裡的功能和崗位為基石。

社會和人的本質息息相關；不論人的本質是什麼樣子，這個概念都能夠充分展現社會本質的真相。人類活動對於社會有決定性的影響，而且影響至深；人類活動層面的樣貌則象徵著社會的根本信念和信條。人類為「經濟動物」的概念，是馬克思社會主義和中產階級資本主義社會的真實象徵；這兩種主義都認為，人類經濟活動的自由運作，是實現其主義目標的途徑。光是經濟層面的滿足在社會層面就具備重要性，而且和社會息息相關。經濟地位、經濟特權以及經濟權，更是人們汲汲努力的目標。

《經濟人的末日》

思考與實踐

美國社會最重視的是什麼？這對你有什麼影響？

獲利的功能

現今獲利豐厚的業務在明日將變成恐龍，龐然無當。

經濟學家熊彼得（Joseph Schumpeter）堅信，創新是經濟的精髓，更是現代經濟體發展的根基。熊彼得在《經濟發展理論》（*Theory of Economic Development*）一書中，視實現獲利為經濟功能。在變遷和創新的經濟體系裡，利潤並非竊取工人的「剩餘價值」，反而是員工和勞工唯一的收入來源——這點和馬克思的理論正好相反。經濟發展理論顯示，除了創新者，沒有人能夠真正「獲利」，而創新者的利潤，生命向來都是非常短暫的。

不過，套句熊彼得的名言，創新就是「創造性破壞」（creative destruction）。昨日的資本設備和資本投資都因為創新而遭到淘汰；經濟愈進步，就愈需要累聚資本。所以，古典經濟學家（或是會計師、證券交易所）所說的「利潤」，其實是一種成本，也就是繼續經營的成本，是未來的代價，而在這個未來裡，現今獲利豐厚的業務在明日將變成恐龍，龐然無當。除此之外，其餘都無法預知。

《生態願景》

對創新的投資一定要夠多，才能在現今獲利豐厚的業務遭到淘汰時，做好萬全準備。

1/
22

經濟學屬於社會層面

凱恩斯感興趣的是商品的行為；
我感興趣的卻是人類的行為。

我無法接受經濟學賴以建立、維繫的前提。我也無法接受經濟學是一個獨立學門的說法，更不要說這是主流學科。經濟學當然很重要，誠如德國著名的左派作家布雷希特（Bertolt Brecht）所說的，「衣食足則知榮辱」，衣食足乃是經濟學的主要目的。所有的政治和社會決策，都要考慮並計算經濟成本，我不但認同這點，而且非常堅持；如果政治和社會決策只談「效益」，不顧成本，我覺得那是不負責任的行為，而且終會導致災難。而看過太多的選擇之後，我還是堅信自由市場。

對我而言，經濟層面不但重要，而且舉足輕重。不過，經濟考量是門檻條件，而不是主要決定因素。經濟面的渴望和滿足都很重要，卻不是絕對的。終究，經濟活動、經濟機構、經濟理性都是達成非經濟目標的方法，而不是目的本身。因此，我並不把經濟學視為一門獨立的「科學」。簡言之，我不認為自己是經濟學家；儘管自一九三四年，我在劍橋的倫敦商業銀行凱恩斯座談會中，以經濟學家的身分出席以來，外界就一直視我為經濟學家。當時，我忽然領悟到，凱恩斯感興趣的是商品的行為；我感興趣的卻是人類的行為。

《生態願景》

重大預算或是策略決策定案之前，撥出一個小時認真思考，這項決定對公司的員工和顧客會有什麼影響。

私德和公益

在一個道德社會裡，公益必定立於私德。

若要追求企業和國家的共榮，需要辛勤的工作、卓越的管理技巧、高度的責任感以及宏觀的願景。這是對完美的追求。要徹底實現這樣的榮景，需要哲學家的智慧，煉土成金，變水為酒。如果管理階層要想保住他們的領導地位，就必須以此為行事準則，他們必須秉持這樣的原則，恪遵不懈，務求達到相當程度的成果。因為在具備道德、持久不墜的優良社會裡，公益必定立於私德。每個領導團隊都必須能夠揭示，他們的私利乃以公益為依歸。這個主張是掌握領導權唯一的正當基礎；而落實這個主張則是領導者的首要任務。

《彼得・杜拉克的管理聖經》

列出一份清單，列舉三項因為你或你的公司忽略公共利益而失敗或注定失敗的新產品。

反饋是不斷學習的關鍵

瞭解自身的優勢、知道如何提升優勢、明白自己的限制，
這些是不斷學習的關鍵。

不管是耶穌會，還是喀爾文教派的牧師，只要有任何重大舉措（譬如做出關鍵性的決定），都得寫下他們預期此舉會有什麼影響。九個月後，他得就實際結果和這些預測進行比較，然後回報相關的對照結果。這樣一來，他可以立刻瞭解哪些地方他做得不錯，而他又有哪些優勢；他還能藉此瞭解哪些地方需要再學習，而有哪些習慣需要改變。他也能從這樣的比較當中瞭解到，自己欠缺哪些天賦，有哪些地方做得不好。五十年來，我本身就是奉行這種做法。它可以讓你知道自己的優勢何在，這是瞭解自我最重要的一點。透過這種做法，還可以瞭解哪些地方需要改善，以及需要哪些類型的改善。此舉也能突顯個人能力的限制，點出那些連試都不要試的領域。瞭解自身的優勢、知道如何提升優勢、明白自己的限制，這些是不斷學習的關鍵。

《杜拉克看亞洲》

思考與實踐

列出你的優勢，以及你如何改善的步驟。有誰對你的瞭解程度足以協助你找出你的優勢？

自我蛻變

知識工作者必須肩負自我發展和定位的責任。

在今日的社會和組織裡，人們的工作日益以知識為重，而不是技術。知識和技術的差異極大：技術的變化非常、非常緩慢；知識卻會自動變化。知識會自動過時、自我淘汰，而且速度很快。知識工作者如果不每隔三、四年就回到學校充實自己，很快就會落伍。

這不只是說，早期的學習、知識和技能不足以支應一生及工作所需。在時間的長河中，人會隨著時光荏苒而變化。人會因為不同的需求、能力及觀點，而展現不同的面貌，所以也要「自我蛻變」。我故意用蛻變（reinvent）這個比較強烈的字眼，而不是充電（revitalize）。如果以為期五十年的職場生涯來看（我認為這會逐漸成為常態），那你就得自我蛻變，從自己身上找出一些新東西，而不單單是找到新能量來源。

《杜拉克看亞洲》

請教長輩，他們如何讓自己像植物一樣進行「移盆」，讓自己更加成長茁壯。而你現在應該採取什麼步驟？

社會生態學家

我認為，在對持守過往和創新變革的兩造需求間，存在著一股張力，而這也正是社會和文明的核心。

我自認為是名「社會生態學家」，就跟生態學家研究自然生態環境一樣，我研究的是人為環境。「社會生態學家」這個名詞是我自己發明的，不過這個領域卻有著悠久的歷史和傳承。法國政治學者托克維爾（Alexis de Tocqueville）的名著《美國的民主》（*Democracy in America*）是這方面最偉大的著作。不過，如果談到風格、觀念和方法，維多利亞時代中期的英國人貝吉赫特（Walter Bagehot）和我最為相近。貝吉赫特跟我一樣，都經歷了重大的社會變遷，而他率先發現到新機構的崛起：公職服務和內閣政府是民主政治的運作核心，而銀行則是經濟的運作中心。

晚貝吉赫特一百年的我，則率先發現管理是新崛起的組織社會裡的嶄新領域，稍後點出知識是新的核心資源，而知識工作者是社會的新統治階級，這不單是「後工業時代」現象，也是後社會主義現象，甚至逐漸成為後資本主義現象。就跟貝吉赫特一樣，我也認為，在對持守過往和創新變革的兩造需求間，存在著一股張力，而這也正是社會和文明的核心。所以，貝吉赫特說，他有時自視為自由的保守派，有時是保守的自由派，但絕對不是「保守的保守派」、或是「自由的自由派」，而我明白他的意思。

《生態願景》

你和你所屬的組織是變革推手嗎？你們採取哪些措施，在變革和穩定間達成平衡？

管理這門學問

如果你因為不瞭解某件事物而無法重製它，
那麼你還不算發明了它，你只能說你做到了。

五十年前，管理這檔事似乎只有極少數的天才能做到，沒有其他人可以仿效；而《彼得・杜拉克的管理聖經》一書的問世，讓一般人也可以學得管理技巧。

說到管理，其中許多內涵來自工程，許多來自會計，還有一些來自心理學。勞工關係也占有一席之地。這些領域如果各自獨立是無法發揮力量的。你也知道，如果你只有一支榔頭，或是只有一把鋸子，或是從來沒有聽過鉗子是什麼，那麼你根本別想做木工。唯有結合這些工具，你才能變花樣。我在《彼得・杜拉克的管理聖經》一書裡所做的，大部分正是如此。我創造了管理這門學問。

《管理新境》

你的管理風格是因境制宜，還是有條有理？

1/28

不當管理的對照實驗

亨利・福特的發跡與沒落，以及福特公司如何東山再起的故事，可說是不當管理的「對照實驗」。

亨利・福特（Henry Ford）的發跡與沒落，以及他的孫子亨利・福特二世（Henry Ford II）如何帶領福特公司東山再起的故事，為大家所津津樂道。但是，較罕為人知的是，這故事不僅事關個人成敗，最重要的，它可說是不當管理的「對照實驗」。

老福特之所以失敗，是因為他堅信企業經營無須經理人和管理團隊；他相信企業經營只需要企業主和「幫手」即可。老福特唯一異於當時美國海內外大多數企業家之處在於，不管做什麼，他都抱持這種看法，堅定不移。他將這套信念付諸實施的方法（譬如，不管「幫手」多麼能幹，只要他們膽敢扮演「管理者」的角色，不經過福特的指示就擅自做成決定或是採取行動，便會遭到開除或是冷凍），堪稱是在檢驗他這一套假設，而檢驗結果則是徹底否定假設。事實上，福特的故事之所以獨一無二（但也非常重要），在於福特有本錢檢驗假設：一方面因為他很長壽；一方面是因為他有上十億美元的資產為他的信念撐腰。福特失敗的首要原因不是他的人格或是個性，而是他拒絕接受，企業的確需要經理人和管理團隊做為任務和功能的基礎，而不是「老闆」的「指派代表」。

《管理：任務、責任、實務》

你是不是個把全體員工都視為幫手的老闆兼執行長？如果你是員工，公司是否只視你為「幫手」？公司鼓勵員工承擔責任，有何好處？請列舉三項。

績效是對管理的考驗

管理的驗證與目標是績效，而不是知識。

績效是對管理的終極考驗。換句話說，管理雖然包含科學和專業這兩種元素，但它其實是一種實務，而不是科學或專業。管理專業化（譬如發給經理人執照、規定唯有具備相當學歷的人才可以擔任管理職）對我們的社會或是經濟，會造成莫大傷害。管理優良與否，檢驗標準在於優秀人才能不能放手發揮。如果讓管理成為一種「科學」或「專業」，勢必會讓人想要剷除那些「擾人的討厭事情」（即風險、起伏、「徒勞的競爭」和消費者「不理性的選擇」等企業生命週期裡的不確定性），而在這個過程中，也消弱了經濟自由和經濟成長的能力。

《彼得．杜拉克的管理聖經》

你的管理方式中，哪些產生不錯的成效？哪些則是現在應該淘汰的？

恐怖主義和根本趨勢

機構的管理必須以可預測的根本趨勢為基礎，
這些根本趨勢不會隨著每天的頭條新聞而動搖。

二〇〇一年九月的恐怖份子攻擊事件，以及美國的回應方式，對全球政治造成深遠的影響。我們面對的顯然是多年的失序現象——特別是中東。不論是企業、大學，還是醫院，機構的管理都必須以可預測的根本趨勢為基礎，這些根本趨勢不會隨著每天的頭條新聞而動搖。機構的管理應該從這些趨勢中發掘機會。這些根本趨勢指的是新社會的崛起，尤其是社會中前所未見的新特質：

- 全球年輕人口的萎縮以及「新工作人口」的崛起。
- 製造業在創造財富和工作機會的重要性持續降低。
- 企業以及高層管理團隊的型態、結構和功能出現變化。

在巨變難測的時代裡，就算依據這些根本趨勢制定決策和政策，也未必是成功的保證。可是不這麼做，卻注定會失敗。

《下一個社會》

思考與實踐 寫下三個公司經營所依據的根本社會趨勢。這些趨勢至今是否依然不變？

運作健全的社會

除非權力有其正當性，否則便沒有社會秩序可言。

一個運作良好的社會必須能夠建構社會秩序有形的現實面，它必須掌握物質世界，讓這個世界能為個人所理解、覺得有意義，而且必須建立合法的社會和政治權力。

除非社會能賦予個別成員社會地位和功能，除非決定性的社會權力有其正當性，否則便沒有任何社會能夠順利運作。社會藉由賦予個別成員地位和功能，建立社會生活的基本架構，這就是社會的目的和意義。社會權力的正當性則塑造架構內的空間：它會強化社會，並創建社會中的機構。如果個人沒有社會地位和功能，就沒有社會可言，只是一大群的社會原子，漫無目標地在空間裡飛舞。另外，除非權力有其正當性，否則就沒有社會組織可言；有的只不過是一個由慣性或是奴役體系凝聚而成的真空。

《運作健全的社會》
《工業人的未來》

伊拉克的新政府要怎麼做才能取得正當性？合法政府必須做些什麼，才能賦予伊拉克人民地位和功能？

FEBRUARY

二月

1. 跨越分水嶺
2. 面對現實
3. 管理革命
4. 知識和技術
5. 年輕人口的萎縮
6. 跨國企業
7. 受過教育的人
8. 持守和變革間的平衡
9. 組織破壞社區穩定
10. 現代組織必須是破壞穩定者
11. 管理的人性要素
12. 旁觀者的角色
13. 自由的本質
14. 政治領導人的條件
15. 社會的救贖
16. 利益調和的需要
17. 社會的社會使命
18. 政府再造
19. 回復私有化
20. 管理與經濟發展
21. 中央計劃體制的落敗
22. 肉桶立法國家
23. 政府的新任務
24. 企業的正當性
25. 企業治理
26. 企業三大面向的平衡
27. 界定企業的目標和使命
28. 「顧客」界定企業的目標和使命
29. 瞭解顧客買的是什麼

2/1

跨越分水嶺

跨越分水嶺，踏進新世界。

每隔幾百年就會出現一次劇烈的轉變，而我們便跨越一個分水嶺。每隔幾十年，社會就會在世界觀、根本價值觀、社會和政治結構、藝術、樞紐機構等方面重新調整。五十年過去，又是一番新天地。在這番轉變之後出生的人，根本無法想像他們的祖父母所生活的世界，有些甚至連父母誕生的世界都難以想像。

而當今的根本變化才剛開始，這些三十年前便看到的新現實，即將充分發揮效應。它們會推動全球各地企業，不論大小，紛紛透過合併、撤資、結盟進行重整；它們會推動全球各地的勞動力重新洗牌，這在美國大致已成定局，但在日本和歐洲則剛剛起步。它們也會推動教育上根本創新的需求，尤其是高等教育。政治人物、經濟學家、學者、企業家和工會領袖等所關注、著述及講論的主題，已然與這種種現實脫節。

《新現實》
《杜拉克談未來企業》
《不連續的時代》

下一次，如果有同事拍桌疾呼顯然是過時的議題時，想辦法告訴他們，去聞聞咖啡的香味，該醒醒了。

面對現實

運用新現實。

當今的新現實既不符合左派、也不符合右派的假設；而它們和「大家都知道的事情」也有所出入。這些新現實也和大家所認知的現實大相逕庭，不論他們秉持何種政治理念。「什麼」迥異於右派和左派認為的「應該是什麼」。當今最劇烈、最危險的動盪來自於決策者（不論是政府、企業高層、還是工會頭子）對於現實的錯覺。

不過，對於能夠瞭解、接受以及運用新現實的人而言，動盪的時代卻是最佳契機。所以，可以確定的是，個別企業的決策者需要不斷面對現實，擺脫「大家都知道」以及昔日確定事物的誘惑。因為昨日確定的事物在明日會變成誤人的迷信。動盪時代的管理意味著面對現實，並從以下這個問題出發：「這個世界究竟長什麼樣子？」而不是堅持幾年前的信念和設想。

《動盪時代下的經營》

思考與實踐 針對人口結構的變化（人口和勞動力結構的變遷），以及國家經濟轉變為區域經濟，再到跨國經濟的趨勢，列舉三個由此而生的機會。好好把握這些機會。

2/3

管理革命

真正重要的是非勞力工作者的生產力。

一八八一年，美國人佛德列克・泰勒（Frederick Winslow Taylor, 1856-1915），率先將知識應用於工作的研究、分析以及設計，生產力革命也隨之而來。生產力革命興盛一時，但是它的成功也是它的弱點。因為從現在開始，真正重要的是非勞力工作者的生產力，它需要將知識運用於知識。

現在，我們也開始有系統、有目的地應用知識，以界定我們需要什麼新知識，判定它們是否可行，而又需要做些什麼才能讓知識發揮功效。換句話說，知識現在被應用於系統化的創新。知識演進的這項轉變，可稱為「管理革命」。貢獻知識，以瞭解如何充分利用目前的知識，來創造最理想的成果，這就是我們所說的「管理」。

《杜拉克談未來企業》

你領這份薪水是為了達到什麼成果？請列舉三項為了展現生產力而應該削減的工作。

知識和技術

新技術吸收人類各領域的知識。

知識的追求以及傳授，傳統以來都與應用面脫節。知識的追求與傳授都是根據科目編排，也就是根據知識表面的邏輯。大學各系所和教授，高等教育的學歷、專業等等，整個高等教育組織都是科目導向。套句組織專家的話，這些高等教育是根據「產品」，而不是以「市場」或是「最終用途」為依歸。現在，愈來愈多人根據知識的應用領域編排、追求知識，而不是根據學門領域。跨領域的工作在各地都愈來愈普及。

這種跡象顯示，知識的意義已經轉變，從目的轉變為資源，也就是達致成果的憑藉。知識是現代社會的能量，在應用和投入工作時是以整體存在的。工作本身無法以學門加以區別。最終成果必然是跨領域的。

《不連續的時代》

請列舉你要負責達成的成果。你得仰賴哪些專家才能圓滿達成任務？你如何改善這些專家間的協調工作？

2/5

年輕人口的萎縮

下一個社會即將出現。

在已開發國家，下一個社會裡的老年人口將會快速成長，年輕人口迅速萎縮。可是，大多數人現在才逐漸意識到這股重要趨勢。年輕人口萎縮會比老年人口增加造成更大的動盪，因為這是自羅馬帝國敗亡以來的空前現象。每個已開發國家中（不過，中國和巴西也是如此），現在正值生育年齡的婦女，平均生育率遠低於二點二。從政治層面來看，這意味著移民對所有富裕國家都會變成重大議題（而各界看法也極為分歧）。所有傳統的政治層面都會受到影響。

在經濟層面，年輕人口萎縮將為市場帶來根本的變化。家庭數的成長向來是已開發國家國內市場的推動力，而現在，除非有大規模年輕人口移入，否則家庭數的成長速度勢必會逐漸下滑。

《下一個社會》

判斷你們組織的生存主要是靠年輕人口、老年人口、還是移民。確保你們有一套萬全的計劃，可以因應年輕市場逐漸萎縮，以及新移民和銀髮族增加的現象。

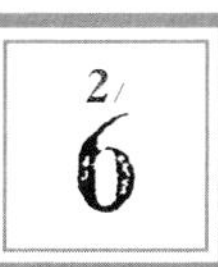

跨國企業

成功的跨國企業視自己為沒有國籍的獨立實體。

大多數經營國際業務的企業，目前還是以傳統的多國企業（multinational）型態來運作。不過，許多企業已開始逐漸轉為跨國企業（transnational）型態，而且轉變快速。產品或服務或許還是一樣，不過企業結構卻已經徹底改換。跨國企業是個單一經濟單位。銷售、服務、公關以及法務都交由地方處理；不過零件、機械、規劃、研究、財務、行銷、訂價以及管理卻是考量全球而設計。譬如，美國有家頂尖的工程公司就是在比利時的安特衛普（Antwerp）製造一款關鍵零組件，然後運送到全球四十三家工廠。該公司在三個地點進行全球性的產品開發，品質控制則集中在四個地點進行。對於這家公司而言，國家疆界其實沒有多大的意義。

跨國企業並不是完全不受國家政府的管轄，他們還是得遵守政府的規定。不過，跨國企業對於全球市場和技術所制定的政策和做法卻不在此限。成功的跨國企業視自己為沒有國籍的獨立實體。幾十年前，跨國高層管理團隊是人們想都想不到的，而它的出現即充分印證了跨國企業的自我認知。

〈全球經濟與民族國家〉（The Global Economy and the Nation-State）
〔摘自《外交事務》（*Foreign Affairs*）七十五週年特刊〕

針對你們在美國購買的電腦或是印表機，詢問位於國外的技術支援中心相關的使用問題。他們所提供的支援品質，和你們當地企業的品質比起來如何？

受過教育的人

受過教育的人要將知識用在當下，塑造未來就更不用說了。

赫曼・赫塞（Hermann Hesse）在一九四三年的小說《盧迪老師》（*Magister Ludi*，一九四九年出版的英文版）裡，預想人道主義者所希望的世界及其敗亡。這本書描述知識份子、藝術家以及人道主義者的同志情誼，他們遺世獨立，獻身於偉大傳統的智慧與美，發光發熱。可是，他們當中最偉大的英雄人物最後卻決定回歸粗俗、動盪、衝突不斷、急功近利、飽受污染的現實世界，因為除非他所秉持的價值觀與這個世界息息相關，否則不過是「愚人金」而已。

後資本主義社會需要受過教育的人，需要的程度更甚於昔日社會；而接觸昔日偉大傳承的管道也不可或缺。不過，人文教育必須讓人們得以理解並充分掌握現實世界。

《杜拉克談未來企業》

思考與實踐

讀一本有關政治、歷史或是任何你感興趣的書。你從書中學到什麼？你要如何在工作上運用書中的知識？

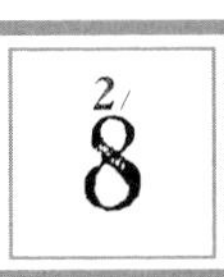

持守和變革間的平衡

正因為變革是常態，所以基礎一定要格外穩固。

機構的組織愈是以變革領導者自居，就愈需要對內及對外建立傳承，也愈需要在持守過往和迅速變化間找到平衡。以變化的伙伴關係為延續關係的基礎，也可以找到這樣的平衡。變革和持守間的平衡，需要不斷在資訊面下功夫。沒有什麼會比不可靠的資訊，更容易打斷一貫性和破壞關係的了。對每項變革，就算是最小的變革，所有企業都必須問道：「這個變革應該知會誰？」隨著愈來愈多企業仰賴不在一處的人們，利用新的資訊科技互相合作，這點也愈來愈重要。最重要的是，企業的基本面，諸如使命、價值觀、對於績效和成果的界定等，有必要維持一貫。

最後，變革和持守間的平衡，必須融入薪酬、表彰和獎勵之中。我們會發現，企業也必須獎勵一貫持守的行為，譬如，進行持續改善的人和真正的創新者，組織要同等看重，並且予以肯定和獎勵。

《典範移轉：杜拉克看未來管理》

思考與實踐

當你下決定或做變革的時候，自問：「這件事應該知會誰？」

組織破壞社區穩定

組織在文化上總是超越社區。

現代組織的經營寓於社區，經營成果也寓於社區。可是企業不能埋沒在社區裡，也不能附屬於社區。組織的「文化」必須超越社區。如果社區居民賴以就業的企業關廠，或是工廠裁撤長年磨練技術的老員工，換上懂電腦模擬的二十五歲小夥子，這類變革，樣樣都會挑起社區的怒氣，讓人覺得「不公平」，樣樣都會造成動盪。

組織文化取決於工作本質，而不是執行工作所在的社區。每個組織的價值體系都取決於它們的任務。每間醫院、每所學校、每家公司都必須深信他們所從事的工作，最終對社區其它成員有重大貢獻，並攸關社區全體。要成功執行任務，就必須根據這個原則組織和管理。如果企業的文化和價值觀與社區有所衝突，應該以企業文化優先，否則企業就無法對社會有所貢獻。

《杜拉克看未來企業》

如果沃爾瑪百貨（Wal-Mart）希望進駐你的社區，可是社區卻不表歡迎；沃爾瑪百貨應該採取什麼措施？在什麼情況下，撤出會是比較明智的抉擇？

現代組織
必須是破壞穩定者

社會唯有處於動態失衡，才能具備穩定度和向心力。

社會、社區以及家庭都是持恆的機構。它們會盡力保持穩定、避免變化（至少是延緩變化速度）。儘管如此，我們也知道，理論、價值觀以及所有人類心智的結晶勢必都會老化、僵固，最後過時，變成陳年纏疾。

儘管如此，湯瑪斯・傑佛遜（Thomas Jefferson）主張每個世代都要「革命」的建議，卻不是解決的辦法。我們都知道，「革命」既不是成就，也不是新開端。它的出現是因為老化、構想枯竭、機構腐敗以及自我更新失敗。不論是政府、大學、企業、工會，還是軍隊，機構延續持守的唯一辦法，就是將有系統、有組織的創新納入最根本的結構中。就如同產品、流程和服務一樣，機構、系統、政策最終都會逐漸淘汰。不論有沒有達成目標都是如此。所以，社會和公共服務機關對於創新和創業精神的需求，不亞於經濟和企業。現代組織必須成為破壞穩定者，組織結構也必須能夠激發創新。

《視野：杜拉克談經理人的未來挑戰》
《生態願景》
《企業創新》

思考與實踐

你們上一次開發出、或是協助開發出新產品或新服務是什麼時候？你們只是模仿某個競爭對手，還是真的有嶄新的點子？再試一次。

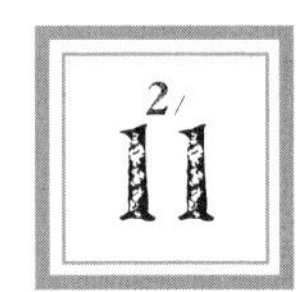

管理的人性要素

管理的真諦關乎人。

管理的任務在於促進員工相互合作，協助他們充分發揮優點、隱藏缺點。而這正是組織的真諦，也是為什麼管理是決定性關鍵要素的原因。

管理必須建構在溝通和個人責任上。全體成員都需要仔細思考他們想要達成什麼，並且確保他們的同事也知道並瞭解這些目標。所有成員都得思索自己應該為別人做些什麼，並且確保別人也明白這點。所有成員都必須思考自己需要別人為他們做些什麼，並且確定他人知道這樣的期望。

管理者必須讓企業和每個成員隨著需求和機會的變化成長、發展。

《新現實》

你是濫戲裡的好演員嗎？對此你要怎麼做？

旁觀者的角色

……旁觀者清。

旁觀者沒有自己的歷史。雖然他們站在舞台上，在戲裡卻沒有角色。他們甚至連觀眾都不是。這齣戲和演員的命運都靠觀眾的反應，可是旁觀者的反應只會影響自己。旁觀者站在舞台翼側，彷彿在戲院待命的消防隊員，他們能夠注意到演員和觀眾都看不到的事情。最重要的是，旁觀者對於事情的看法不同於觀眾或演員。旁觀者對所見所聞有所回應，但是他們的回應猶如稜鏡，而非鏡子；是折射，而非反射。

觀察、省思值得高度肯定。不過，「從屋頂上對著人們舉槍亂射，丟出一些奇怪的觀點則一文不值」。別人給我的訓示我固然會聽，但是通常不太在意。

《旁觀者：管理大師杜拉克回憶錄》

思考與實踐 做個旁觀者，觀察組織裡必須做些什麼。接著，採取行動；不過，你要知道，你可能會嚇到許多人。

自由的本質

自由絕對不是解放，而是責任。

自由並不有趣，自由跟個人快樂不能劃上等號，自由也不代表保障、和平或是進步。自由是背負責任的選擇。與其說自由是權利，倒不如說是義務。真正的自由不是得以擺脫某些事物的自由（這樣的自由不過是一種許可證），而是在為與不為、如何作為、以及堅守信念或是改變立場間做選擇的自由。自由不是「好玩的事」，自由是人類肩膀上最重的擔子：自行決定自己和社會的行為，並為這個決定負責。

〈工業人的自由〉（The Freedom of Industrial Man）
〔摘自《維吉尼亞季刊》（*The Virginia Quarterly Review*）〕

為你的工作列舉具體的目標。這些目標必須能夠實現個人需求，而且又能幫你的上司達成他的績效目標。說服上司認同你的目標，並且持續對上司報告你的進度。

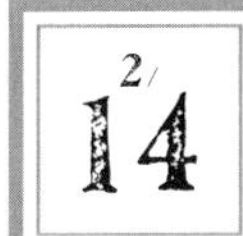

政治領導人的條件

當心領袖魅力。

「魅力」（charisma）是當今的「哈燒」字眼。這個議題有無數的討論，而以領袖魅力為題的書籍更是不計其數。可是，政治領袖的魅力卻有致命的殺傷力。從來沒有任何一個時代像二十世紀這樣，出現這麼多富有領袖魅力的領導人物；可是史達林、墨索里尼、希特勒、毛澤東這四大領袖對人類卻也造成史上空前的傷害。真正重要的不是領袖魅力，而是領導人帶領大家邁進的方向是否正確。二十世紀深具建設性的成就，都是由完全不具領袖魅力的人所打造的，譬如帶領盟軍打贏二次世界大戰的艾森豪將軍（Dwight Eisenhower）以及馬歇爾將軍（George Marshall），他們都是極講究紀律、能力高強、卻也無趣至極的人。

不過令人欣慰的是，現代大多數人都是知識工作者，對他們而言，真正重要的是經過考驗的能力，昔日政治人物毫無意義。

《新現實》

找出公司最有能力，但不見得最具領袖魅力的人。

社會的救贖

社會救贖信念的終結，可能是回歸個人責任的開端。

馬克思主義教條的崩潰代表社會救贖信念也隨之結束。我們不知道接下來崛起的會是什麼，對此，我們也只能期待和禱告。說不定還是不脫斯多葛派？說不定是傳統宗教的重生，滿足知識社會裡個人的需求和挑戰？美國各地基督教（新教、天主教、不限定教派）牧養教會爆炸性的成長可能是個跡象。不過，伊斯蘭基本教義派的重新崛起也值得注意。回教世界的年輕人現在都瘋狂擁抱伊斯蘭基本教義派，其狂熱程度可比四十年前的馬克思主義狂熱份子。會有新宗教出現嗎？就算有，救贖、自我改造、心靈成長、良善、美德——也就是傳統所說「煥然一新的人」——可能還是會被視為一種「存在主義」，而不是社會目標或是政治處方。社會救贖信念的終結代表內在省思的崛起。關注焦點因此轉移到個人身上，甚至（至少我們這樣希望）可能回歸到對個人責任的重視。

《杜拉克談未來企業》

人力資源部門沒有照顧你的責任；你應該為自己負責。瞭解自己有哪些優點，確定你的表現符合自己的期望，並自我管理。不斷自問：「我的貢獻應該是什麼？」

利益調和的需要

社會和諧並不表示，社會應該放棄本身的需求和目標，以及限制企業行使經濟權的權力。

企業追求經濟面的目標，但這並不表示，他們就無須承擔社會責任。其實正好相反，企業必須在追求本身利益的同時，也能夠自動盡到社會責任。在以企業為基石的社會裡，除非企業有助於社會穩定，達成社會目標，而這個目標不受商譽或是個別企業經營者的社會意識所影響，否則社會是無法順利運作的。

此外，社會和諧並不表示，社會應該放棄本身的需求和目標，以及限制企業行使經濟權的權力。其實正好相反，統治者設定架構，好讓社會裡的機構和個人在架構內運作，這是極其重要的。不過，社會必須有所組織，以免有人以社會穩定或是社會信念之名，施行一些有害社會代表機構生存和穩定的措施。

《企業的概念》

思考與實踐

一直到二〇〇四年年初，許多知名的共同基金仍然允許大型客戶的盤後交易，因此大型客戶在賣出股票時，便已知賣價，這是一般股東沒有的好處。寫封電子郵件給你持份的共同基金的董事長，請他證明這種做法不會對你造成傷害。

社會的社會使命

工業社會缺乏根本的社會使命，這是我們問題的癥結所在。

我們已經放棄經濟進步是絕對最高目標的信念。當我們不再將經濟成就視為最高價值，而將其視為眾多目標之一時，我們其實就不再將經濟活動視為社會生活的根基。這個轉變的影響層面不只是經濟不再被視為是對社會具有建設性的活動，以往西方社會將人視為經濟人（受到經濟動機驅動、並以經濟成就和經濟肯定為滿足感的來源），這個看法也會為之崩潰。

我們必須根據人類天性以及社會成就和使命的新觀念，建立自由健全的社會。我們必須針對社會生活，建立基本的倫理觀。這是屬於哲學或形而上的領域。

《工業人的未來》

為公司界定一個超越下季財報、超越為股東創造最大財富的使命。界定一個能夠讓員工信服，並激發員工為工作全力以赴的使命。

政府再造

政府必須重拾展現績效的能力。

面對特殊利益團體的圍剿，政府變得毫無招架之力，甚至失去了治理力量，而無法做決策並執行。諸如保護環境、剷除民兵、擊退國際恐怖主義、有效進行武器管制之類的新任務，都需要政府施展更強大的力量，而不是畏畏縮縮。不過，這些新任務需要不同型態的政府。

政府必須重拾展現績效的能力，扭轉乾坤。不管是企業、勞工聯盟，還是大學、醫院、政府，任何機構想要扭轉乾坤，都需要以下三個步驟：

1. 淘汰沒有用、從來沒有發揮過功效，以及不再有效、不再有用的事物。
2. 專注於真的有用、能夠產生成效、能夠改善組織績效的事物上。
3. 分析那些成功不算成功、失敗不算失敗的事物。

無法發揮功能的事物都要淘汰，將資源投注於有功效的事物上，這樣才能扭轉乾坤。

《杜拉克談未來企業》

思考與實踐 像是聯邦快遞和優必速之類的企業，都是因為美國郵政的無能才得以崛起；你們公司能不能也像他們一樣，因為政府的無能而受惠。如果你是公務人員，那就專注於真正有用的事務，提升效能。

回復私有化

對民間企業最有力的評斷便是虧損。

回復私有化（reprivatization）是一種系統化的政策，以其他非政府的社會機構擔任實際的「落實工作」，也就是將流向政府的任務，交由原本與其密不可分的民間社會機構、家庭來實施、運作以及執行。回復私有化之所以特別適合企業是因為，在所有的社會機構當中，企業是主要的創新機構。其它機構之所以成立，是為了避免變化（至少是為了延緩變化的速度）。企業之所以成為創新者，是出於必要，而大部分更是出於無奈。

企業的兩大優勢正是政府最大的弱點。企業可以淘汰活動。沒錯，在市場裡運作就必須這樣。尤有甚者，在所有機構當中，只有企業會遭到社會淘汰。企業的第二個長處是：在所有機構中，只有企業必須面對績效的檢驗。消費者總是會問：「這個產品明天能為我做些什麼？」如果答案是「什麼也沒有」，那麼他會毫不留情地看著這家製造商在市場上消失。投資人也是一樣。對「民間企業」最有力的評斷並非獲利，而是虧損。因此，企業是最富適應力和彈性的機構。

《不連續的時代》

之前是監獄，現在連戰爭都可以假由民間企業之手運作。接下來有哪些部門會私有化，請列舉一份清單，並且判斷你如何從中受益。

管理與經濟發展

我們可以說，天底下沒有「低度開發國家」，
只有「低度管理國家」。

管理能促進經濟和社會的發展。經濟和社會的發展乃是管理的產物。我們可以直截了當地說，天底下沒有「低度開發國家」，只有「低度管理國家」。一百四十年前，日本不管從哪個實質角度來衡量，都是個低度開發國家。可是他們很快就展現了卓越的管理能力。

這表示，管理是火車頭，而發展程度則是管理的成果。所有的經濟發展經驗都印證這點。光靠資本是無法達成開發的。在幾個激發出管理能量的個案裡，開發程度都急速成長。換句話說，開發關乎人類能量，而非經濟財富。激發並引導人類能量是管理者的任務。

《生態願景》

貴公司對於開發中國家有何影響？你們在這些國家的活動是否能提升當地企業的管理水準？

中央計劃體制的落敗

處於新科技時代的社會，若要實行中央計劃體制，
都會一敗塗地。

新科技會大幅擴展管理的領域；現在許多人所認為的一般職員，也會有能力擔任管理工作。而對各層管理人員的要求，舉凡責任、能力、願景、權衡風險的能力、經濟的知識和技能、管理經理人的能力以及管理員工和工作的能力、決策能力等，將會大幅提高。

新科技需要最徹底的分權。在新科技時代，不管是什麼社會，倘若試圖擺脫自治企業的自由管理，轉而實行中央計劃體制，都會一敗塗地。同理，如果企業試圖採取中央極權制度，由高層承擔責任並負責決策，就會像爬蟲時代的大蜥蜴一樣，靠著小小的中央神經系統，控制龐大的身軀，可是面對環境巨大的變化時，卻一籌莫展。

《彼得．杜拉克的管理聖經》

你對員工採取微觀管理（micromanage）嗎？提供員工足夠的訓練，讓他們可以獨立處理自己的工作，然後充分授權，要求他們為工作負責。容許他們失敗的空間。

肉桶立法國家

政府成了公民社會的控制者，可以塑造這個社會。

第一次世界大戰之前，政府歲入來自人民的比例極低，可能只有百分之五或是百分之六而已。由於歲入有限，不管是民主制度，還是像沙皇這樣的絕對君主專制，政府的運作都備受牽制，所以不可能扮演政治體或是經濟體的角色。不過在第一次世界大戰之後，尤其以第二次世界大戰之後更為明顯，政府預算根本就無所不包。在這種新特權的保障下，政府歲入沒有任何經濟限制，政府成了公民社會的控制者，可以塑造這個社會。透過預算的力量，政府可以依照政治人物的想法塑造社會。更糟糕的是，財政國家成了「肉桶立法國家」（pork-barrel state，編注：「肉桶立法」意指為了獲得政治利益，而特意增加某個領域的預算或花費的做法）。

肉桶立法國家對於自由社會根基的戕害日益嚴重。民意代表欺瞞他們的選民，圖利特殊利益團體，跟他們買票。這個現象徹底否決了公民的概念，卻開始被視為理所當然。

《杜拉克談未來企業》

思考與實踐　撰寫一份選民陳情書，要求你們所屬的城市制定平衡預算修正案，就像加州十三號提案（Proposition 13）一樣，納入財產稅的年度增課上限。然後參加市議會會議，根據預算上限評估各項支出。

政府的新任務

新任務需要新政府型態。

所有新任務都需要政府更多的參與。不過這些新任務需要新政府型態。政府所面對最大的威脅是位於人口密集地區的攻擊行動。成立跨國機構，採取跨國行動，防止民兵死灰復燃，並剷除恐怖主義的威脅，這項任務的重要性僅次於環境保育。

恐怖主義的威脅在於一小撮人便可以要脅整個國家，即使是大國也無法避免。核子彈可以輕易地放入任何大城市的置物箱、郵桶，然後透過遙控器引爆。細菌炸彈也有同等的效力。炭疽病可以害死數以千計的人，並污染大城市的供水，讓人無法居住。要控制恐怖主義的威脅，個別政府必須超越國家主權，共同行動。可是這種超然機構的設計依然離我們很遠，而且要相當長的時間才能順利成立。可能要等到發生重大災難之後，各國政府才願意摒除成見，接受這類機構的決策和指揮。

《杜拉克談未來企業》

參與業界攸關你們和你們公司的活動，譬如和打擊核子恐怖主義的國際原子能總署（International Atomic Energy Agency）之類的跨國團體合作。

企業的正當性

除非企業裡權力的組織方式具備人們可以接受的正當性，否則權力終會消失。

除非社會力量具有正當性，否則便無法持久。如果社會無法凝聚各個成員，它就無法順利運作。當今產業界的成員在社會上缺乏地位和功能；除非扭轉這種現象，否則社會終將分崩離析。大眾不會反抗，只會麻木不仁，逃避自由的責任。自由的責任如果沒有社會意義，不過是威脅和負擔。我們只有兩個選擇：要不就建立健全的工業社會，要不就眼睜睜地看著自由消失在混亂和暴政當中。

《工業人的未來》

為自己和公司設想一下，在充滿暴政和混亂的世界裡經營是否值得，或者實在太過危險。

企業治理

當知識，而不是金錢主宰一切時，資本主義的意義是什麼？

要不了多久，我們就得再度面臨企業治理的問題。我們必須重新界定企業和其管理階層的使命，以滿足合法業主（譬如股東）以及人力資本業主的需求。所謂「人力資本業主」是指企業創造財富的能力提供者，也就是知識工作者。企業要生存，愈來愈仰賴知識工作者生產力的「相對優勢」。企業吸引、留住優秀知識工作者的能力，將成為首要的根本先決條件。

當知識，而不是金錢主宰一切時，資本主義的意義是什麼？當知識工作者成為真正的資產，「自由市場」的意義又是什麼？知識工作者是無法買賣的。他們不會隨著企業合併或是收購而來。可以確定的是，知識工作者的興起將會為經濟體系的結構和本質帶來根本的變化。

《典範移轉：杜拉克看未來管理》

你的員工當中，有多少比例的人，他們的工作需要高等教育？告訴這些員工你很重視他們的貢獻，要求他們參與本身專長攸關的決策。讓他們覺得自己是公司的擁有者。

企業三大面向的平衡

股東治理的型態注定失敗，這種方式經不起考驗，
只能存於太平盛世。

下一個社會裡的企業，管理階層有個重要任務，那就是平衡企業的三大面向：經濟面、人性面以及日益重要的社會面。過去半個世紀以來，企業通常只重視其中一項，忽略了另外兩項。譬如，德國的「社會市場經濟」模型，重點在於社會面；日本則重人性面；美國則重經濟面。

偏重任何一項都是不合宜的。德國模式雖然達成經濟成就和社會穩定，可是卻付出高失業率和就業市場僵化的代價。日本模式多年來都出奇成功，可是在第一波嚴峻挑戰的打擊下，卻岌岌可危；偏重人性面，而忽略經濟面和社會面，這正是日本自一九九〇年代的衰退以來，遲遲無法復原的原因。股東治理的型態也注定會失敗，這種方式經不起考驗，只能存於太平盛世。當然，唯有公司業務蒸蒸日上，才能顧及組織的人性面和社會功能。不過，知識工作者現在逐漸成為企業主力，所以只有對員工具有吸引力的企業，才有成功的希望。

《下一個社會》

評估公司在經濟面、人性面及社會面的表現。列舉五個不足的領域。擬定一份改善計畫。

界定企業的目標和使命

我們的業務是什麼？

瞭解公司業務似乎是再簡單、再明顯不過的事了。鋼鐵廠冶鐵；鐵路公司經營火車貨運，並載送乘客；保險公司承保火災風險；銀行放款。事實上，「我們的業務是什麼？」是個困難的問題，而且正確答案絕對不是顯而易見的。

企業的定義不在於公司的名稱、狀態或是條款，而是顧客購買某項產品或是服務時，得到滿足的渴望。滿足顧客是所有公司的使命和目標。所以，由外而內的觀點，也就是以顧客和市場的角度來看，才能回答「我們的業務是什麼」這個問題。顧客所見、所思、所相信、所渴想的事物，企業管理者永遠都應該視為客觀事實，必須認真看待，就如同業務員的報告、工程師進行的試驗或是會計師的數據一樣。企業管理者必須努力親自從顧客身上得到答案，而不是試圖臆測顧客的想法。

《管理：任務、責任、實務》

這個禮拜，每天和一位顧客談談，問問他們對貴公司的看法，他們怎麼看貴公司、認為貴公司是哪種公司，以及希望從貴公司得到什麼。依據顧客的回饋意見，進一步界定貴公司的使命。

「顧客」界定企業的目標和使命

顧客是誰？

「顧客是誰？」這是界定企業使命和目標的頭號問題，也是關鍵問題。這可不容易回答，答案沒那麼容易找。大體而言，企業回答這個問題的方式攸關企業的自我定位。消費者（即產品或服務的最終使用者）一定是顧客。

大多數企業的顧客至少有兩類。兩種顧客都得向你購買商品或服務，你的生意才能成交。品牌消費商品的製造商至少有兩類顧客：家庭主婦和零售商。如果零售商不向你進貨，家庭主婦就算再想買你的產品也是枉然。相對的，如果零售商進貨，可是家庭主婦不想買，同樣也沒有用。顧此失彼，一切終是枉然。

《管理：任務、責任、實務》

就你負責的產品或是服務，判斷你有多少類型的顧客。想想看，你是否滿足了所有類型顧客的需求，還是忽略了某些種類的顧客。

瞭解顧客買的是什麼

顧客眼裡的價值是什麼？

掌握企業使命和目標的最後一個問題是：「顧客眼裡的價值是什麼？」這也可能是最重要的問題。儘管如此，這個問題卻也最容易遭到忽略。原因之一可能出在管理者過度自信，以為自己一定知道答案。他們認為價值就是公司對品質的定義。不過這個定義往往是錯誤的。顧客買的不是產品本身。根據定義，顧客買的是對渴望的滿足感。顧客買的是價值。

就拿十幾歲的少女來說，鞋子的價值在於時髦。款式必須「流行」，價格的考量倒是其次，耐久與否對她則完全沒有價值。可是幾年後，當這個年輕女孩升格當了母親，流行變成門檻條件。她固然不會買過時的東西，不過她看的是耐久、價格、舒適和是否合腳等因素。十幾歲少女認為棒極了的鞋子，對於長她幾歲的姊姊而言，卻沒有什麼價值。公司的不同顧客對於價值，各有其看法，唯有顧客自己才能回答這個複雜的問題。公司管理者甚至不該臆測這個問題的答案，而是有系統地向顧客請教，瞭解他們的想法。

《管理：任務、責任、實務》

在你的顧客看來，你所提供的產品或服務最大的價值何在？如果你不知道，請找出答案。如果你知道，問問顧客你是否提供了這種價值。

MARCH

三月

變革領導者

成功管理變革最有效的辦法就是創造變革。

變化是無法管理的，我們只能超越變化。在動盪的時代裡（譬如現在），變化反而是一種常態。這種環境當然不輕鬆，而且風險很大，最重要的是，我們要非常努力才行。不過，除非組織將領導變革視為己任，否則便無法生存。在結構快速變化的時代，唯有變革領導者才能存活。變革領導者視變化為契機。他們尋求變化，知道如何找到正確的變革方向，也知道如何在組織內外充分發揮這些變化的力量。開創未來固然冒著極高的風險，可是如果連試都不試，這樣的風險更高。嘗試開創未來的人，其中有相當高的比例都會失敗；可是那些根本不試的人，卻注定走上失敗一途。

《典範移轉：杜拉克看未來管理》
《下一個社會》

預期未來，成為變革領導者。

3/
2

檢驗創新

根據對市場和對顧客的貢獻，衡量創新。

創新的檢驗標準在於是否創造價值。創新意味著創造新價值，以及為顧客帶來新的滿足感。新奇的產品只會讓人覺得有趣而已。儘管如此，管理者卻一再基於錯誤的理由而決定創新，譬如因為對老做同一件事情，或是每天生產同樣的產品感到厭倦。創新的檢驗標準（以及「品質」的檢驗標準）並非「我們喜歡嗎？」，而是「顧客想要它嗎？他們會付錢買嗎？」

企業衡量創新的那把尺，不是創新在科技方面的重要性，而是根據創新對市場和顧客的貢獻。從市場和顧客的角度看來，社會創新的重要性不下於技術創新。分期付款的銷售方式，對經濟和市場的衝擊，不下於本世紀其他重大的科學發明。

《管理新境》

《典範移轉：杜拉克看未來管理》

對於組織裡的創新，區分哪些只是新奇的產品，而哪些能創造價值。你著手開發那些新奇產品，是因為當時對重覆同一件事物心生厭煩而起的嗎？如果是這樣，下一次開發新產品或服務時，務必是為了滿足顧客的需求。

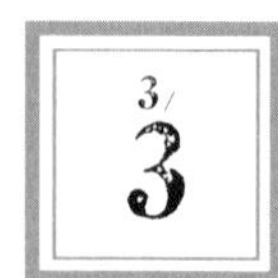

企業的外部知識

對公司、產業可能造成重大影響的技術，
其實源自本業外的領域。

許多徹底改造企業的重大變革，其實源自本業之外。這兒就有三個明顯的例子。拉鍊起初是用來封閉裝載重物的袋子，譬如穀物，在海港的應用尤其普遍。當時沒有人想到把拉鍊用在衣服上，而成衣產業壓根兒沒有想到用拉鍊取代鈕扣。拉鍊的發明人想都沒想到，拉鍊居然會在成衣業發揚光大。

商業本票（短期票據，起先是由非銀行的金融機構所發行）並非源於銀行，可是卻對銀行造成極大的負面衝擊。根據美國法律規定，商業本票是有價證券，也就是說，商業銀行不得經營這項業務。後來高盛投資（Goldman Sachs）、美林證券（Merrill Lynch）、奇異資融（GE Capital）等金融服務公司發現這點，因而取代商業銀行成為全世界舉足輕重的頂尖金融機構。掀起電話業革命的光纖電纜，它的發明者不是美國、日本或是德國主要的電話實驗室，而是一家玻璃公司——康寧（Corning）。

《典範移轉：杜拉克看未來管理》
「從資料到資訊素養」（柯比迪亞線上課程）

想想看，你們產業之外有什麼變化會對公司造成重大改變，或是有潛力造成重大改變，至少列舉一項。從其他產業尋找可以在你們產業獲利的構想。

3/4

創新要著重於大構想

創新的構想就像青蛙蛋：
孵化一千顆，卻只有一兩隻能存活、長成。

追求創新的企業都知道，創新起先不過是個構想。構想有點像嬰兒：剛誕生的時候很小，不成熟，軟趴趴，沒有形狀。他們是尚未實現的願景。追求創新的企業裡，經營者不用說：「這個構想太棒了！」但是他們必須問道：「這個還在萌芽階段、尚未成形的蠢構想，怎樣才能成為可以實現的契機？」

不過，創新企業也明白，絕大多數的構想，結果都不怎麼樣。所以創新企業的經營者必須要求員工，提出構想時，也得仔細思索，如何把構想變成新產品、流程、業務或是技術的方法。他們會問，「公司為這些構想全力以赴之前，我們還必須做什麼，還要掌握、瞭解什麼？」這些經營者知道，實現一個小構想的困難度和風險，絕對不下於重大的創新活動。他們的目標並非「改善」、「調整」產品或技術，而是締造嶄新的業務。

《管理新境》

思考與實踐 舉出三個你所想到的最好的構想。然後，想想看你應該知道哪些關鍵資訊，完成哪些工作，才能讓這些構想綻放光芒，成為嶄新的業務。請列出這些資訊和工作。現在就開始追求最好的構想，如果所有的構想都不夠實際，那就重新想過。

管理未來

想要預測未來會發生什麼事情，那是白費力氣。

要瞭解未來，必須從以下兩項相異而互補的方法著手：

- 找出經濟和社會的不連續發展，從出現到完全發揮影響力的時間差，並利用這項資訊。此方法可稱為「預期已經發生的未來」。
- 將新構想應用於尚未發生的未來，試著塑造未來，並指引未來的方向。這個方法可稱為「創造未來」。

「已經發生的未來」不在企業之內，而在企業之外，在社會、知識、文化、產業或是經濟結構的變化裡。這是主要趨勢，是模式的突破，而不是模式的變型。展望已經發生的未來，並且預期它可能造成的影響，藉此激盪出新想法，以看清情勢。接下來，可以做些什麼、或是應該做些什麼通常就不難掌握。這些契機既非遙不可及，也不會模糊難測。只是要先認清楚模式而已。

預測未來只會讓你陷入困境。重點在於因應既有的事物，然後努力創造可能的未來，順應發展方向前進。

《成效管理》

思考與實踐

從社會面或經濟面，找出已經出現、而且對你公司不失為一種機會的變化。判斷這個變化要多久才會對你的公司造成影響，根據你的判斷擬定一份企劃案。

創新和冒險

成功的創新者是保守派。

有一次，我參加某家大學主辦的創業家座談會，會中有幾位心理學家發表演講。這幾位心理學家的報告內容雖然各有不同，但是他們都談到「創業家的人格」，並將他們歸類為「冒險傾向」。在場有位非常成功的發明家和創業家，他在二十五年的時間當中，將他那以流程為基礎的創新，成功地打入全球各地的企業。他說：「各位的報告讓我覺得很困惑。我所認識的成功發明家和創業者絕對不少於各位，我自己也是一個。可是，我從來沒有碰過所謂的『創業人格』。不過，我所認識的成功創業家倒是有個共同點（而且只有這點相同）：他們都不是『冒險家』。他們會試著界定必須承擔的風險，並儘量將這種風險降到最低。如果不是這樣，根本沒有人會成功。」

這番話和我自己的經驗不謀而合。我自己也認識許多成功的創業家，其中沒有一個具備「冒險傾向」。現實生活中，大多數成功的創新者都是很平實的人，寧可花好幾個小時做現金流量預測，而不是尋找「冒險機會」。他們不是「風險專注者」，而是「機會專注者」。

《企業創新》

思考與實踐

從你的構想中，找出風險最低、機會最高的構想，然後專注於這些構想，全力以赴。

創造真實的整體

創造超越個別組成份子總和的真實整體。

管理者的任務在於創造一個超越組成份子總和的真實整體。這就好像交響樂團指揮，在他的努力、眼光和領導下，個別樂器的力量得以結合，化為整體的音樂表演。不過，指揮仍然仰賴作曲家的樂譜，他只是負責解讀樂章；管理者則兼具作曲家和指揮家的身分。

管理者在創造真實整體時，所作所為都必須考慮企業整體的表現與成效，以及和諧演出所需的各種活動。管理者在這個環節最像交響樂團指揮。指揮必須一邊聆聽交響樂團全體的演奏，一邊聆聽個別樂手，譬如第二雙簧管的演奏；同理，管理者也得在考慮整體企業績效的同時，同時考慮到市場研究活動的成果。透過提升整體績效，管理者同時建構出市場研究的範疇和挑戰。透過改善市場研究的成果，管理者同時得以提升整體企業的績效。管理者必須同時問兩個問題：「我們需要改善哪些企業績效，而做到這點又需要哪些活動？」以及「這些活動能夠提升哪些績效，改善哪些企業成效？」

《管理：任務、責任、實務》

你可曾編寫自己的交響曲？你的上司可曾編寫自己的交響曲？你開始跟你的團員排練了嗎？你聽得到第二雙簧管嗎？你們準備好在卡內基音樂廳登台了嗎？

動盪：是威脅？還是契機？

3/8

大雨傾盆時，有些人撐傘，有些人卻忙著接水。

管理者必須檢視自己的任務，自問：「我必須做什麼準備，以迎接風險、機會，還有，最重要的，變化？」首先，組織務必精簡，才能迅速行動。所以，我們得有系統地淘汰不必要的產品和活動，以支援真正重要的任務。第二，管理者必須仔細留意最昂貴的資源，那就是時間，尤其，對於研究人員、技術服務人員和主管之類的高薪重要團隊而言，這是唯一資源。而且，我們必須設定提升生產力的目標。第三，管理者必須學習如何管理成長，以及分辨各種不同的成長模式。在結合各種資源後，如果生產力能隨著公司成長而提升，那就是穩健的成長。第四，人才的培養在未來幾年會更形重要。

《杜拉克實踐指南》（*The "How to" Drucker*）
《動盪時代下的經營》

淘汰不必要的產品和活動，設定改善生產力的目標，管理成長，培養人才。

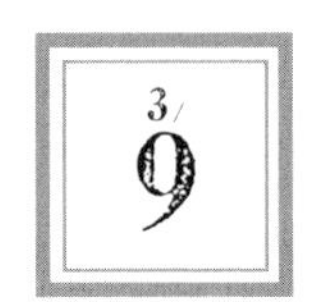

組織必須適應持續的變化

今日的確據在明日卻成荒謬。

對已開發國家而言，有件事情是可以確定的——可能整個世界都是如此——我們正面臨長年的深遠變化。組織必須因應這些變化，不斷進行調整。我們再也不可能把創新視為管理領域之外、或是管理的周邊活動。創新是管理的核心。組織的功能在於創新，也就是在工具、產品、流程、工作設計以及知識等方面，發揮知識的力量。

技術變化的程度愈不明顯，企業就愈需要刻意側重創新。製藥公司裡的每個人都知道，公司能不能在十年間研發出各種新藥，以汰換四分之三的現有舊藥，這是公司能否待在業界的關鍵。可是在保險公司，有多少人知道公司的成長（甚至於生存）端視他們能否開發出新保單？業務的技術變化愈是不明顯，公司整體僵化的風險就愈高，所以說，注重創新也就更重要。

《視野：杜拉克談經理人的未來挑戰》
《彼得·杜拉克的管理聖經》
《生態願景》
《典範移轉：杜拉克看未來管理》

思考與實踐 你和你的組織是否有僵化的危險？找出你和你的公司可以如何有系統地創新，並將創新納入管理流程。

追尋變化

變化關乎人的行為；街論巷議只是一時的狂熱。

創業家將變化視為常態。通常他們不會自己製造變化，而是尋找變化，回應變化，並且把變化視為可資利用的機會；這種態度正是創業家和創業精神的特質所在。

仔細觀察每個變化，想想看：「這會不會是個機會？」「這是真正的變化，還是一時的狂熱？」兩者的差異很簡單：變化關乎人的行為；街論巷議只是一時的狂熱。你也得仔細思考，這些變化、轉變究竟是機會、還是威脅？如果你一開始就把這些變化視為威脅，那就永遠沒有機會創新。不要光是因為新事物出乎你的規劃，就予以排斥；意外的事物往往是創新最好的泉源。

《下一個社會》

花半個小時和同事討論橫掃你們產業的變化，並且找出其中最大的真正變化。不要理會一時的狂熱；想辦法掌握實質的變化。

引導變革

不管是調查、市場研究、還是電腦模型，
都無法取代現實的檢驗。

所有的改善及新事物都需要小規模試驗，也就是「試行」（piloting）。如果要所有事情一次全部翻新，可能會遭遇阻礙。公司得在內部找到真正想要開創一番新局的人，接著公司要找出這件新事物的擁護者，他會挺身而出，說道：「我一定要讓這件事成功。」然後全力以赴。這位擁護者必須是在組織內普受尊重的人物，甚至不一定是公司內部的人。

新產品或新服務最好的試行法，通常是透過真正想要一些新東西的顧客；他們願意和生產商合作，開發真正成功的新產品或服務。不管是設計、市場、還是服務，如果試行成功，發現先前無人看到的問題，發現無人想到的機會，那麼變革的風險通常就會很小。

《典範移轉：杜拉克看未來管理》

公司最棒的構想務必要有積極的推動者，在他們的看照之下，順利通過市場考驗。

3/12

企業的使命

企業的基本功能有二：行銷以及創新。

要想瞭解企業，就得從企業的使命開始。企業的使命必須寓於企業本身之外，也就是社會，因為企業是社會的一個「器官」。企業使命唯一有效的定義是：創造顧客。顧客是企業的基石，也是企業賴以生存的泉源。光是顧客就能創造就業。顧客也正是社會賦予企業以創造財富的資源。

企業的使命在於創造顧客，因此所有企業都有兩個基本功能（而且只有兩個）：行銷和創新。這些都是企業功能。行銷則是企業獨特的功能。

《彼得·杜拉克的管理聖經》

瞭解你們的顧客有哪些需求有待滿足。判斷你們的產品能夠滿足這些需求的程度。

將策略計畫付諸行動

如果無法落實於工作，再好的計畫也只是空談理想。

計畫能不能順利產生成效，重點在於各項任務的關鍵人物是否全力以赴，動手執行。如果沒有行動的承諾，計畫不過停留在空談和希望。你可以問管理者這個問題：「你今天會派出哪些最優秀的人員從事這項工作？」如果管理者回答（大多數都是如此）：「可是，我現在撥不出手下最優秀的幹部。他們得先完成手邊的工作，明天才能派遣他們從事這項工作。」這些話分明表示，他並沒有一套執行計畫。

工作意味著責任、截止期限、還有評量成果，也就是針對工作成果給予意見回饋。員工根據公司所衡量的事物及衡量方式，決定事情的重要性；因此衡量的事物及衡量方式不只決定我們的觀點，也會決定我們（以及其他人）所做的事情。

《管理：任務、責任、實務》

思考與實踐 建立一套成果評量的具體量化標準和目標。為你自己和公司設定達成目標的截止期限。

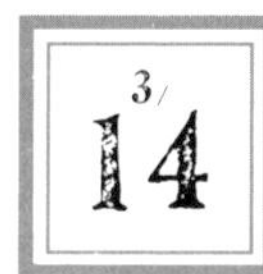

普世的企業規範

這些規範不但值得追求，也是當今的生存條件。

不光是企業，每個機構都必須將以下四項企業活動，同時並進，融入日常管理當中。第一是有組織地淘汰再也無法達成資源最適配置的產品、服務、流程、市場、通路等等。第二，所有機構的架構必須有系統地持續改善。第三，所有機構的架構都必須有系統地持續開發，尤其是發揮既有的成功優勢。最後一項，機構的組織必須有系統地進行創新，也就是創造不同的明日，超越今天，大幅淘汰企業今天最成功的產品。我之所以強調這些規範，因為它們不但值得追求，也是當今的生存條件。

〈管理的新典範〉（Management's New Paradigms）
〔摘自《富比士》（*Forbes*）〕
《典範移轉：杜拉克看未來管理》
《下一個社會》

淘汰即將過時的事物，建立一套可以充分發揮成功優勢的機制，並且建立有系統的創新方式。

短期和長期的管理

凱因斯最著名的話首推這句：「長期而言，我們都死了。」
誠如凱因斯所暗示的：短期的最適化會帶來理想的未來，
這個想法徹底是個謬誤。

企業管理應該根據短期績效、還是長期績效？這是個極為重要的問題。財務分析師相信，企業可以長短期績效並重。成功的企業家還是比較清楚這個問題的答案。其實，每個人都必須達到短期績效。不過，在短期績效和長期成長產生衝突時，有的公司會決定以長期成長為重，有的則會偏重短期績效。再次強調，這不光是經濟面的分歧，它根本上是與企業功能和管理職責相關的價值衝突。

《生態願景》
《典範移轉：杜拉克看未來管理》

你的組織是否犧牲長期創造財富的能力，而偏就短期績效？請討論如何跳脫這種陷阱，而仍然可以創造短期獲利。

調和目標與衡量標準

獲利極大化的傳統理論必須淘汰。

企業管理的真諦在於調和各種需求與目標。偏重獲利會誤導管理者，甚至可能危及企業命脈。他們往往會因此為了眼前的獲利，而犧牲未來。他們可能推出最容易賣的產品線，而忽略了明日的市場；或是研究報告不確實，升遷獎酬縮水，投資能拖就拖。最甚者，他們會盡可能規避資本投資，因為資本支出增加，會拉低帳面的獲利率。結果，設備老舊過時，甚至安全堪慮。換句話說，偏重短期績效會引發最糟的管理作風。

只要是會直接影響企業生存興衰的績效與結果都應該設定目標。以下這八個領域需要設定績效和目標：市場地位、創新、生產力、實物資源和財務資源、獲利能力、經理人的績效和發展、員工的績效和態度、公共責任。不同的領域有不同的業務重心，而各個業務在不同的發展階段也各有不同的重心。不過，不論哪家公司、經濟狀況如何、也不論公司規模如何或是在哪個成長階段，這些領域都一體適用。

《彼得．杜拉克的管理聖經》

除了設定獲利目標之外，也就以下這些領域設定目標：市場地位、創新、生產力、實物資源和財務資源、獲利能力、經理人的績效和發展、員工的績效和態度、公共責任。

利潤的目的

利潤是企業績效的最終檢驗。

利潤的目的有三。第一，衡量企業的效能和穩定度。第二，利潤是「風險貼水」，用以支應企業繼續營運的成本：面臨競爭淘汰、過時、市場風險以及不確定性。從這個觀點來看，天底下沒有「利潤」這回事，只有「經營的代價」以及「繼續經營的代價」。而企業的任務就是賺取足夠的利潤，以支應這些「繼續經營的代價」。利潤的第三個目的是，確保未來創新和擴張所需的資本無虞，這些資本可能是直接資本（譬如保留盈餘，做為日後的自有資金），或是間接資本（譬如由外部引入足夠的資本，以最適合公司目標的型態投資）。

《彼得・杜拉克的管理聖經》

思考與實踐

如果某項業務的獲利無法支應繼續經營所需的成本，或是不足以支應未來的成長所需，就應該予以淘汰。

道德與利潤

利潤夠嗎？

熊彼得的「創新者」（innovator）觀念，連同他的「創造性破壞」觀念，是至今唯一解釋為何會有「獲利」的理論。古典經濟學者非常清楚，他們的理論並未給利潤一個合理的闡述。封閉經濟體系的平衡經濟學裡，利潤其實沒有立足之地，利潤沒有存在的道理，也無從解釋。不過，如果利潤是真實的償價，尤其，如果利潤是保存工作機會和創造新工作機會的唯一途徑，那麼資本主義便會再度成為一個道德體系。

由於利潤誘因在道德面的弱點，馬克思有機會把資本主義批評為邪惡、沒有道德，並堅稱資本主義「從科學角度來看」，毫無功用。然而，一旦跳脫這個恆常而封閉的經濟體系，所謂的利潤就不再是不道德的事情，反而成為一種道德條件。重點不再是：「利潤這個無用的剩餘，什麼樣的經濟架構才能讓資本家分得最少，以推動經濟？」熊彼得的經濟學理念強調的是：「利潤夠嗎？」他問的是，是否累積了足夠的資本，以支應未來的成本、繼續經營的成本以及「創造性破壞」所需的成本？

《生態願景》

你的獲利夠不夠支應資本成本和創新所需。如果不夠，你要怎麼辦？

界定企業績效

將企業創造財富的能力發揮到極致

奇異電子一九五八年到一九六三年的執行長雷夫・高第納（Ralph Cordiner）主張，大型上市公司的高層主管就像「受委託人」。他認為，資深經營者必須「儘量平衡股東、顧客、員工、供應商以及工廠所在社區的利益。」這些就是我們現在所說的「利害關係人」。高第納的回答，何謂「成果」，何謂「儘量平衡」，仍然需要明確定義。大型企業如何界定績效和成果，這些卻不待我們多言。我們已經看到成功的例子。

德國和日本都屬於高度集中的機構所有權型態。那麼，德國和日本的機構所有者如何界定績效和成果？他們的管理作風雖然差異頗大，但是他們對於績效和成果的定義都是一樣的。不同於高第納，他們不「平衡」任何東西，而是追求極大化。不過，他們追求的，不是股東價值或任何「利害關係人」利益的極大化，而是將企業創造財富的能力發揮到極致。這個目標整合了短期及長期成果，也結合了企業績效的經營層面（市場地位、創新、生產力、人員與人員成長）、財務需求以及財務結果。這個目標也是企業各方成員（不論是股東、顧客還是員工）賴以滿足各自期望和各自目標的憑藉。

《運作健全的社會》

檢視貴公司於長期績效要素（市場地位、創新、生產力及人員成長）及短期獲利能力間的取捨。判斷這些取捨是否對公司有益。

管理者的計分卡

「管理稽核」支持者所談的事情，譬如品行和創造力，
最好留給小說家。

「利潤」衡量的是企業績效，而不是管理績效。今日的企業績效主要是過去管理績效的成果。所以說，管理績效可以說是，管理者是否為今日的公司做好迎接未來的準備。企業的未來大致是由以下四個領域目前的管理績效所構成：

- 資本運用績效：我們要把實際的投資報酬率與預期報酬率相對照。
- 人事決策績效：派遣人員的預期績效，以及任務執行的結果，都不是「無形的」。兩者都相當容易判斷。
- 創新的績效：評估研究結果，並對照研究工作展開時的承諾和預期。
- 對照策略與績效：策略預期會發生的事是否成真？對照實際發展狀況，原來設定的目標是否正確？是否順利達成？

《動盪時代下的經營》

對你自己和直屬員工進行管理稽核。衡量的標準應該包括，你他們的人事決策品質如何、是否有創新的構想以及策略所預期的事情是否成真。

資訊革命之外

有種新服務正等著誕生。

資訊革命真正的革命式衝擊才開始。不過，引發這些衝擊的不是「資訊」，而是十五年前或是二十年前根本沒有人預期得到、甚至沒有人討論的電子商務。所謂電子商務就是，爆炸性成長的網際網路成為全世界商品、服務，甚至是管理及專業工作的主要通路。這對經濟、市場、產業結構、產品與服務及其流動、消費者區塊、消費者價值、消費者行為、就業以及勞動市場都帶來影響深遠的變化。

意外的新產業無疑會迅速崛起。有種新服務正等著誕生。

《下一個社會》

思考與實踐 把時間快轉到二〇一五年，屆時你的產業裡有哪三種嶄新的業務，是從今日的技術發展而生？

網際網路科技和教育

這種媒體不只控制了溝通方式，也控制了溝通內容。

資訊科技在健保領域帶來驚人的衝擊，對教育界甚至猶有過之。不過，把大學課程原原本本地放到網路上，這是個錯誤的決定。馬歇爾・麥克路翰（Marshall McLuhan）說得對，這種媒體不只控制了傳播方式，也控制了傳播內容。在網路上，你得有不同的做法。

在網路上，什麼都得重新設計。首先，你必須凝聚學生的注意力。優秀教師都有個雷達系統，可以激發全班學生的反應，可是網路沒有這種功能。第二，你必須讓學生能夠做到在大學裡上課可以做到的事情，那就是反覆學習。所以，你必須在線上結合課本的品質以及課程的連續性和流暢度。最重要的是，你必須結合課程的架構。在大學裡上課，大學提供了學習的架構；可是線上課程，學生是在家裡上課，因此線上課程必須提供背景資訊、架構和參考資料。

《下一個社會》

思考與實踐 想想你們的線上服務，從網路學習、健康福利和遵法稽核。去問問幾個用過這些服務的員工，他們是否感到滿意。建議：別忘了帶副耳塞！

3/23

電子商務強大的力量

和銷售息息相關的不再是生產，而是通路。

電子商務之於資訊革命，猶如鐵路之於工業革命。鐵路縮短了距離，電子商務則徹底消除了距離。網際網路讓企業可以結合不同的活動，即時傳輸資料，不論是對內，還是對外的供應商、通路和顧客。這種發展加速了企業崩解。

不過，電子商務強大的力量在於，顧客可以透過網路，譬如亞馬遜或CarsDirect.com等網站，接觸到各式各樣、各家廠商的產品。電子商務使銷售和製造分家，這是空前的現象。和銷售息息相關的不再是生產，而是通路。電子商務設施完全無須侷限於行銷、販售單一製造商的產品或是品牌。

《下一個社會》

「下一個社會」（柯比迪亞線上課程）

思考與實踐 貴公司是屬於亞馬遜之類？還是地方書店？如果是後者，請想想看，你們要如何運用電子商務反擊。

3/24

電子商務是種挑戰

我們的業務會被蠶食鯨吞。

我們還不清楚電子商務最適合哪些產品和服務。不過我們知道，不管是B2B、還是B2C，透過電子商務的亮麗銷售成績，會使超級市場、證券公司分行之類的傳統通路備感威脅。「我們的業務會被蠶食鯨吞。」傳統的配銷業者會這麼狂喊。其實，如果過去可以為鑑，電子商務說不定會讓傳統企業如虎添翼，增加業績並提升獲利。新通路通常都會帶來這種成效。

不過，情勢還要好幾年才會明朗。我們現在還是不清楚，電子商務這種通路最適合哪些商品和服務的銷售。時候未到，現在瞎猜也沒用。因此，推動電子商務其實有很高的風險。儘管如此，只要有一絲跡象顯示，電子商務終會成為商品和服務的重要通路，即便不是最重要的通路，就沒有公司能夠一搏「不」推動電子商務的風險。

《視野：杜拉克談經理人的未來挑戰》
「企業的五條大罪」（柯比迪亞線上課程）

請列舉三項電子商務對你們的通路所造成的改變，並列舉三項電子商務未來幾年當中對這些通路造成的改變。

從法律擬制到經濟現實

各項活動應歸屬何處？

愈來愈多經濟流程仰賴以聯盟、合資和外包為基礎的結構。以策略（而非所有權和控制）為基礎的結構逐漸成為全球經濟的成長模式。這些合作結構的管理者應該視企業策略、產品規劃以及產品成本為一經濟整體，以進行組織和管理。

以某家頂尖的消費品全球製造商為例，它原本認為自有製造活動愈多愈好，現在他們會問：「各項活動應歸屬何處？」所以，他們決定將產品完工階段的生產活動安排在一百八十個國家，以貼近消費者。不過，他們只在幾個地區設置主要生產廠區，譬如，愛爾蘭的大型工廠負責供應整個歐洲和非州。該公司把主要生產廠區內部化，以進行品質控制，但是把最後的組裝工作外包。他們著眼於整個價值鏈，據以部署各項活動的去處。

《典範移轉：杜拉克看未來管理》

「從資料到資訊素養」（柯比迪亞線上課程）

想想你自己的工作。有沒有人可以用更低的價格做得更好？如果是，那你得多讀書、多研究、多和人們交談，以擬定一套新技能學習計劃，在食物鏈裡力爭上游。

多國企業的管理

二〇二五年，多國企業的凝聚基礎和控制機制可能是策略。

從統計數據來看，多國企業今日在全球經濟的角色和一九一三年時相差無幾。不過，今日多國企業的面貌已是截然不同。一九一三年的多國企業，是在海外設有分支機構的國內企業；而這些分支機構都能自給自足，在由政治界定的某一領土範圍內獨當一面，並具有高度自治權。今日多國企業的組織方式，通常是根據全球產品或是服務線。不過，就跟一九一三年的多國企業一樣，他們的控制機制和凝聚基礎也是所有權。相較之下，到了二〇二五年，多國企業的控制機制和凝聚基礎可能是策略。當然，所有權到那時還是會存在。不過聯盟、合資、少數股權、技術協議及合約，都將逐漸成為建構集團的基石。

這種組織需要新的高層管理。在大多數國家，甚至是許多複雜的大型企業裡，高層主管仍然被視為營運管理的延伸。不過，明日的高層主管，可能會自成一個獨特、獨立的功能：它本身即代表公司。

《下一個社會》

思考與實踐

你的專長、或是你上司的專長是經營一般部門，還是凝聚各據一方的策略夥伴？請做兩件事，以提升你身為合作夥伴的個人魅力，譬如看一本有關別家公司或是文化的書，或是向善於與人合作的經營者請益。

3/27

指揮或是合作

企業應該達成最高整合程度的傳統信念已經過時了。

在新企業裡，企業應該達成最高整合程度的傳統信念已經過時了。這種企業「分化」的現象，理由有二。第一，知識愈來愈專門，因此也就愈來愈昂貴；而企業的各項重大任務所需的知識，也就很難累積到一定的門檻。除非經常運用知識，否則知識很快就會遭到淘汰；公司裡的某種活動如果只是偶一為之，便注定會失敗。

第二，網際網路和電子郵件之類的新資訊科技，讓溝通的實際成本消失於無形。這意味著，分化和結盟往往是最有生產力、最有利的組織方式。愈來愈多的活動都走入這類型態。譬如，機構將資訊科技、資料處理和電腦系統委外管理，已然成為常態。

《下一個社會》

「下一個社會」（柯比迪亞線上課程）

思考與實踐

想想看，你的老闆如果把你的職務外包，你會不會因此被「分化」，而丟了飯碗？準備一份備援計劃。

建構策略所需的資訊

企業唯一的利潤中心是不會跳票的顧客。

策略的建構必須以市場、顧客、非顧客、本身產業與其他產業的技術、全球金融、全球經濟變遷等資訊為基礎。因為策略的成效正寓於這些外部領域。組織內部只有成本中心。

重大的變化總是來自企業外的世界。零售業者可能非常瞭解來店的顧客，可是不管是多麼成功的零售業者，所掌握的顧客也只占市場極小的比例；市場上絕大多數的人都不是他們的顧客。重大的市場變化總是來自這些非顧客，而且重要性愈來愈高。過去五十年來，讓某個產業徹底改觀的重大新技術當中，至少有一半是來自該產業以外的領域。

《典範移轉：杜拉克看未來管理》

思考與實踐 為你的組織建立一套系統，以蒐集、歸納環境的相關資訊，其中包括市場、顧客、非顧客和產業內外技術等層面。

管理科學為什麼失靈了？

組成份子之存在應以整體為考量。

所有的管理科學都隱含一個基本理念：企業是最高層級的體系，其組成份子是自願貢獻知識、技能、心力於這份合資事業的人。不管是飛彈控制之類的機械體系，還是像樹木之類的生態體系，或是如企業之類的社會體系，所有的真實體系都有一個共同的特質，那就是互依。體系裡某個特定的功能或是環節獲得改善，或是效率提昇，整體體系不見得會因此改善；事實上，整體體系甚至可能因此受到傷害，甚至遭到摧毀。在有些情況下，強化體系最好的辦法可能是削弱某部分的力量，降低它的準確度或是效率。對體系而言，真正重要的是整體績效；而整體績效是成長、動態平衡、調整以及整合的成果，而不是單靠技術效率。

因此，管理科學過度強調體系各環節的效率，這點注定會引發負面效應。工具的精確度要達到最適，勢必要犧牲整體的穩健和績效。

《明日的地標》
《管理：任務、責任、實務》

想想貴公司有哪些部門（譬如財務或是工程），削弱其效率，說不定有助於提升整體績效。

複雜體系的本質

就短期現象來看，並無系統可言，有的只是混沌。

複雜理論（the theory of complexity）是現代數學成長最快速的領域。透過嚴謹的數學證明，複雜理論顯示，複雜體系是無法預測的，它受到統計學上不具顯著性的因素所控制。這也正是大家所熟知的「蝴蝶效應」：亞馬遜雨林的蝴蝶拍動翅膀，可能會在幾個禮拜或是幾個月之後影響芝加哥的天氣。這聽來怪異，但卻是嚴謹的數學理論。在複雜體系裡，氣候不但可以預測，而且高度穩定；而「天氣」不但無法預測，而且完全不穩定。複雜體系沒有所謂的「外部」。就拿天氣來說，就短期現象來看，並無系統可言，有的只是混沌。

經濟學和經濟政策處理的是短期現象，譬如景氣衰退和物價變動。現代經濟學以及經濟政策都假設，系統的長期是由短期政策（譬如利率變動、政府支出、稅率等等）所塑造的。但是，誠如現代數學所證明的，對複雜體系而言，事情並非如此。

《新現實》

找出會影響貴公司的長期現象。這些現象會對貴公司分別在短期和長期造成什麼影響？

從分析到認知

在生態體系裡，「整體」是需要被看見、被理解的，
而「組成份子」的存在純粹以整體為考量。

在數學家和哲學家的世界裡，認知是「直覺」，它若不是虛假、空幻，就是難測、神秘。機械世界觀主張，認知不夠「嚴謹」，它被貶為「人生中更精緻的事物」，也就是我們可有可無的事物。不過，在生物世界裡，認知卻是一切的核心。當然，「生態」是認知，不是分析。在生態體系裡，「整體」是需要被看見、被理解的，而「組成份子」的存在純粹以整體為考量。三百年前，笛卡兒說：「我思故我在。」但是，現在我們得說：「我見故我在」。

的確，本書探討的新現實是種「組態」（configurations），認知的重要性在此不下於分析，譬如新多元主義的動態失衡、多國及跨國經濟、跨國生態、以及亟需「受教育者」的新典範。

《新現實》

在下列對組織的陳述當中，認知和分析扮演什麼樣的角色？「對體系而言，真正重要的是整體績效；而整體績效是成長、動態平衡、調整以及整合的成果，而不是單靠技術效率。」

APRIL

四月

管理是人的努力

管理關乎人。

現代企業是人類和社會組織。管理不論在學理面及實務面，都是處理有關人類和社會的價值觀。也就是說，組織存在的目的超越了組織自身。在企業，其目的是經濟；在醫院，其目的是照顧病患，恢復健康；在大學，其目的是教學、學習和研究。要達成這些目的，我們稱之為「管理」的現代發明必須組織人員，發揮團結的力量，並創造社會組織。不過，唯有管理功能讓組織的人力資源成功地發揮生產力，才能順利達成外在的目標和成效。

管理就像醫學：兩者都屬於實務領域。而這些實務背後的知識，則吸收了各種基本科學。醫學吸收的是生物、化學、物理以及許多其他自然科學；管理則吸收了經濟學、心理學、政治理論、數學、歷史以及哲學。不過就跟醫學一樣，管理本身也是一門學科，有自己的假設、目標以及工具，還有自己的績效目標和衡量方法。

《管理新境》

你的背景是工程師、經濟學家、心理學家、數學家、政治學家、歷史學家還是哲學家？你的背景對於你的管理方式有何影響？請列舉三項說明。

4/2

責任制工作者

責任制工作者會傾注全力，以求成果。

不過，建立並帶領組織的任務還包括讓每個人自視為「管理者」，完全接受本應屬於管理者責任的重擔：也就是對自身工作和工作團隊、自身對整體組織績效與成果的投入、組織所在社區的社會工作負起責任。

所以說，責任兼具內部和外部兩種性質。外部責任是指為特定績效，而對某個人或是主體負責；內部責任則是指承諾。責任制工作者不但會對特定成果負責，還具備採取所需手段以達成成果的權限。還有，他會把這些成果視為個人成就般，全力以赴。

《管理：任務、責任、實務》

《大師的軌跡》（*The World According to Peter Drucker*，天下遠見）

〔摘自致傑克．貝帝（Jack Beatty）信中內容第二段〕

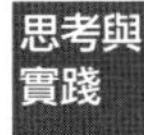

以個人而言，你是傾注全力，達成工作成果？或者只是一個口令、一個動作？你是否缺乏實現成果所需的權限？要不就去爭取，否則就另尋出路。

求表現的精神

組織的目的在於使平凡人做不平凡事。

道德的意義不在於訓誡、說教、或是空想，道德意義必定是實踐。特別是：

1. 組織的焦點應該是求表現。求表現的精神，首要條件便是設定高標準，不單對小組而言，個人也是一樣。
2. 組織應該專注於機會，而不是問題。
3. 凡是會影響人的決策，不管是人員部署、薪資、升遷、降職和裁撤，都必須傳達組織的價值觀和信念。
4. 最後，有關人的決策中，管理階層必須透過行動展現出，他們相信品格是擔任管理者的必要條件，而且這是管理者本身就應該具備的特質，不能等到上任之後，才漸漸培養。

《管理：任務、責任、實務》

專注在表現、機會、人員以及品行上。

企業和個人

組織成長得愈快，個人成長的空間就愈大。

組織裡的個人成長得愈快，組織的成就就愈高：當今對培養經理人以及訓練高階主管的關注，便是著眼於此。組織在正當性、品格、目標以及能力等方面成長得愈快，個人成長和發揮的空間就愈大。

《明日的地標》

不斷學習。充分利用公司的教育訓練福利。

4/5

選用領導人

「我希望自己的兒子在這樣的人底下做事嗎？」

我在選擇機構領導人時，會看哪些特質？第一，我會先看這些候選人過去做了什麼，長處為何（你要有長處才能有所表現），以及他們如何運用自己的長處。第二，我會觀察這家機構，並思考：「這家機構當前最關鍵的挑戰是什麼？」我會試著找出長處能合乎組織需求的領導人。

接著，我會看候選人的品行。領導人有示範作用，特別是強勢的領導人。他是組織裡的人（特別是年輕人）效法的典範。許多年前，有位執掌大型全球企業的智者對我在這方面有很大的啟發。他當時七十幾歲，以知人善用著稱。我問他：「當你遴選全球各地分公司的領導人時，你看的是什麼？」他說：「我總是自問：『我希望自己的兒子在這樣的人底下做事嗎？』如果他很成功，年輕人會起而效尤。我希望我兒子跟他一樣嗎？」我想，這個問題直指事情的最終核心。

《彼得・杜拉克：使命與領導》

思考與實踐 下次任用人時，想想看，你是否願意自己的子女在這個人的手下做事。

領導人的特質

領導的真諦在於提升眼光。

滿心只有自己的領導人絕對會誤導他人。本世紀最富領袖魅力的三位領導人：希特勒、史達林和毛澤東，他們對人類都造成史無前例的傷害。真正重要的不是領導魅力。因為，領導的真諦不在於有吸引力的人格，這樣的人格可能也會蠱惑人心。領導也不是「結交朋友和影響他人」，這是言過其實的美譽。

領導的真諦在於提升眼光、提高表現水準、並協助人們超越本身的極限。要培養這樣的領導風格，最好的途徑便是透過日常的管理實務，展現管理階層嚴格的行為準則、責任、高標準和對個人與個人工作的尊重。

《彼得・杜拉克：使命與領導》
《管理：任務、責任、實務》

思考與實踐

設定嚴格的行為準則和高標準，尊重人們和他們所從事的工作。

以長才做為領導的基礎

領導者和一般員工之間的差距是固定的。

在人事方面，領導者和一般員工之間的差距是固定的。如果領導有方，一般員工的績效也會水漲船高。有效能的經營者知道，提升領導人績效，比提升整體員工績效容易得多。所以經營者會讓表現卓越、能勝任定調工作的人擔任領導者，那也是樹立標準、創造績效的職務。所以公司選人必須著眼於長處，不看短處，除非弱點會妨礙長處的發揮。

經營者的任務並非改變人們。誠如聖經中關於才能的寓言，領導者的任務在於充分發揮個人的能力、體力、渴望，讓整體績效產生加乘效果。

《杜拉克談高效能的5個習慣》

想提升業務單位績效，就給他們一個優質領導人。

4/8

領導是種責任

將軍死得不夠多。

我所碰過的領導者（還有我觀察的領導人）都知道這四個簡單的道理：領導者要有追隨者；受歡迎不等於領導力，成效說話；領導者高度曝光，他們樹立典範；領導不是階級、特權、職稱，也不代表金錢，領導是責任。

我在高三的時候，遇到一位很棒的歷史老師（他是名曾在戰場上受重傷的退役老兵）。他要我們自己挑選一些有關第一次世界大戰的歷史書，讀過之後撰寫心得報告。後來，我們在班上討論這些報告時，有位同學問道：「這些書裡都說，第一次世界大戰是一場徹底無能的軍事行動。為什麼這樣說？」我們這位老師毫不遲疑地答道：「因為將軍死得不夠多。他們置身後方，讓別人上前線打仗送命。」效能領導者固然會授權，不過凡是有示範效果的任務，他們不會委派他人，而是親力親為。

《彼得・杜拉克：使命與領導》
《領導大未來》（*The Leader of the Future*，洪建全基金會）
《杜拉克精選》

不管是治療病患、還是銷售債券，如果你把公司的核心功能完全指派給員工，你就別指望他們會尊重你。

缺乏品格

經營者應該是現實主義者，憤世嫉俗者最是不切實際。

品格或許很難定義，不過缺乏品格的嚴重性，足以讓人丟掉管理者的寶座。對他人只顧短處不看長處的人，不適合出任管理職。盡是看到別人的能力限制，而不是別人能力所及的人，只會打擊公司士氣，也不適合出任管理職。經營者應該是現實主義者，憤世嫉俗的人是最不切實際的。

對「誰是對的？」比「什麼是對的？」有興趣的人，不應該出任主管。「誰是對的？」這個問題就算不會讓部屬搞鬥爭，也會讓他們只求自保。甚至，當部屬犯錯時，他們只會想要「掩飾」，而不是採取行動更正。認為聰明才智比品格更重要的人，也不適合擔任主管。對部屬能力太強有所顧慮的人也不適合擔任主管。至於不對本身工作設定高標準的人，絕對不能出任主管。

《管理：任務、責任、實務》

定義品格。你在招募新員工時，對品格的要求為何？請說明這些特質。

危機與領導

領導者是風雨來時才撐起的那把傘。

邱吉爾是二十世紀最傑出的領導者。不過，一九二八年到一九四〇年敦克爾克之役（Battle of Dunkirk）的十二年間，邱吉爾完全沒有發揮的機會，他幾乎可說是有志難伸，這是因為當時並不需要他這樣的人物。當時一切事物都很上軌道，至少看起來是如此。當浩劫發生時，幸好有他這樣的人物。幸或不幸，組織難免都會面臨危機，而這正是你需要領導者的時候。

組織領導者最重要的任務在於預期危機。領導是否能扭轉危機還在其次，但是他要能夠預期危機。靜待危機來臨和放棄沒有兩樣。我們必須讓組織能夠預期風暴來臨、抵擋風暴侵襲，甚至超越它。你無法阻止浩劫發生，但是你可以讓組織進入備戰狀態，士氣高昂，瞭解該做什麼，並能彼此信賴。軍事訓練首要在於灌輸士兵對長官的信賴，沒有信賴，士兵就不可能上戰場。

《彼得．杜拉克：使命與領導》

思考與實踐 面對公司的重大挑戰。開誠布公地和大家溝通，尋求支持，以採取必要步驟，克服挑戰。

領導者的四大能力

著眼於任務，而不是自己。重要的是任務，你不過是僕人。

大多數企業都需要不論情況好壞都能領導的人物。重要的是領導者的基本能力修練得如何。領導者頭號的基本能力，我認為是傾聽的意願、能力、和自制能力。傾聽不是技巧，而是紀律。每個人都會傾聽，只要閉上嘴巴就可以。第二種重要能力是溝通的意願，努力讓別人瞭解你。這需要無限的耐心。第三種重要能力是不要找藉口。領導者會說：「這個結果不盡理想。我們重頭來過。」最後一項基本能力是：領悟到自己和任務比較起來，是微不足道的。領導者看重任務甚於自己。

效能領導者能夠堅持自我風格及個人獨立性，即使他們全心投入，在交棒之後，任務會繼續進行下去；他們將自我與任務區隔開來。有的領導者則大搞個人崇拜，希望藉此延伸自己的使命；他們變得自我中心、虛榮，更甚者，還會心懷妒嫉。邱吉爾最令人稱道之處在於，他樂於提攜政治後進，這點始終如一。

《彼得・杜拉克：使命與領導》

每個禮拜五下午，撥出十分鐘，思考自己過去一個禮拜在這四項能力上的表現如何：傾聽、溝通、更正錯誤以及無私無我地奉獻於手邊的任務。

4/12

假領袖 vs. 真領袖

一九三九年，我們能做的只有祈禱。

現在想起來，《經濟人的末日》一書對邱吉爾充滿了尊敬。現在重讀那些文字，好像當時的我暗地裡希望邱吉爾真的能夠成為國家領導者。我向來不指望「代理」領導者能孚眾望，譬如，小羅斯福在華盛頓的同黨。一九三九年，邱吉爾已經是個壯志未酬、年衰體弱、將近七十歲的過氣老頭，儘管他的演講激昂澎湃，聽眾仍覺乏善可陳。儘管他負隅頑抗，兩度落敗仍然證明他不符合政府需求。我知道現在看起來這實在難以置信，就算在一九四〇年，「簽訂慕尼黑協議的那幫人」在法國淪陷以及敦克爾克大撤退之後掃地出門，邱吉爾依然不是理所當然的繼任人選。

邱吉爾在一九四〇年崛起（也就是在本書初版一年多後），再度印證了《經濟人的末日》這本書所寄望的基本道德和政治價值觀。可是在一九三九年，我們能做的只有祈禱。當時就是欠缺領導，欠缺穩定人心的力量，欠缺人物、價值觀和原則。

《運作健全的社會》

思考與實踐 面對你自己的現實。你一直在逃避什麼威脅？現在就擬定計畫，克服這些問題。

領袖邱吉爾

邱吉爾所呈現的是一個道德權威人物，他對價值觀抱持信念，對採取理性行動以伸張正義，態度堅定不移。

《經濟人的末日》對於一九三〇年代末期有很鮮明的描述，這完全是個沒有領袖的年代。政治舞台上多的是角色，政治人物之多，活動之熱絡似乎前所未見。其中有幾個政治人物的確也頗像樣，有的甚至還頗有才幹。不過，除了希特勒和史達林這對邪惡的雙生子外，其餘的政治人物似乎都顯得微不足道；就算是平庸之才也能稱王。今天的讀者會抗議道：「可是，還有邱吉爾啊！」的確，邱吉爾帶領歐洲對抗邪惡的極權統治是非常重要的。套句邱吉爾自己的名言：「這是命運的關鍵。」

當今讀者的確可能低估了邱吉爾的重要性。在敦克爾克大撤退以及法國淪陷之後，希特勒一直攻無不克，直到邱吉爾成為自由世界的領袖才讓局勢為之扭轉。自邱吉爾上台，希特勒便一直屈居「下風」，對於時機的掌握，或是預測敵軍動向，精確不復以往。三〇年代的老狐狸，在四〇年代卻成了失控的狂熱份子。六十五年後的今天，我們很難想像，要是沒有邱吉爾，美國很可能會任由納粹稱霸歐洲。邱吉爾所呈現的正是歐洲所需要的：一個道德權威人物，他對價值觀抱持信念，對採取理性行動以伸張正義，態度堅定不移。

《運作健全的社會》

思考與實踐 紀錄貴組織營運所秉持的關鍵價值觀，對照組織領導者所秉持的價值觀。請提出建議，要如何融合兩者，以產生正確行動。

史隆的管理風格

執行長如果在公司裡有「友誼」……就無法保持公正客觀。

美國企業史上，很少有人像通用汽車的史隆（Alfred P. Sloan, Jr.）這般，受到如此的尊敬和崇拜。史隆長期執掌通用汽車。他行事低調，但心懷仁厚、樂於助人並提供建議，在部屬碰到麻煩時，也不吝於表達溫暖的同情；因此，許多通用的經理人私底下對他都滿懷感念之情。不過，史隆卻特意與通用的管理團隊保持距離。

史隆如此解釋他的管理風格：「執行長必須保持公正客觀。執行長必須徹底包容部屬的工作方式，不管他對此人的喜惡如何。執行長看人的唯一標準就是績效和品德，不容友誼和社交關係有空間。執行長如果在公司裡有『友誼』，和同事有『社交關係』，或是跟同仁討論工作之外的話題，就無法保持公正客觀，或是至少看起來不夠公正客觀，這也會帶來殺傷力。孤獨、疏離、拘謹這些特質或許與執行長本身的個性差距甚遠——它們跟我的人格特質就正好相反，但是這些特質卻是他們必須謹守的分際。」

《管理個案》（*Management Cases*）

思考與實踐　著眼於員工的表現和品德，而不是你個人對他們的喜惡。

人事決策

員工的能力範圍是組織績效的上限。

人事決策可說是組織最高的（可能也是唯一的）控制機制。「人」決定企業的表現能力。組織的績效不外乎員工的能力範圍。企業績效的確取決於人力資源的產出。而基本的人事決策對此具有決定性的影響：我們雇用哪些人、開除哪些人、人員如何部署、提拔哪些人。這些人事決策的品質攸關著組織經營是否能有條有理、一絲不苟，而組織的使命、價值觀以及目標是否能落實，對人員是否有意義，而不單是做公關、說好聽話。

認為自己有識人之明的經營者，會做出最糟糕的決策。識人之明不是凡夫俗子的能力。人事決策打擊率幾達百分之一千的人，都秉持一個極為簡單的前提：他們沒有識人之明，他們只是嚴守評估流程。醫學院教授表示，耳聰目明的年輕醫生最讓他們頭痛。醫生不能光靠目測診斷病情，還得耐著性子，進行一連串的診斷流程，否則病人會死在他的手上。經營者也一樣，人事決策不能仰賴對人的觀察及瞭解，而是得按部就班，透過一套平凡無奇、沉悶冗長、繁瑣詳細的流程。

《彼得・杜拉克：使命與領導》

聘僱人員時，不要根據你自己的直覺。你得具備一套遴選流程，以徹底檢視、考驗應徵者。

吸引並留住人才

產業無法吸引人才，乃是衰退的第一個徵兆。

人事領域需要一套真正的行銷目標。「我們該怎麼做，才能吸引、留任組織所需、所想的人才？就業市場上的供應情況如何？我們得做些什麼以吸引人才？」對於經理人才的供應、培養以及績效，固然應該有具體的目標；但是，非管理職位的員工同樣也應該設定這樣的目標。而且，員工的態度跟員工的技能一樣需要目標的指引。

當產業無法吸引條件好、有才幹、有企圖心的人，這便是衰退的第一個徵兆。譬如，美國鐵路的落沒並非始於二次世界大戰之後，只是在那個時候才開始浮出檯面，而且情勢變得無法扭轉。美國鐵路業早在一次大戰期間，就已顯露頹勢。一次世界大戰之前，美國的工程系畢業生，都嚮往進入鐵路業。可是從第一次世界大戰結束，不管是什麼原因，鐵路業不再得到年輕工程畢業生的青睞，甚至一般受過教育的年輕人也不願投入。二十年後，當鐵路業陷入困境，管理階層便沒有人具備解決問題的擔當和能力。

《管理：任務、責任、實務》

思考與實踐 設定吸引、留任頂尖人才的目標，內容包括績效、員工態度以及員工技能。

知人善任

用人時，不要著眼於他們的能力限制，
應該著眼於他們的能力所及。

二次世界大戰的美軍將領馬歇爾將軍（General George C. Marshall）是位偉大的領袖，他最令人歎服的是，總是能在適當的時機將適合的人放到適當的位置。他任命大約六百名部屬擔任司令官、師指揮官等職位，幾乎沒有不適任的情況出現。而這些人以往都沒有指揮部隊的經驗。討論人事案時，如果馬歇爾的副官說：「某某少校是我們這兒頂尖的訓練官，可是他跟上司一向處不好。如果讓他到國會發表證詞，場面肯定會很難看。他的態度很差。」馬歇爾便會問道：「這個任務是什麼？訓練部隊嗎？如果他是個頂尖的訓練人才，就派他去。其餘的我來處理。」就是這樣的行事眼光，他才能在最短的時間內，組織起規模空前的一千三百萬大軍，幾乎沒出什麼差錯。這個例子告訴我們：用人要專注於長處。

《彼得．杜拉克：使命與領導》

思考與實踐　瞭解你所雇用的人有哪些長處。

4/18

遴選人才的決策步驟

最重要的是人選和職務是否相合。

馬歇爾將軍在考慮人事任用決策時，會秉持以下這五個簡單的步驟。第一，他會仔細思考職務需求。工作說明或許會長期維持不變，不過職務需求會不斷變化。第二，他會考慮幾個條件符合的人選。正式資格（譬如履歷表上的資歷）只是個起點，沒有合適資歷的人會遭到淘汰。然而，最重要的是人選和職務是否相合。要找到最適合的人選，你至少得有三到五個候選人，並瞭解每個候選人的長處。第三，馬歇爾會仔細審視這三到五位候選人每個人的表現紀錄。他著眼於這些人的長處，至於他們的能力限制則無關緊要。因為你必須著眼於候選人的能力所及，才能判斷他們的長處是否符合職務需求。長處是績效表現唯一的基礎。第四，馬歇爾會和曾經與這些候選人共事的人討論。候選人過去的上司和同事通常能提供最好的資訊。第五，決定人選後，馬歇爾會確定接獲任命的人徹底瞭解他的職務。最好的辦法可能就是請新人仔細思考，他們要怎麼做才能成功，然後在他們上任九十天之後寫成報告。

《杜拉克精選》

「人事決策」（柯比迪亞線上課程）

雇用人員時，遵循以下五項決策步驟：瞭解工作；考慮三到五個候選人；審視候選人的表現紀錄，以瞭解他們的長處；跟候選人的同事討論，並決定最適合的人選；向新任人員解釋他的新職務。

失敗的人事任用

士兵應該得到合宜的指揮。

人事決策沒有零缺點這回事。成功的經營者會奉行五項基本原則。第一，經營者得一肩承擔用人不當的責任，不應該把責任推給員工。績效不彰的問題在於執行主管當初挑錯了人。不過，第二，經營者的確有責任調離不適任的員工。能力不足或是表現不佳的員工如果繼續留任，不但會增加其他員工的負擔，還會打擊整體組織的士氣。第三，不適任並不代表這個員工一無是處，也不表示公司應該炒他魷魚。這只是表示他並不適合這份工作。第四，經營者必須試著為每個職位挑對的人。個別員工的能力攸關組織的整體績效，所以人事決策一定要正確。第五，新進人員最好擔任編制內既有的職務，這類職務已有明確的要求和充分的支援。重大的新設職務應該由行事作風為大家所熟悉、而且已經獲得大家信賴的人選擔綱。

《彼得・杜拉克：使命與領導》
「人事決策」（柯比迪亞線上課程）

思考與實踐 接受用人不當的責任。調離不適任人員。

選擇接班人

**高層主管接班人的人選是最重要的人事決策，
一旦做錯，也最難挽回。**

選擇接班人是最困難的，因為這個決定猶如一場賭局。一個人是否能勝任高層管理職務，只有讓他試了才知道——而這是無從準備起的。哪種人挑不得，這個問題很容易回答。你所挑的繼任人選，不應該和即將卸任的執行長像同一個模子刻出來的。如果即將卸任的執行長說：「某某人就跟三十年前的我一樣。」那麼，這個人選不過是個複寫本，而複寫本上的字跡總是比正本淡而模糊。至於十八年來伴隨主管兩側，揣測上意，但從來沒有自己做決定的忠心助理，也不是好的人選。大致來說，願意作主、而且有能力作主的人，都不願意在助理的位子待太久。銜著金湯匙出世、天之驕子型的人也不是好的人選。舉凡是績效掛帥、要交出一張成績單、以及他可能犯錯的職務，他們十之八九都避之唯恐不及。他們是媒體寵兒，卻不是做事的人。

如何解決接班人問題？不妨從職務著手。看看這家組織未來幾年面臨的主要挑戰是什麼？然後考慮候選人和他們的表現。根據確實的績效，挑出最符合組織需求的人。

《彼得・杜拉克：使命與領導》

判斷你們公司未來五年最主要的挑戰是什麼？根據確實的資歷，挑出可以克服這些挑戰的人。

史隆談人事決策

「要是我們不花四個小時思考人事安排，讓人適得其所，
以後可能得花四百個小時清理善後。」

我在參與通用汽車高層委員會會議的那幾年，通用曾就戰後政策擬定許多基本決策，譬如資本投資、海外擴張、以及汽車、配件與非汽車事業間的平衡，還有勞資關係、財務結構……。我很快就發現，公司花在人事決策的時間，遠遠超過政策決定。有一次，這個委員會甚至花了好幾個鐘頭討論某個基層職位的人事安排……。會議結束後，我轉過身問道：「史隆先生，你怎麼能花四個小時討論這麼基層的職務安排？」他回答說：「公司付給我很高的薪水，我的責任就是要做出重要決策，而且務必力求正確……如果戴頓廠（Dayton）技術主管選錯人，我們的決策便會泡湯。這個人選必須實行我們的決策，展現成效。至於說什麼花很多時間討論人事，這句話根本是狗屎（這是他最強烈、也是最喜歡的比喻）」……「要是我們不花四個小時思考人事安排，讓人適得其所，以後可能得花四百個小時清理善後，我可沒有那種時間。」他最後說：「人事決策是公司唯一真正重要的決策。大家都以為，公司要找的是『更好的人』。其實，公司能做的不過是讓人適得其所。人放對了位置，績效自然會來。」

《旁觀者：管理大師杜拉克回憶錄》

思考與實踐　把遴選、任用及評估等人事決策視為首要工作。

4/22

識人之明？

「天底下只有兩種人：一種人做出正確的人事決策；
另外一種人則是做錯決策，事後悔不當初。」

史隆先生繼續說道：「我知道，你以為我應該有識人之明。相信我，天底下沒有這種人。天底下只有兩種人：一種人做出正確的人事決策，而且很花時間；另外一種人則是做錯決策，事後悔不當初。我們確實比較少犯錯，但那不是因為我們有識人之明，而是我們很當心。」

通用汽車執行委員會會議上，人事布局決策往往會引發激烈辯論。不過有一次，全體委員似乎都看好同一個人選。這個人曾經高明地化解危機、漂亮地解決問題，是成功出色的救火隊。史隆卻突然插話：「史密斯先生的資歷真是令人佩服；不過有誰可以告訴我，他順利化解的這些危機，當初是怎麼產生的？」從此之後，再也沒有人提起史密斯先生。又有一次，史隆說：「你們都很清楚喬治先生的能力限制，可是，他是怎麼爬到這個位置的？他究竟有何能力？」在別人告訴他答案後，他說：「好吧，他既不聰明，動作又慢，看起來乏善可陳。不過，他是不是一直都有所表現？」後來，喬治先生在公司處境艱困時擔任某大型部門的總經理，並成為最成功的經理人。

《旁觀者：管理大師杜拉克回憶錄》

把人事決策視為你的首要工作。多花點時間在這些決策上頭，以免事後懊悔。

重大升遷

重大升遷是為未來高層管理團隊人選舖路的人事決策。

公司若要獲得所需的貢獻，就得獎勵那些有貢獻的人。人事決策（特別是升遷）反映公司真正相信、真正渴望以及真正支持的事物。聽其言不如觀其行，這些決策所傳達的訊息比任何數字都明白。

重大升遷並非個人事業生涯裡的頭一遭升遷（儘管可能是個人職涯中最重要的一次），也不是進入高層團隊的臨門一腳。管理團隊必須從一小群事先篩選過的候選人當中，挑出最適任的人選。重大升遷是為未來高層管理團隊人選舖路的人事決策。而組織金字塔也是在這個關鍵點驟然縮窄的。在這個關鍵決策之前，每個職缺通常有四十到五十個候選人；但是在這個決策點之後，候選人數驟然降到三、四個。而且，在這個關鍵點以下，個別員工擔任的通常是特定領域的專業職；在關鍵點以上，公司事業便是他的工作版圖。

《成效管理》

運用你的影響力，確保公司資深領導職務的升遷案，能夠真實印證公司秉持的信念。

社會責任

懷抱善意不見得是盡到社會責任。

企業如果連損益平衡都做不到，便是不負責任，形同浪費社會資源。經濟利潤乃是企業根基，沒有利潤，企業也無法盡到其他的責任，無法成為員工的優良雇主，也不是國家社會的優良公民，遑論社區的好鄰居。不過，經濟效益並非企業唯一的責任；就像教育成果之於學校，健康醫療之於醫院，獲利只是企業的基本必要功能。

每個組織都必須對員工、環境、顧客和所有相關人事物所造成的影響負責。這就是社會責任。不過，我們也知道，社會將逐漸仰賴大型機構（不論是營利機構還是非營利機構）的協助，共同克服重大的社會問題。這也正是我們必須留神的地方，因為善意不見得是盡到社會責任。如果企業接受（更別說是追求）會阻礙他們達成主要任務或是使命的責任，甚至是企業無力實行的責任，這同樣是不負責任。

《視野：杜拉克談經理人的未來挑戰》

思考與實踐　說到企業哲理，確定公司沒有失焦。

史隆談社會責任

沒有責任的權力缺乏正當性，沒有權力的責任也一樣。

對史隆而言，「公共」責任比不專業更糟糕，因為「公共」責任根本就是不負責任，是越權。有一次，我跟史隆一起出席某場會議，會議中某家美國大型企業的執行長說道；「我們對高等教育負有責任。」史隆便反問道：「我們企業界對高等教育有過問的權力嗎？我們應該有嗎？」那位執行長回答：「當然沒有。」史隆接著正色說道：「那就不要侈言『責任』。你身為大型企業的資深經營者，就應該知道這條原則：有權力才有責任；權力與責任應該相當。如果你不想要某種權力，或是不應該有這樣的權力，就別空談責任；如果你不想要某種責任，或不應該背負這樣的責任，就不要侈言權力。」

這是史隆管理原則的基礎。當然，這也是政治理論和政治史最基本的道理。沒有責任的權力缺乏正當性，沒有權力的責任也一樣。兩種情況都會導致極權暴政。史隆賦予他的專業經理人極高的權力，但也要他們肩負極重的責任。不過，也是基於這樣的原則，他堅持權力應該侷限於專業能力範圍，不應該撈過界，背負或是承擔專業領域之外的責任。

《旁觀者：管理大師杜拉克回憶錄》

思考與實踐 你的權責是否相符？請提出建議，讓權責更相稱。

企業的貪婪和腐敗

景氣繁榮時，企業高層便會幹一些壞勾當。

景氣繁榮時，很容易看好一切。可是，景氣繁榮時（我自己就歷經四、五次），企業高層便會幹一些壞勾當。一九三〇年一月，我擔任記者的第一項任務就是報導當時歐洲最大、最富聲望的保險公司的高層管理者，疑因五鬼搬運掏空公司而面臨的審判。而後每次的景氣榮景，類似情節便會重演。最近這波榮景和過去唯一不同的地方，是出現很多做假帳的問題，只強調季報數字、過度重視股價、認為經營者應該成為公司主要股東（這樣的信念立意雖好，但極愚蠢）、股票選擇權（我總是視之為管理不當的開放式投資）等等。其餘便和過去沒什麼差異。

〈杜拉克訪談〉（An Interview with Peter Drucker）
〔摘自《執行主管學刊》（*The Academy of Management Executive*）〕

思考與實踐 當心！景氣大好的時候會帶來繁榮，卻也會帶來財務掠奪者。

4/
27

何謂企業倫理？

企業倫理假設，倫理的一般原則就是不適用企業界。

西方倫理傳統賴以建立的基本原理是：不論貴庶、貧富、強弱，個人行為的倫理準則只有一套。根據猶太－基督教義傳統，不論造物者的名稱是「上帝」、「大自然」、還是「社會」，倫理準則應該放諸四海皆準。個人行為的倫理準則只有一套，適用於所有人。可是，企業倫理卻否定這個基本原理。換句話說，企業倫理根本不是西方哲學家和西方神學家通用的「倫理」。基於某些理由，企業倫理假設，倫理的一般原則就是不適用企業界。那麼，企業倫理又是什麼？

《生態願景》

思考與實踐 別讓判斷對錯的個人價值觀，與實際工作時所應用的價值觀分家。

4/28

社會責任的倫理

何謂企業倫理？「就是決疑論。」

企業倫理是什麼？「就是『決疑論』（casuistry）。」西方哲學史學家會這麼回答。決疑論主張，由於統治者身負責任，因此在自身應遵循的一般倫理，與治理國家的社會責任間，必須取得平衡。不過這也表示，適用於一般人的倫理準則並非全然適用於社會責任。對於掌權者而言，倫理是一種利弊得失之間的衡量，涉及到個人良知和職務要求；這也表示，只要統治者能造福他人，就無須受到倫理束縛。

以下這個例子可說是決疑論的恐怖故事：劇中情節就算稱不上企業無私的壯烈成仁，也算得上是企業美德。一九五〇年代末的「發電設備陰謀」事件裡，奇異電器有多位高層主管因蓄謀觸犯反托辣斯法而身陷囹圄。這些人判刑的原因是，包括奇異電器在內的美國三大發電設備製造商〔另外兩家是西屋電器以及艾喜電器（Allis Chalmers）〕聯手瓜分了重型發電設備（譬如渦輪機）市場。這三家企業的聯合壟斷行為是為了保護其中最弱、但產品最可靠的艾喜電器。政府一摧毀這種聯合壟斷，艾喜電器便得退出渦輪機市場，並因此裁員好幾千人。

《生態願景》

在你的事業生涯中，是否曾以決疑論做為決策的倫理基礎？舉兩個例子。在這些例子裡，當時你應該怎麼做才對？

企業倫理

「首要是不傷害。」

早在二千五百年前，希臘醫生的希波克拉底（Hipocrates）誓言就已道盡專業人士的首要責任：首要是不傷害（Primum non nocere）。不管是醫師、律師、還是經理人，沒有任何專業人士可以承諾一定對客戶有利，這只是努力的目標。不過他可以承諾的是，絕對不會故意傷害客戶。客戶必須能夠相信，這位專業人士不會故意傷害他們，否則便完全無法信任對方。首要是不傷害，「不可明知故害」，這是專業倫理的基本原則，也是公共責任的倫理基本準則。

《管理：任務、責任、實務》

思考與實踐

首要是不傷害。

心理的不安全感

產業環境瀰漫著心理上的不安全感。

產業環境瀰漫著不安全感，這是心理上的，而不是經濟上的不安全感。這種不安全感產生一種對未知和不確定性的恐懼，導致大家爭相諉過。唯有員工再度相信工作背後那些控制因素的可預期性和合理性，企業政策才能奏效。這是最快、最有效的途徑。這些基本因素，如社會的目標要求、企業的目標要求、以及個人的目標需求以及要求，都能讓企業健全地運作。

《新現實》

設計一套計畫，以在你所屬的知識領域中保持領先。如果雇主無法提供你保持職場競爭力所需的訓練和經驗，考慮換工作。

MAY

五月

1. 管理知識工作者
2. 網絡社會
3. 全球競爭
4. 下一個社會的特質
5. 新多元主義
6. 知識與技術並行不悖
7. 知識社會與組織社會
8. 知識社會中成功的代價
9. 知識社會的中心
10. 政府的沉痾
11. 外匯部位管理
12. 製造業的矛盾
13. 保護主義
14. 知識工作的分化本質
15. 善用PEOs與BPOs
16. 管理非傳統員工
17. 以企業為邦聯
18. 以企業為會社
19. 以人為資源
20. 讓勞動工作發揮生產力
21. 服務工作的生產力
22. 提升服務工作者的生產力
23. 知識工作者的生產力
24. 界定知識工作的任務
25. 界定知識工作的成效
26. 界定知識工作的品質
27. 管理是種實務
28. 知識工作必須不斷學習
29. 提高既有知識的生產力
30. 知識工作者的等級
31. 後經濟理論

管理知識工作者

管理人才是件「行銷工作」。

在新興經濟與技術中維持領先地位的關鍵，或許是知識專才的社會地位，還有社會對其價值觀的接受度。然而，今天我們試圖觀望，好維持傳統的心態，而在這心態中，資本是主要資源，金主就是老闆，同時藉由以紅利、股票選擇權收買知識工作者，使他們繼續心甘情願地當員工，為公司效力。不過，就算這種做法管用，也只能在新興產業享有股市榮景時發揮效用，如同以往的網路公司般。

管理知識工作者是件「行銷工作」。行銷的首要問題不是「我們要什麼？」而是「對方要什麼？對方的價值觀是什麼？目標為何？如何看待成果？」可以激勵知識工作者的，正是激勵志工的事物。與支薪員工相較，志工必須從工作中獲得更多滿足感，這正是他們不支薪的緣故。知識工作者最需要的是挑戰。

《典範移轉：杜拉克看未來管理》
《下一個社會》

思考與實踐 給一流員工充分的挑戰。

網絡社會

已開發國家正迅速朝網絡社會邁進。

一百多年以前，所有的已開發國家不斷朝員工組織社會（employee society of organizations）邁進。如今，以美國為首的已開發國家，正迅速朝向由組織與為組織服務的個人，還有不同組織間所形成的網絡社會（Network Society）邁進。

多數美國成年勞工都服務於組織。不過，其中有愈來愈多不是組織的「員工」，而是約聘人員、兼職人員、臨時人員。無論是組織與組織的關係，或是組織與為組織服務的個人間的關係，都是瞬息萬變。最明顯的例子就是「委外」，也就是企業、醫院或政府機關將活動轉移給業有專精的獨立公司承接。更值得關注的重要趨勢或許是結盟。個別專業人員與經營者都必須瞭解，他們必須自我定位。最重要的是，他們必須瞭解自己的優勢所在，並將自己視為需要推銷的「產品」。

《視野：杜拉克談經理人的未來挑戰》

列出你身為結盟夥伴的十大吸引力。

全球競爭

「思維全球化，行動在地化。」

策略必須採納一項新原則，那就是所有機構（不只是企業），必須以世界各地各業領導者所立下的標準，衡量自己。由於資訊交流的迅速和便利，縱使多數組織在活動及市場上將維持本土化，知識社會中的每個機構卻必須具備全球競爭力。因為，藉由網際網路，各地顧客可以得知世界各地有些什麼商品，價格如何。電子商務將為商業、財富分配開創嶄新的全球通路。

這裡就有個例子。有位企業家在墨西哥開了一家極為成功的工程設計公司。他抱怨道，自己最艱難的任務之一，就是說服合夥人與同事，他們面臨的競爭不再限於墨西哥境內。縱使身邊沒有出現實際的競爭者，網際網路讓顧客對全球的供貨瞭如指掌，進而要求墨西哥廠商也要提供相同的設計品質。這位主管必須說服合夥人，公司所面對的是全球競爭，公司績效必須與全球同步，而非僅與墨西哥的競爭者相比。

《典範移轉：杜拉克看未來管理》
「下一個社會」（柯比迪亞線上課程原稿）

查看國內外競爭者的網站，並對照貴組織的網站。如果你對比較結果不滿意，請增加電子商務的投資。

下一個社會的特質

知識社會中的每個機構都必須具備全球競爭力。

下一個社會將是知識社會，它的主要特質有三：

- 無國界，因為知識比金錢更容易流通；
- 向上流動性，由於正式教育普遍，人人都能向上流動；
- 成敗乃未定之天。人人都能獲得「生產工具」，也就是工作所需的知識，但並非人人都會是贏家。

無論對組織或個人，這三種特性都會使知識社會競爭激烈。

儘管資訊科技只是下一個社會的眾多新特質之一，但是它已經發揮了重大的影響力：知識得以在瞬間傳播，而且人人都能輕易取得。由於資訊流通的迅速及便利，知識社會中的每個機構，不只是企業，還有學校、大學、醫院，甚至愈來愈多政府機關，都必須具備全球競爭力，縱使多數組織在活動與市場上仍要維持本土化。這是因為各地顧客都可以透過網際網路，掌握世界各地的商品及價格狀況。

《下一個社會》

網際網路讓人更能掌握價格，評估你究竟因此流失多少顧客。決定是否要削價競爭。

新多元主義

每個新機構都認為，自己的目標占居樞紐地位、具有最高價值，而且是唯一真正重要的事物。

社會的新多元組織對政府，或是統治權不感興趣。它與過去的多元機構不同，它並非一個「整體」。這種新組織的成果完全寓於外。企業的產品是滿意的顧客；醫院的產品是痊癒的病患；至於學校的「產品」，則是十年後能學以致用的學生。

就某方面來說，新多元主義遠比舊多元主義更富彈性，而分裂性卻低得多。新機構不像中世紀教會、封建莊園，或是自由城邦等舊式多元機構，它不受政治力的包圍。然而，新機構的關注和觀點，也與舊機構大異其趣。每個新機構都認為，自己的目標占居樞紐地位、具有最高價值，而且是唯一真正重要的事物。每個機構都有自己的語言、自己的職涯層級，最重要的是，各有自己的價值觀。沒有一家機構認為，自己對整個社區負有責任。那是別人的事。但是，是誰的事？

《新現實》

思考與實踐　省思我們社會的政治病：單一利益多元主義。

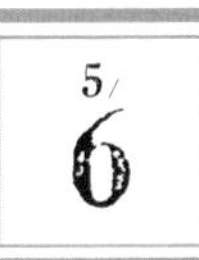

知識與技術並行不悖

缺乏技能的知識不具產能。

目前，「知識工作者」這個字眼廣泛用於描繪擁有大量理論性知識與學問的人，如醫師、律師、教師、會計師、化學工程師等。不過，「知識技術員」會是成長最顯著的族群，如電腦技術人員、軟體設計師、臨床實驗分析師、製造技術員、律師助理等。這些人是勞力工作者，也是知識工作者。事實上，在工作時，他們動手的時間，通常遠超過動腦。

因此，知識與技術並行不悖。甚至，知識正迅速成為技術的基礎。我們愈來愈仰賴知識的運用，讓員工能迅速而順利地取得先進技術。唯有知識成為技術的基礎，知識才能發揮生產力。例如，為了防止致命的腦出血，外科醫師在進行腦動脈瘤手術之前，得花好幾個小時診斷，而這道程序需要最專業的知識。然而，手術本身卻是勞力工作，是強調速度、準確、一貫的重覆性人力作業。這些作業正如其他勞力工作，要經過研究、組織、學習與練習。

《不連續的時代》
《典範移轉：杜拉克看未來管理》
《下一個社會》

描繪你在工作中所需的技能。請分析並改進這些技能，以尋求最佳的品質與產能。

5/
7

知識社會與組織社會

專業知識本身沒有任何產出。

後資本主義社會是個知識社會，也是個組織社會，兩者相互依存，但在概念、觀點和價值觀上，兩者卻截然不同。專業知識本身沒有任何產出，唯有與任務結合，才能發揮生產力。這也正是知識社會之所以又是組織社會的緣故。無論是商業或非商業組織，其目標與功能都是將專業知識融入日常任務。唯有組織才能提供知識工作者賴以發揮效能的基本延續性；也唯有組織，才能將知識工作者的專業知識化為績效。

知識份子視組織為磨練個人技術及專業知識的工具；經理人則視知識為達成組織績效的憑藉。兩種觀點都對。雖然它們的角度恰好相反，但是它們是一體的兩面，並不相互抵觸。兩者若能取得平衡，便能帶來創意和秩序、實踐與使命。

《視野：杜拉克談經理人的未來挑戰》
《杜拉克談未來企業》

寫封信給老闆和同事，描述你期望達成的貢獻。說明你個人的貢獻如何結合同事的貢獻，以創造組織成效。

5/8

知識社會中成功的代價

知識社會瀰漫著失敗的恐懼。

知識社會的向上流動性，代價高昂：競爭激烈造成心理壓力與精神創傷。有輸家，才有贏家。早期的社會卻不是如此。

日本青少年睡眠不足，因為晚間要上補習班，以通過考試；否則，他們便無法進入理想的一流大學，也找不到好工作。美、英、法等其它國家，也任學校惡性競爭。這個現象在這麼短的時間內出現（不超過三、四十年），顯示知識社會中對失敗的恐懼氛圍有多高張。在這種拚死拚活的競爭下，企業經理人、大學教授、博物館館長、醫生等人數與日俱增的知識工作者，他們高度成功，卻都在四十來歲時進入「高原期」。倘若工作是他們的一切，那麼他們就有麻煩了。因此，知識工作者需要認真培養工作以外的興趣。

《下一個社會》

認真培養工作以外的興趣。

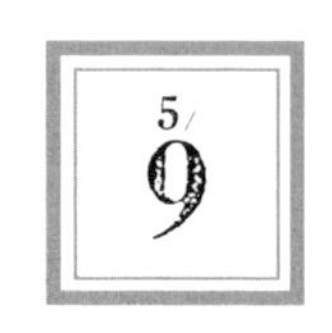

知識社會的中心

教育將是知識社會的中心；學校是知識社會的關鍵機構。

綜觀歷史，當了五到七年學徒的工匠，十八、九歲便能身懷一技之長，一輩子受用。而今，新工作需要大量正式教育，還要學習並應用理論性、分析性知識的能力。這類工作需要不同的工作方法與迴異於前的工作心態。最重要的是，這些工作需要養成不斷學習的習慣。

每個人都需要什麼樣的知識組合？學習與教導的「品質」是什麼？這些必將成為知識社會的關注焦點，以及核心政治議題。而正規知識的取得與分配，未來將在知識社會的政治舞台上占有一席之地，這個預想其實未必過於異想天開。在我們所謂的資本主義時代中，財產與收入的取得一直是這兩、三世紀以來，不退流行的話題。

《視野：杜拉克談經理人的未來挑戰》

思考與實踐 培養終生學習的習慣。

政府的沉痾

儘管我們留著政府這個老情人，這段戀情卻已成過往雲煙。

一九一八年至一九六〇年間，成人世代與政府間的政治戀愛，真是再狂熱不過了。在這個時期，任何人認為需要做的任何事，都交由政府處理；人人似乎都相信，政府是這些任務得以執行的保證。

不過，如今我們對政府的態度正在轉變，迅速轉為懷疑、不信任。我們只是因為慣性，才繼續將社會工作交給政府。我們修正失敗的計畫，以確保沒有流程變革挽救不了的問題。然而，當我們三度改進拙劣的計畫時，卻不再相信這些保證，也不再指望政府的成效。例如，誰還會相信，美國（或聯合國）的援外改革計畫，真能迅速推動全球發展？人民與政府間長久以來的熱戀，如今演變成倦怠的中年關係，我們不知道如何分手，只好任歹戲拖棚，每下愈況。

《不連續的時代》

思考與實踐 應用貴公司的工作邏輯，向你的區域議員提出一項計畫，以解決某個社會問題，卻毋需政府增列預算。

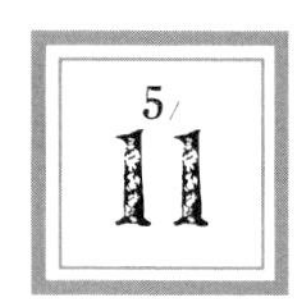

外匯部位管理

外匯風險會讓最保守的管理者變成投機者。

根據歷久彌堅的古老智慧，除非公司的主要業務是貨幣或大宗商品交易，否則任一種的投機交易，必然會導致嚴重的損失。然而，外匯風險卻讓最保守的管理者變成投機者。

經營者必須學會保護企業免於幾種外匯風險：買賣外匯的損失、在國內外市場喪失業績與市場地位。這些風險都無法排除，但能降至最低或至少加以控制。最重要的是，藉由避險和選擇權，這些風險可以轉化為已知、可測、受到控制的交易成本，這點與保險費大同小異。此外，在面臨以匯率為基礎的外國競爭時，在某種程度上，公司財務的「國際化」是純本土企業保護自己最好（或許也是唯一）的方式。

《管理新境》
《新現實》

藉由避險操作，保護貴企業免於外匯風險。

製造業的矛盾

你要如何以遠比現在少的員工，獲取遠比目前多的產出？

對二〇二〇年最可信的預測顯示，已開發國家的產出至少會增加一倍，然而製造從業人員將縮減為總勞動人口的一成至一成二。改變製造業，並大幅推升產能的，是諸如「精實製造」等新觀念。新製造理論比八十年前的大量生產模式更先進，也比資訊與自動化重要。

製造業身為財富與工作創造者的地位衰微，這必然會導致新保護主義，重演先前農業的遭遇。農業選民愈少，「農業票」就愈重要。隨著農民人數減少，他們在所有的富裕國家中，已成為團結的特殊利益團體，是具有高度影響力的關鍵少數。

《下一個社會》

計算製造或作業部門裡每位員工的產量成長率。貴組織正面臨製造矛盾嗎？為過剩的製造人力擬議再訓練計畫。

保護主義

效率上最大的障礙，正是仍在限制我們視野的昨日問題。

製造業身為財富與工作創造者的地位衰微，必然導致新保護主義。對動亂期的第一個反應就是，試圖築起一道圍牆，以維護個人庭園免於外在的寒風侵襲。但是，這類圍牆已無法保護表現未達世界標準的機構，尤其是企業，反而會使它們更脆弱。

最好的例子就是墨西哥。從一九二九年開始的五十年間，墨西哥政府便刻意擬定政策，建立獨立於外界的國內經濟。它不僅築起保護主義高牆，將外國競爭隔絕於外，同時還在二十世紀獨步全球，實施國內企業出口禁令。這項致力於創造純墨西哥式現代經濟的嘗試一敗塗地。事實上，無論是糧食或製造品，墨西哥都日益依賴外界進口。最後，由於它再也沒有能力支付必要的進口品，而被迫對外開放。接著，墨西哥發現，在開放之後，國內有許多產業都無法生存。

《典範移轉：杜拉克看未來管理》
《新現實》
《下一個社會》

當製造業工作減少，一國的製造業基礎會遭受威脅嗎？為何大家如此難以接受，已開發國家的社會與經濟主力不再是勞動工作？

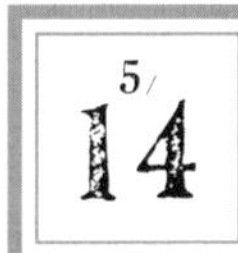

知識工作的分化本質

在多數組織中，知識工作是高度分化的。

知識工作是專業化的，由於它如此專業化，在多數組織中便會高度分化。對以知識為基礎的組織來說，要有效管理所有專業，是項重大的挑戰。例如，醫院可能會透過委外、專業雇主組織（Professional Employer Organization，簡稱PEO）、臨時工介紹所，以管理、安插並滿足高度專業的知識工作者。部分管理工作會因此而外包出去。由於知識工作的分化本質，以及隨之採用的委外、專業雇主組織、臨時工介紹所，兩者均增加了管理的複雜度，而現代醫院便是極佳的範例。

縱使是規模中等、床位數兩百七十五至三百張的社區醫院，大約也有三千名員工，其中近半數是某個領域的知識工作者。各事業部門的護士與專業人士便是相當大的兩個族群，各有數百人之譜。另外還有三十來名「醫療技術人員」：物理治療師、化驗人員、精神病患個案輔導員、腫瘤科技術員、廿四名人員開刀準備人員、睡眠科人員、超音波技術員、心臟科技術員等，其它族繁不及備載。因為要管理全部的專才，現代醫院因此成為最複雜的現代組織。

《下一個社會》

「下一個社會」（柯比迪亞線上課程）

找出貴組織能夠委外的職能。擬定這些職能的委外計畫，並監督績效與品質。

善用PEOs與BPOs

將人力資源管理工作委外可以節省高達三成的費用，並提升員工滿意度。

企業正經歷人力資源管理上的重大變化，而專業雇主組織（PEO）則是因應之道。刺激這個行業成長的主要因素包括，規範人力資源部門的法規日益複雜，以及為了因應這些新現實，管理並維持相關專業人力的後續需求。PEO的主要重心在中小企業。運用PEO，經理人能節省時間、精神，專注於核心能力，而不必耗費心力於雇用相關條例、規範與書面作業。二十年前，這個行業幾乎不存在，如今它的年成長率卻高達百分之三十。

營運流程委外公司（Business Process Outsourcing firm，簡稱BPO）則與PEO相反，它為員工達兩萬人的企業服務，一肩扛起大型企業的人力資源工作。創立於一九九八年，身為BPO創新者與領導者的易速人力公司（Exult），如今為部分財星全球五百大企業服務，負責諸如發薪、招募、派遣、訓練、行政、員工資料管理、輪調、解雇等全方位的聘雇流程。根據管理顧問公司麥肯錫（McKinsey）的一項調查，藉由這些方式外包人力資源管理，可以節省達三成的費用，並提升員工滿意度。

《下一個社會》

「下一個社會」（柯比迪亞線上課程）

你是否將部分人力資源職能委外？你為何這麼做，或為何不這麼做？

管理非傳統員工

管理者的挑戰在於協調各類員工的人力。

在新企業中，除了全職員工、專業雇主組織、臨時人員之外，或許還有由非傳統員工組成的團體，這些團體彼此息息相關，但在管理上卻分別獨立。愈來愈多員工提前退休，但並未停止工作。他們往往以非傳統形式展開「事業第二春」。他們可能成為自由工作者，也可能兼差、擔任臨時雇員，或是成為人力公司的派遣人員，甚至自己就是外包人員。知識工作者「退而不休」的情形尤其普遍。

在新企業，吸引並留住這些多元團體，將成為人力管理的核心任務。這些人與企業並沒有持久的關係，他們也未必需要管理，但企業卻必須讓他們發揮生產力。因此，他們必須依專業適才適任，以發揮最大的貢獻。經理人需要就這些非傳統員工的專業發展、激勵、滿意度和生產力等，與委外約聘人員組織的對口人員密切合作。

《下一個社會》

「下一個社會」（柯比迪亞線上課程）

有效吸引非傳統員工為組織工作，並整合他們。

以企業為邦聯

從企業到邦聯。

以下是兩個以企業為邦聯（confederation）最有名的例子。八十年前，通用汽車率先發展出一套組織觀念與組織架構，該觀念及架構為當今各地大型企業所採用。過去八十年當中的七十五年，通用汽車的組織都基於兩個基本原則，那就是：我們要盡量將我們的生產事業收為己有；不管做什麼，我們要成為事業的擁有者。如今，它正在嘗試成為瑞典紳寶（Saab）、日本鈴木與五十鈴等競爭對手的少數持股夥伴，並即將成為飛雅特（Fiat）的少數持股夥伴。同時，它也從七、八成的製造事業撤資。

第二個例子則正好相反。那就是豐田汽車。過去二十年左右，它一直是最成功的汽車公司。製造是豐田的核心能力，它由此出發進行企業改造。豐田原本與多家零組件和配件供應商合作，現在變成每處僅有一、兩家。同時，它運用製造能力來管理供應商。這些供應商雖然是獨立企業，但是在管理面，基本上屬於豐田的一部分。

《下一個社會》

「下一個社會」（柯比迪亞線上課程）

貴組織及競爭者比較像通用，還是豐田？藉由這個分析，瞭解你所處產業的結構。

以企業為會社

會社模式猶如十九世紀的農民合作社。

儘管通用模式與豐田模式有所差異，但是兩者都是以傳統的合作為出發點。不過也有些新構想，與合作模式完全沾不上邊。

其中一個例子就是「會社」（syndicate），這個模式已由歐盟數家非競爭廠商嘗試過。每個成員都是由業主管理的中型家族企業，它們都是精密的特殊產品線的佼佼者，也都十分仰賴出口。各家企業都想維持獨立，並繼續各自設計產品。它們也想在自家工廠中，繼續為主要市場製造產品，並在這些市場中販售。但是針對其他市場，尤其是新興國家或是低度開發國家，會社則會安排產品的製造，無論是交由會社旗下為數家成員生產的工廠，或是當地承包廠商負責。會社會處理所有成員產品的交貨，並在所有的市場裡服務成員。每個成員持有聯盟的股份，相對的，會社也持有各個成員一小部分的資本。如果以上聽起來似曾相識，因為這個模式正是十九世紀的農民合作社。

《下一個社會》

思考與實踐 評斷一下，貴組織是否能因為加入既有或新成立的會社而受益。

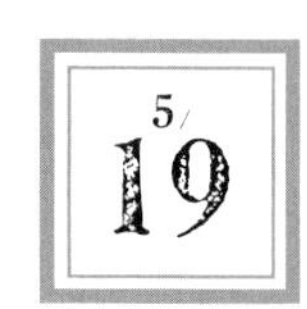

以人為資源

人是資源，不只是成本。

日本人率先注意到，你必須將人視為同僚，以及最重要的資源之一。這個觀點連我都甘拜下風。唯有透過對員工的這種尊重，人員才能真正發揮生產力。

人是資源，不只是成本。最開通的經理人已經開始瞭解到，藉由管理，讓人朝設定的結果或目標邁進，成就是如何可觀。管理遠遠超越階級和特權的運用；管理和「定約」也相去甚遠。無論於公，或是其他許多方面，管理都會影響員工和他們的生活。

《視野：杜拉克談經理人的未來挑戰》

思考與實踐

視員工為待開發資源。採取行動，讓員工和你自己接觸最好的觀念，並確保員工接受應用觀念的相關訓練。

讓勞動工作發揮生產力

知識工作包括需要工業設計的人力作業。

泰勒法則聽來未免太簡單。要讓勞工發揮生產力，第一步就是觀察工作，分析其中的組成動作。第二步，記錄每個動作所需的時間與體力，並剔除不必要的動作。接著，將做出成品的必要動作，設定成最簡單、最容易、最省時、最不花操作者心力的動作。然後，把這些動作根據條理排定先後順序，重新組合成一份「工作」。最後，重新設計工具，以符合動作所需。

在勞力工作仍是社會與經濟成長動因的國家中，泰勒的策略仍會是組織原則。但是在已開發國家，主要的挑戰不在於發揮勞動工作的生產力，而是使知識工作者發揮生產力。不過，有許多知識工作的內容都包含勞力作業，這些知識工作也包括需要尖端新知與理論知識的工作。而這些作業要發揮產能，也需要現在所謂的工業設計，其實那就是泰勒的方法論。

《典範移轉：杜拉克看未來管理》

思考與實踐 瞭解在你的工作中，知識工作與勞力工作的組合情況。將工業設計的基本原理運用在勞力工作上。

服務工作的生產力

提高服務工作的生產力是管理階層首要的社會責任。

在已開發國家，提高服務工作生產力是社會要務。除非達成這項目標，否則已開發世界的社會緊張、兩極化、激進化會愈來愈嚴重，已開發世界也愈來愈可能面臨新階級戰爭。除非迅速提升服務工作的產能，否則諸如製造、運輸等正值巔峰時期的從業人員，這一大群人的社會和經濟地位必然會持續下降。實質收入是不可能高於生產力的。服務工作者可以運用他們的數字能力，獲得高於實質經濟貢獻的薪資。但是，這只會使整個社會變窮，每個人的實際收入減少，而失業率提高。再不然，就是富裕知識工作者的薪水不斷增加，以致無特殊技能工作者的收入減少，兩個族群間的鴻溝因而擴大，兩個階級也會日益兩極化。無論是哪種狀況，服務工作者勢必會變得更疏離、更刻薄，並更加自視為獨立的階級。

我們知道如何提高服務工作的生產力。這是生產工作，也是過去一百年來我們所學到的，如何以最少的調整，提高這類工作的生產力。這項任務明確可行，只是十分迫切。事實上，這是知識社會中，管理階層首要的社會責任。

《生態願景》

設定服務部門員工提高生產力的年度目標，並獎勵那些成功達成目標的人。

提升服務工作者的生產力

將支援工作委外。

要提升服務人員的產能，就需要徹底改變組織架構。在許多狀況下，服務工作將會委外，交由提供這類服務的機構處理。在支援工作上尤其是如此，諸如維修，還有大量雜務。此外，「委外」也會更多見諸其它工作，如代替建築師打草圖，以及技術或專業資料室等。事實上，美國律師事務所已將多數一向由內部法律資料室負責的工作，委由外部的電腦化「資料庫」擔任。

企業內，那些對管理高層晉升無所助益的活動，其實最需要提升生產力。但是，管理高層似乎對這類工作不感興趣，瞭解不夠，也不是很關心，甚至認為它無足輕重。這類工作與組織的價值體系不合。例如，醫院的價值體系就是醫護人員的價值體系；他們關心的是病患護理，因此沒人在意維修工作、支援工作與雜務。因此，我們可以預見，這類工作很快就會委外給獨立組織。而這些組織會相互競爭，繼而發揮效益，使這類工作更具生產力，以獲得報酬。

《杜拉克談未來企業》
《杜拉克談未來管理》

讓你們的後勤服務活動變成別人的前台主要業務。

知識工作者的生產力

要知識工作者發揮生產力，便要視他們為、待他們如資產，
而非成本。

使知識工作者發揮生產力的工作幾乎尚未展開，但我們已知道許多答案。此外，我們也知道那些尚未解答的挑戰。

決定知識工作者生產力的因素有六：

1. 談到知識工作者的生產力，我們要先問：「任務是什麼？」
2. 我們要讓個別知識工作者為其生產力負責。知識工作者必須自我管理，並握有自主權。
3. 不斷創新必須成為知識工作者的工作、任務和責任。
4. 知識工作需要知識工作者不斷地教學相長。
5. 知識工作者的生產力不在於產量，至少這不是主要取決因素。工作成果的品質至少也一樣重要。
6. 最後，要知識工作者發揮生產力，便要視他們為、待他們如資產，而非成本。知識工作者的生產力需要知識工作者情願撇開其他一切機會，只為該組織服務。

《典範移轉：杜拉克看未來管理》

思考與實踐　將步驟一至五應用於你的知識工作。

界定知識工作的任務

知識工作是先確定做什麼，然後再問該怎麼做。

勞力工作是聽命行事。家僕總是任由一家之主發號施令。而工廠工人是依機器或配裝線的安排各就各位。然而，知識工作中，做什麼卻成了首要的決定性問題。因為，知識工作者不聽命於機器的安排，他們對於個人工作握有主導權，也必須握有主導權。這是因為他們是最昂貴的生產憑藉——教育，以及他們最重要的工具——知識，唯一的所有人及主宰者。當然，他們的確需要使用其它工具，無論是護士操作點滴，或是工程師使用電腦。可是，決定如何使用工具、為什麼使用這些工具的卻是他們的知識。他們知道哪些步驟最攸關，完成任務需要哪些方法；他們也靠著個人知識判斷，應該剔除哪些不必要的雜務。

因此，要提升知識工作者的生產力，得先問問他們：你的任務是什麼？你的任務應該是什麼？你應有的貢獻為何？什麼是你執行任務時，應該排除的障礙？我們應該先確定要做什麼，然後才問怎麼做。

《典範移轉：杜拉克看未來管理》
「知識工作者的生產力」（柯比迪亞線上課程）

自問「我受雇是為了做些什麼」以及「我受雇應該做些什麼」，以界定你身為知識工作者的任務。

界定知識工作的成效

科學家的工作成效——增進科學知識，
可能與組織毫無關係。

界定任務才能釐清特定任務的成效應該為何。適當的成效是什麼？這個問題的正確答案往往不只一個。銷售員的成效是追求每位顧客銷售量的極大化，這沒錯；但是，如果說留住顧客是銷售員追求的成效，這也沒錯。

因此，下一個要讓知識工作者發揮產能的關鍵步驟就是，界定知識工作者的某項特定任務所要達成、或應該達成的成效為何。這是（也應該是）充滿爭議的決策，也是項冒險的決定。最重要的是，它是組織使命與個別員工任務的匯聚點，兩者必須彼此調和。百貨公司究竟要追求每筆交易金額的極大化，還是每位顧客消費金額的極大化，這是管理階層應該回答的問題。至於醫院的首要顧客是病患還是醫生，這個答案也取決於管理階層。這個決定永遠是知識組織的經理人與經營者的挑戰。

《典範移轉：杜拉克看未來管理》
「知識工作者的生產力」（柯比迪亞線上課程）

為你的職務界定成效。你自己界定成效的方式，以及組織為你的職務界定成效的方式，兩者之間若出現差異，請協調兩者的衝突。

界定知識工作的品質

衡量知識工作的品質聽來棘手，但是事實上，
知識工作本身就是品質。

在某些知識工作中，尤其是高度需要知識的工作，我們其實已經衡量了品質。例如，衡量外科醫師的標準，通常在於困難的危險手術的成功率，好比開心手術病患的存活率。不過，許多知識工作的品質，至今我們大致上能做的，主要都是判斷，而非評量。然而，主要的問題並不在於品質難以衡量，而是難以界定要達成、或應該達成的任務為何。

最好的例子就是美國的學校。市區的公立學校已經變得一團亂，但是同一地點附近的私立學校，同年齡的孩子不僅行為良好，學習也很上軌道。兩者為何有如天壤之別，我們可以舉出無數答案。但是，主要原因必然在於，兩種學校對其任務的界定不同。一般公立學校將任務界定為「協助弱勢」；而一般私立學校，尤其是天主教會學校，則將任務界定為「讓想學習的人學習」。因此，一方注定辦學失敗，而另一方則會成功。

《典範移轉：杜拉克看未來管理》

思考與實踐 為你的任務界定品質。

5/27

管理是種實務

管理政策的檢驗……不在於答案對錯，而在於是否管用。

通用汽車的主管認為，他們已發現猶如自然律般的原則，是不變的至理。可是，我卻始終認為，這類原則屬於人為，充其量只能啟發人心。我切入管理的這個觀點，向來與這個主題的作家、理論家不同；而或許這也是我在學術界不太受到尊崇的原因。我的確相信基本價值觀的存在，在人性上尤其如此。但是，我不認為「唯一正確的答案」真的存在。有些答案很可能是錯誤的答案，除非別無它法，不然連試都不要試。不過，任何管理政策或其他社會學科政策的檢驗，不在於答案對錯，而在於是否管用。我始終認為，管理學並非神學的一支，管理學根本是臨床學科。管理猶如行醫，其成效驗收不在於療方是否「科學」，而在於病患是否康復。

《企業的概念》

思考與實踐

列舉你認為有助於提高績效的三項「經驗法則」。提出一項對你不管用的「教科書法則」。

5/28

知識工作必須不斷學習

知識組織必須是教學相長的組織

知識工作者必須不斷為工作累積知識，而知識組織必須是個教學相長的組織。如今，各個領域的知識變化太快，除非知識工作者在工作上不斷學習，否則很快就會落伍。這個現象並非只發生在工程師、化學家、生物學家、會計師等高等知識領域；心臟科護士、薪資紀錄管理員、電腦維修員等領域也愈來愈是如此。此外，知識組織的運作也有賴知識專才，而這些專才也必須瞭解同僚正在進行什麼工作、或嘗試做些什麼工作。這些知識工作者各有不同的專長，因此需要擔任教育同僚的工作，尤其是個人專業的知識基礎改變時。

因此，我們極力建議知識工作者，不妨坐下來思考，回答以下這兩個問題：

1. 我需要學習什麼，才能讓知識符合工作要求所需？
2. 關於我的知識領域，以及這些知識能夠、應該對組織和同事的工作有何助益，他們必須知道、瞭解些什麼？

《典範移轉：杜拉克看未來管理》
「知識工作者的生產力」（柯比迪亞線上課程）

回答上文最後的兩個問題。

提高既有知識的生產力

「唯有聯想。」

在學習與教導中，我們的確要注重工具；在應用時，則必須注重最後的結果、任務與工作。偉大的英國小說家福斯特（E. M. Forster）經常告誡世人：「唯有聯想（Only Connect）。」聯想向來是藝術家，以及偉大科學家的特點。在他們的層次，聯想力或許是與生俱來，也是我們所謂神祕「天賦」的一部分。然而，聯想力與進而提高既有知識產能的能力，在相當高的程度上，卻是可以學習的。這些能力最終應該要能夠傳授他人。它對界定問題的方法的需求，甚至可能比「解決問題」的方法還迫切。它需要有系統地分析，解決某個特定問題所需的知識與資訊；它也是規劃步驟，以處理某個特定問題的方法，亦即構成所謂「系統研究」的基礎方法。它需要所謂的「規劃無知」（Organizing Ignorance）——無知的領域始終遠超過知識的領域。

對知識的專精賦予我們各領域龐大的績效潛能，但正由於知識如此專門化，我們也需要方法、準則與流程，將潛能轉為績效。否則，多數唾手可得的知識仍舊只是資訊，無法發揮生產力。要使知識發揮生產力，我們就必須學會聯想。

《杜拉克談未來企業》

做決策前，要有充裕的時間界定問題。

5/
30

知識工作者的等級

有句老話說：「哲學為科學之后」。
不過，要移除腎結石，你需要泌尿科醫生，而不是理則學家。

知識工作者之所以能工作，是因為有個讓他們得以在其中工作的組織。就這點而言，知識工作者依賴組織。但是，知識工作者擁有「生產的憑藉」，也就是知識。知識工作者視自己為一種「專家」，無異於以往的律師、教師、牧師、醫師和公僕。他們受過相同的教育，並瞭解他們依賴組織以獲取收入和機會；若沒有組織所做的投資，他們也不會有工作。不過知識工作者也瞭解，組織也同樣依賴他們，這是實情。

知識無等級高下。在組織內，各門知識的地位取決於其對共同任務的貢獻，但是知識在本質上沒有優劣之分。

《杜拉克談未來企業》
《不連續的時代》

想想你要如何運用本身的知識，對組織做出最多貢獻。就如何做出最多貢獻這點，和老闆和同事達成共識。

5/31

後經濟理論

我們得以將經濟學變成與人類價值觀相繫的人文學科。

明日的經濟學必須回答這些問題：「我們的經營方式如何能產生成效？何謂成效？」要回答這些問題，「營運淨利（損）」這個傳統答案是靠不住的。在盈虧哲學下，我們無法立於短期，同時放眼長期。長期與短期間的平衡，卻是管理的重大考驗。

生產力與創新的狼煙必須成為我們的路標。如果利潤的代價是降低生產力，或是犧牲創新，那麼這就不是利潤，而是損害資本。反之，如果我們不斷提高所有關鍵資源的生產力，並提升創新的地位，那麼不僅是現在，明日我們也都能因此獲利。當我們視應用於人類工作的知識為財富泉源，我們也能從中瞭解經濟組織的功能。史無前例地，現在我們得以將經濟學變成與人類價值觀相繫的人文學科，是能給商業人士一把尺的理論，以衡量自己是否仍朝著正確的方向邁進，而其所獲得的成果是屬真實，還是虛幻。我們跨進了後經濟理論的門檻，以所知的事物為基礎，繼而瞭解財富的創造。

《生態願景》

以生產力與創新這兩項經濟指標，衡量或評估貴組織的績效。

JUNE

六月

自我管理

知識工作者必須肩負起自我管理的責任。

知識工作者很可能比雇用他們的組織長壽。知識工作者的平均工作年限或許是五十年，但是一家成功的企業，平均壽命只有三十年。因此，知識工作者的壽命會超越任何雇主，而必須準備至少換一次工作，這種現象會愈來愈普遍。這意味著，多數知識工作者必須自我管理。他們得將自己放在能做出最大貢獻的地方，他們也必須學會發展自我。他們必須知道何時要換工作、如何換工作，以及工作的方法和時機。

自我管理的關鍵在於瞭解我是誰？我有哪些優點？我要如何獲致成效？我的價值觀是什麼？我歸屬何處？我不歸屬何處？最後，成功管理自我的關鍵就是反饋分析：紀錄你所做的每項關鍵行動或決策的預期成效，九個月或一年後，比較預期的成果與實際的結果。

《典範移轉：杜拉克看未來管理》

「自我管理」（柯比迪亞線上課程）

瞭解個人優點、價值觀以及專長，藉以管理自我；接著，實行反饋分析。首先，記錄關鍵行動或決定的預期成果，九個月或一年後，比較預期的成果和實際的結果。

6/
2

以資訊為本的成功組織

系統之所以管用，是因為它旨在確保每位成員執行任務時，都擁有所需的資訊。

龐大、成功的資訊組織，它的最佳範例就是沒有中級管理階層的英國駐印度民政部門。從十八世紀中葉到二次世界大戰，英國統治印度這塊次大陸長達兩百年。駐印度公務員從未超過千人，卻能管理這塊人口稠密而廣袤的次大陸。多數英國人都獨自住在孤立的殖民區，離最近的同胞也要一、兩天的路程，而英國統治印度的前一百年根本沒有電報或鐵路。

這種組織架構徹底扁平化，每位地方官都直接向「營運長」，也就是省秘書長報告。由於印度當時有九個省，每位省秘書長轄下至少就達上百人。每個月，地方官都要花一整天，撰寫一份完整報告，呈給省秘書長。報告中逐一檢討每項主要任務，並詳細記錄原本對每項任務的預期，倘若出現任何落差，也會記載實際狀況，以及個中原因。接著，他會針對每項關鍵任務，寫出對下一個月的預期，以及如何處置，並對政策提問，繼而評述長期的機會、威脅與需求。相對地，省秘書長則會回覆一篇完整的評論給各地方官。

《生態願景》

思考與實踐 省思貴組織和英國駐印度民政部門，是否有任何相似之處。

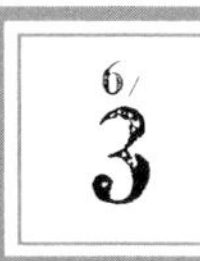

資訊組織的「樂譜」

醫院裡的專才都有一份共同的「樂譜」：照護並治療病患。

我們對資訊組織的要求是什麼？數百名音樂家和他們的執行長（也就是指揮），之所以能共同演出，是因為大家有一份相同的樂譜。同理，醫院裡所有的專才都有一項共同的任務：照護並治療病患。診斷便是他們的「樂譜」，以指導X光室、營養師、物理治療師以及醫療團隊其他成員的特定行為。換句話說，資訊組織需要明確、簡單、共同的目標，以化為特定的行動。

由於資訊組織內的「演奏者」是專才，因此你不可能告訴他們怎麼執行任務。或許鮮少有指揮家能吹法國號，更別說是示範，以指導法國號手怎麼吹奏了；不過，在音樂家聯合演奏時，指揮卻能留意號手的技巧與知識，而這份關注是資訊企業的領導人所必須具備的。資訊企業的架構必須以目標為核心，而目標要清楚說明管理階層期望企業、各個部門、各個專業人員所發揮的績效；同時，企業架構也要以反饋體系為中心，以對照實際成果與預期目標，這樣每個組織成員才能自我管理。

《生態願景》

給貴組織一份共同的「樂譜」，清楚說明管理階層期望企業及每位專業人員所發揮的績效，並比較預期與成果。

承擔資訊責任

資訊專才是工具製造者。他們能告訴我們，
可以用什麼工具釘椅套。我們要做的是，決定究竟要不要裝椅套。

資訊組織需要人人承擔資訊責任。交響樂團的低音管手每演奏一個音符，都承擔著資訊責任。醫生和護理人員則依賴由醫療報告和資訊中心所構成的周嚴系統，也就是位於病患樓層的護理站。駐印度地方官每次提報告，都是在盡這份責任。這類系統的關鍵在於，人人都要問：「這個組織內，誰要靠我獲得什麼資訊？相對而言，我要靠誰獲得什麼資訊？」每個人的名單中會包括上司和下屬，但其中最重要的是同事，還有最主要的合作對象。內科醫師、外科醫師以及麻醉師間的關係即是一例；生化學家、藥理學家、主持臨床化驗的醫療主管以及製藥公司行銷專家間的關係也相仿。這類關係需要各方完全負起資訊責任。

《生態願景》

在適當時機提供適當的資訊給適當的對象，以負起資訊責任。列出你要依賴誰獲得什麼資訊；反之，找出誰又要依賴你獲得什麼資訊。

6/5

資訊專才的報酬

躋身「管理階層」的升遷機會屬於少數例外，
其中的原因很簡單：中階管理職務會大幅縮減。

專才在以資訊為本的商業組織內，機會應該比在交響樂團或醫院中多，更別說是印度行政部門了。但猶如在交響樂團等組織內，這些機會主要是專業領域內的晉升，而且升遷幅度有限。躋身「管理階層」的升遷機會屬於少數例外，其中的原因很簡單：中階管理職務會大幅縮減。

但是對於專才，還有他們位居管理職的同事而言，晉升至管理階層，卻是唯一有意義的升遷機會。這是因為所有企業實務所盛行的薪資架構，都偏重管理職位和頭銜，因而強化了這種態度。這個問題並不容易解決。大型律師事務所和顧問公司的做法或許有所助益。在這些組織中，縱使是最資深的合夥人往往也只是專才，而無法成為合夥人的同事在相當早的階段就會被取代。無論發展出怎樣的因應計畫，唯有徹底改變企業的價值觀與薪資結構，才能有效扭轉組織內部的態度。

《生態願景》

思考與實踐　你要如何改變貴組織的薪資與報酬的結構，以反映平移式的升遷或是另謀高就以求升遷的現實？

階級與責任

傳統組織仰賴命令權威；資訊組織則仰賴責任。

當企業的組織是以現代資訊技術為核心，企業便必須問這個問題：「誰在何時、何處需要什麼資訊？」而職責在於報告、而非做事的管理職務與層級，便可以廢除。

不過，資訊組織需要自律，從基層主管一路到管理高層也都要肩負責任。傳統組織仰賴命令權威；資訊組織則仰賴責任。工作流程則是由下而上，復而由上而下。因此，唯有每個人、每個單位都為自己的目標、要務、關係、溝通負責，資訊系統才能發揮功能。如此才能迅速決策並迅速回應。唯有瞭解、擁有共同的價值觀，最重要的是相互尊重，才能獲得這些益處。若要讓每位成員都清楚目標何在，就必須有共同的語言、共同的凝聚點。倘若組織以資訊為本，而財務控管是唯一的語言，多元化勢必崩潰，引發混亂，猶如巴別塔（Tower of Babel）。

《管理新境》

貴組織是靠財務控管維繫，還是因為彼此瞭解、持有共同的價值觀、相互尊重而凝聚？為自己和自己所屬的單位負責，包括你的目標、關係與溝通。

驟然失能

所有組織裡，我所見過最大的資源浪費，
就是升遷至新職的人卻表現失敗。

為何一個十年、十五年來都很能幹的人，會突然間變得無能？就我實際見過的所有案例，原因在於這些人接下新職務後，卻仍未脫離過去的做事方法，這些方法讓他們在舊職務上表現傑出，繼而贏得拔擢。但是，這些人在升遷後卻變得無能。他們不是真的變得無能，而是因為做錯了事。

新職務需要的並非卓越的知識，或是一流的才幹。它需要新上任的人專注於新職務的需求，專注於攸關新挑戰、新工作、新任務的事物。

《杜拉克看亞洲》

思考與實踐 別將過去職務的成功法應用於新職務。當你接任新職務，請自問：「我的新職務需要做些什麼新事物，才能發揮效益？」

脫胎換骨

「你希望以什麼名留後世？」

我十三歲的時候，遇上一位富有啟發性的宗教學老師。有一天，他逐一問班上每個同學：「你希望以什麼名留後世？」當然，我們沒人答得出來。因此，他笑著說：「我不期望你們現在就知道答案。但是，如果你們到了五十歲還無法回答這個問題，那你便是虛度此生。」

我總是會問自己同樣的問題：「你希望以什麼名留後世？」這個問題能引導你脫胎換骨，因為它會督促你視自己為一個不同的人，一個你能變成那樣的人。幸運的話，你在人生的早期便會遇到一位道德崇高的人，問你這個問題，然後你一輩子都會如此自問。這個問題會引導你脫胎換骨，因為它會督促你視自己為一個不同的人，一個你能變成那樣的人。

《彼得・杜拉克：使命與領導》

思考與實踐

你希望以什麼名留後世？

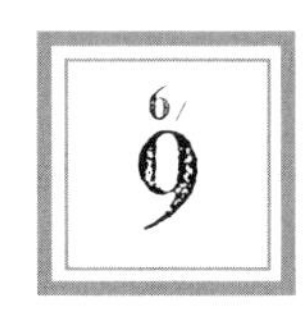

個人發展

重要的不是你擁有位階，而是你肩負責任。

對個人發展責任最大的是自己，而非老闆。個人發展的首務，就是力求卓越。技能之所以重要，不只是因為它造成工作品質的差異，也是因為它使做事的人改頭換面。唯有你致力脫胎換骨，唯有你創造刺激、挑戰、轉變，以此不斷地豐富舊工作，工作才能有啟發力。脫胎換骨最有效的途徑，就是尋求意外的成功，並經營它。

成功的關鍵要素是責任，也就是讓自己承擔責任，至於其他便會水到渠成。重要的不是你擁有位階，而是你肩負責任。要承擔責任，你就必須認真看待工作，並認知到：我必須在工作上成長。藉由專注於責任，員工會以更遠大的眼光看待自我。

《彼得・杜拉克：使命與領導》

思考與實踐 力求卓越。

如何處理價值衝突

我不知道成為最有錢的死人有何意義。

個人優點與表現之間，鮮少會出現衝突，這兩者是相輔相成的。但是個人的價值觀與優點之間，有時卻會產生衝突。一個人能勝任愉快（甚至表現出眾）的事，可能與個人的價值體系不合。或許對那個人來說，這件事可能根本不算是貢獻，或是不值得投入此生（甚至是部分人生也不值得）。

許多年前，我也必須在擅長而勝任愉快的事，以及個人價值觀間做抉擇。一九三〇年代中期，我在倫敦是個極為傑出而年輕的投資銀行家。顯然，那份工作切合我的長處；然而在我看來，不管擔任哪一種資產經理人，我都不認為自己有何貢獻。我瞭解到，「人」才是我的價值觀。而且，我不知道成為最有錢的死人有何意義。在那個經濟大蕭條時期，我沒有錢，還沒有找到其它工作，未來也沒有展望，但是，我還是辭職了，而這是對的。換句話說，價值觀才是最終的檢驗，而它也應該是。

《典範移轉：杜拉克看未來管理》

你的長處是否切合你個人的價值體系？

加入對的組織

我要歸屬何處才能像個人？

你必須在適當的組織從事適當的工作，才能發展自我。根本的問題是：「我要歸屬何處才能像個人？」要回答這個問題，要先瞭解你需要哪種工作環境，才能有一流的表現：大型組織？還是小型組織？獨自工作？還是與人合作？確定的環境？還是充滿不確定？是否需要時間壓力？

經過深思熟慮，倘若你對「歸屬何處」的答案竟是，你並不屬於目前這個工作環境，那麼下個問題就是「為什麼？」是因為你無法接受組織的價值觀嗎？是組織腐敗嗎？與你不合的組織當然會對你造成損害；因為若你發現所屬組織的價值觀與你不合，你就會變得憤世嫉俗，並看輕自己。或是因為你發現自己竟為貪污腐敗的老闆效力，他竟然是名政客，或只關心個人事業。或是最棘手的，你所敬佩的老闆卻未盡到主管的重大職責：扶植、培養、拔擢能幹的部屬。如果你未得其所，如果組織根本是腐敗的，或是你的表現未獲肯定，那麼辭職會是對的決定。

《彼得·杜拉克：使命與領導》

思考與實踐　你適得其所嗎？是或不是？原因又是什麼？如果你未得其所，你該辭職嗎？

管理教育

沒有管理經驗的人，管理課程對他們不過是浪費時間。

以下是我所樂見，也是我多年來在教學中付諸實踐的：

- 管理教育只適合事業有成人士。沒有個幾年管理經驗的人，我認為管理課程對他們不過是浪費時間。
- 無論是私人部門、政府部門或非營利部門的人員，都需要管理教育。
- 在校學生應該到真正的組織內，藉由實務工作，有計畫、有系統地實習，猶如醫學院學生駐院實習般。
- 注重政府、社會、歷史與政治程序。
- 讓具有實際管理經驗，以及適足顧問實務經驗的教師瞭解管理真正的挑戰。
- 特別著重構成管理真正挑戰的非量化領域，尤其是商業以外的非量化領域。同時也要注重更強的量化技能，也就是瞭解既有數字的限制，並瞭解如何運用數字。

〈杜拉克訪談〉
（摘自《執行主管學刊》）

選修與目前職務，以及理想職務相關的主管培訓課程。將觀念直接應用於工作。

吸引知識工作者

我們知道，要吸引和留住知識工作者，賄賂並不管用。

吸引和留住知識工作者，已成為人力管理的兩項核心任務。我們知道的是，賄賂對此並不管用。過去十至十五年間，許多美國境內的企業利用紅利或是股票選擇權，以吸引並留住知識工作者。當利潤衰退，紅利跟著縮水，或股價大跌，選擇權也變得一文不值時，這項政策便無法奏效。屆時，無論員工或員工的配偶，都會覺得遭到背叛而怨懟不滿。對收入和津貼不滿，是強烈的負面誘因，因此知識工作者當然需要滿意的個人薪資。不過，知識工作者的工作滿意度，影響的正面誘因卻不是金錢。

知識工作不但有自信，而且具移動性，他們知道自己能另謀高就。因此，你必須待他們如志工，猶如管理非營利組織志工般管理他們。知識工作者最想知道的頭一件事就是，公司想做什麼，以及朝什麼方向邁進。其次，他們感興趣的是個人成就與責任，這意味著他們必須因才適任。知識工作者期望不斷學習、不斷訓練自己。最重要的是，他們需要尊重，與其說是對他們個人的尊重，倒不如說是尊重他們的知識領域。知識工作者期望在自己的領域當家作主。

《下一個社會》

將專才當成志工來管理，向他們說明公司想做什麼、朝什麼方向邁進。讓他們因才適任，並提供他們教育津貼。尊重他們個人與其專業領域，讓他們在自己的領域中當家作主。

退休基金持股人

短期績效和長期收益可以並行不悖，只是兩者有所差異，必須加以平衡。

新公司必須在短期績效，與退休基金持股人的長期收益間，求取平衡。公司若只追求短期績效的極大化，將有損退休基金投資的收益。

顯然，事業利潤至上的說法，不但讓股東控制理論可行，也凸顯了企業的社會功能的重要性。一九六〇或七〇年以降，出現一批形成股東控制權的新股東。這些人並非傳統的「資本家」，他們是透過退休基金與老年基金，而持有企業股份的員工。到了二〇〇〇年，美國大型企業的大多數股本，都會由退休基金與共同基金所持有。股東因而得到要求短期獲利的權力，但是，由於保障退休收入的需求，大家愈來愈關注於投資的未來價值。因此，企業不僅得注意短期的經營績效，也要注意自家公司股票做為退休津貼的長期表現。兩者可以並行不悖，只是它們有所差異，必須加以平衡。

《下一個社會》

「下一個社會」（柯比迪亞線上課程）

設法讓貴公司的營運能展現短期績效，也能表現穩健的長期成果，以滿足退休基金持股人的利益。

退休基金條例

退休基金條例，還有它們防範巧取豪奪的效果，
都仍然是個挑戰。

對已開發國家多數四十五歲以上的人來說，退休基金投資是最重要的單一資產之一。十九世紀時，一般人最重要的財務需求就是人壽保險，以防萬一早逝還能給家人一份保障。現代人的壽命與十九世紀時相較，幾乎增加了一倍，當今一般人最重大的需求，便是防範過於長壽而隱藏的威脅。十九世紀的「人壽保險」，其實是名副其實的「死亡保險」，退休基金才是「老年保險」。在多數人退休後都可望存活許多年的社會中，退休保險是不可或缺的制度。

未來許多年，無論對政策制定者或是立法人員而言，退休基金條例，還有它們防範巧取豪奪的效果，都仍然是個挑戰。而八成要等到幾件齷齪的醜聞案爆發之後，我們才能學會如何因應這項挑戰。

《杜拉克談未來企業》

你的退休基金條例目前有什麼弱點？

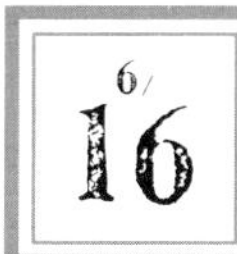

退休基金資本主義

資本市場的決策已由理應投資於未來的人，
轉移至必須遵守「審慎者法則」的人手中。

資本市場的決策其實已從「企業家」轉移至「受託人」手中，也就是轉移至必須善盡「良善管理人責任」的人手中；企業家看的是企業未來的績效，而受託人看的其實是企業過去的表現。其中的危險在於，新興成長的小型企業可能會因此餓死。這在亟需新企業的時候會是個危機，無論這些新興小型企業是以新技術為基礎，還是涉及將社會、經濟需求轉為商機。

投資老字號企業，與投資新興事業，兩者所需的技巧與原則截然不同。事實上，既有事業的投資人會試圖將風險降到最低。他投資的是確定的趨勢與市場、經過驗證的技術和管理績效。創業型投資人從事投資，則必須假設，十項投資案中，有七件會泡湯。而那十件新興投資案，你無法事先判斷哪些最後會成功或失敗。創投的技巧並不在「挑選投資標的」，而在於瞭解哪些案件不如預期，必須放棄，而又有哪些案件需要全力推動並支持，因為它就是「看好」，雖然最初有些小挫敗。

《退休基金革命》

考慮將部分退休基金資產交付給不僅是投資新興事業的權威，以往在創投方面也有成功經驗的受託人。

退休基金社會主義的考驗

退休基金社會主義下，懲罰資本形成是社會的奢侈品。

我們在美國至今幾乎從未想過，或許可以藉由加強資本形成，以彌補退休金成本提高所導致的實質「負儲蓄」。退休金成本提高源自退休銀髮族人口的增加，他們的消費必須由受雇工作者的「假儲蓄」支應。我們可以確定的只有一件事：對需要資助眾多退休老人的退休基金社會主義社會而言，阻礙或懲罰資本形成是件無法負擔的奢侈品。你可以篤定地說，國內經濟政策未來幾年的主要問題，以及美國退休基金社會主義可行性的關鍵考驗，是資本形成，而不是消費。

《退休基金革命》

思考與實踐　如何提升資本形成？

企業稽核

退休基金的興起象徵經濟史上最驚人的轉變之一。

即使是規模最大的美國退休基金，對任一企業的持股比，都少得無足輕重。由於基金並非企業，因此無從獲得深入的商業或經營情報。基金是資產管理者，它不以經營為重心，也無法從事經營活動，但是它也需要深入分析它所持股企業的營運。此外，它也需要制度化的架構，以納入管理責任。

我猜，我們終究會發展出正式的「企業稽核」實務，或許類似獨立專業會計師事務所的財務稽核實務。即便企業稽核不必每年進行（在多數狀況下，三年一次也許就夠了），但卻需要以預先制定的標準為基礎，有系統地評估企業績效：先從任務與策略開始，接著是行銷、創新、產能、人才培養、社區關係，最後是獲利能力。

《杜拉克談未來管理》

思考與實踐 你知道哪些退休基金是貴組織的大股東嗎？它們藉由哪些體系獲取貴組織的資訊？

通膨與失業

對靠養老金過活的退休人士來說，通貨膨脹是最大的威脅。

自從經濟大蕭條後，失業已經成為現代社會與經濟最危險的特有疾病。在退休基金社會主義下，通貨膨脹可望取代失業，成為社會和經濟最危險的特有疾病。對靠養老金過活的退休人士來說，通貨膨脹是最大的威脅；同理，對年逾五十、退休福利占未來購買力比重增加的人來說，也是個很大的威脅。這兩個族群加起來，幾乎占了成年人口的大多數。這兩大族群都是退休基金社會主義的產物，他們對防範通貨膨脹的興趣遠遠超過以往的世代。這類選民為數眾多，心懷共同的顧慮，他們當然是美國政治制度中主要的「利益團體」，擁有龐大的政治力量。另一方面，對退休基金「選民」，也就是退休人員與年長的工作者來說，失業根本不算什麼威脅。

《退休基金革命》

思考與實踐 通膨問題比失業問題嚴重，你是否贊同？

何時需要規範

落實適當的規範是管理階層的職責。

你要不斷嘗試去除伴隨商機而來的負面影響，但是這在許多狀況下卻是窒礙難行。要去除一項負面影響，往往意味著成本的增加。原本大眾為「外部性」所支付的代價，就此成了營運成本。因此，除非業界人人都接受相同的準則，否則它便會成為競爭上的不利因素。在多數情況下，唯有靠規範，也就是某種形式的公共行動，才能做到這點。

如果在去除影響時，勢必要提高成本，管理階層就有責任去預想、規劃最可能以最低成本解決問題，而為大眾和企業等帶來最大利益的規範。接下來，管理階層的職責就是落實這些適當的規範。長久以來，不僅是企業管理階層，所有的管理階層都在逃避這份責任。

《管理：任務、責任、實務》

思考與實踐

哪些業界負面影響，能轉化為商機或有效的規範？

工作

「小人閒居易為惡。」

我們知道，工作是負擔，也是需求，是詛咒，也是恩賜。我們早就知道，失業令人心煩意亂，這並非由於經濟被剝奪，主要是因為自尊心受損。工作是性格的延伸，也是成就。工作是一個人界定自我、衡量自我價值與人性的方式之一。

《管理：任務、責任、實務》

別讓失業傷害你的自尊。請提醒自己，除了工作之外，還有其他方式可以找到自我價值。

工作目標與願景

「身為音樂家，我終其一生都力求完美。
雖然知其不可得，我卻絕對要再試一次。」

我從未忘記這些話語，它們在我心中留下無法抹滅的印象。音樂家威爾第在十八歲時已經是位爐火純青的音樂家；我在十八歲的時候，除了知道自己不可能成為成功的棉織品出口商，還不知道何去何從。十八歲的我還不成熟，如羽翼未豐的雛鳥，也像其它同齡者一樣天真。十五年後，等到三十出頭，我才真正瞭解自己的長處為何、歸屬何處。不過，當時我便下定決心，無論這輩子從事什麼工作，威爾第的話都將成為我的指標。當時我便打定主意，縱使年事已高，也絕對不會放棄，我要堅持到底。另一方面，縱然明知不可得，我還是要力求完美。

《杜拉克看亞洲》

思考與實踐

知其不可而為之，在工作上力求完美。

自治社群

管理階層往往會排拒自治工廠社群以及責任員工的觀念，
他們認為，這些觀念會「吞噬」他們的大權。

我認為，在我所有關於管理與「剖析工業秩序」的著作中，最重要、最原創的就是自治工廠社群以及責任員工的觀念。而自治工廠社群，就是由員工個人、工作團隊、員工團體等，針對個人工作架構、重大任務的績效，以及諸如班表、假表、加班任務、工業安全，以及最重要的員工福利等，承擔管理責任。

不過，管理階層往往會排拒這些觀念，他們認為，這些觀念會「吞噬」他們的大權。而一直以來，工會就充滿敵意：他們相信，自己需要看得到的、具體的「老闆」，做為他們可以與之對抗的「敵人」。然而，這些領域在二次大戰的成就，早已超越如今號稱為「突破」的任何事物，諸如大張旗鼓，嘗試取代某些瑞典汽車公司的裝配線。事實上，這種「突破」遠遠不如在美國業界已成為標準的裝配線，更別說是IBM廠區的工作小組所承擔的責任，而IBM根本稱不上是特別「寬容」的企業。

《旁觀者：管理大師杜拉克回憶錄》

一旦你確定所有員工都接受了充分的訓練，足以承擔責任後，便徹底授權。

城市文明化

唯有社會部門才能創造當今我們所需要的公民社群。

在所有國家，尤其是諸如美、英、日等已開發國家，城市的文明化將逐漸成為第一要務。然而，不論政府或企業，都無法提供世界各大城市所需要的新社群。這是非政府、非企業、非營利組織的任務。唯有社會部門才能創造當今我們所需要的公民社群，尤其是日漸主宰已開發社會、受過高度教育的知識工作者社群。其中的一個原因是，從教堂到專業團體，從遊民收容所到健康俱樂部，唯有非營利組織才具備高度的社群多元性，而那正是我們所需要的。

此外，唯有非營利組織才能滿足我們的第二個需求，也就是對效率社群、效率公民的需求。二十世紀，政府與企業呈爆炸成長，在已開發國家尤其如此。二十一世紀最需要的，是非營利社會部門出現相同的爆炸性成長，在城市這個新崛起的主流社會環境內建立社群。

《下一個社會》

想一下，你最喜愛的非營利組織要如何在城市中協助社會創造新社群。

人類尊嚴與地位

現代企業最大的任務或許是，在公正與尊嚴，
在機會均等、社會地位和職能間尋求交集。

現代企業是自由經濟和市場社會的產物，而它所依據的信條有個最大的缺點，那就是無視於個人在社會中對地位、職能的需求。市場社會漠視不成功的多數人，這不折不扣是喀爾文主義的產物，對未為上帝揀選而得到救贖的大多數人毫不關心。這個信仰遵循英國哲學家史賓塞（Herbert Spencer）的論述，今天的說法則通常是以達爾文主義者的語言——「適者生存」來表達，而不是神學術語。然而，市場社會背後的哲理卻是不變的，那就是，輸家是遭上帝遺棄的人，而同情他們的人，其罪等同於質疑上帝決定的人。如果我們深信，缺乏經濟成就（1）必然是個人的錯，（2）是那個人的人格、公民身分都毫無價值的確據，那麼我們才能說這些經濟輸家不配得到社會地位與職能。

《企業的概念》

思考與實踐 尊重每位與你共事的人，只因為他們是人。

6/
26

樂在工作

熱愛工作的人才會有所表現。

熱愛工作的人才會有所表現。我並不是說，這些人喜歡自己所做的任何事，這兩者是截然不同的觀念。人人都得做不少的例行工作。每位偉大的鋼琴家天天都得練三小時琴，而沒人會說，他們喜歡天天練琴，但他們就是得做。天天練三小時琴不是件有趣的事。不過，如此一來，即使經過四十年後，你仍然會感受到琴藝的進步，所以你今日樂在其中。許多年前，我曾聽到鋼琴家有個絕妙的說法：「我會一直練到指尖有生命。」當然，練琴是乏味的例行公事，但你卻可以樂在其中。

同樣的，我所見過樂在工作的商界人士也是如此。他們的習慣是：反正事情得做好，而我之所以樂在其中，是因為我樂在工作。我相信，這不是平凡與傑出之間的差別，而是所謂的「學習型組織」──整體組織成長，流程改變──與或許表現出類拔萃，但五點一到，人人便將工作拋諸腦後的組織間的差別。

〈心智會議〉（Meeting of the Minds）
〔摘自《開拓視野：經濟諮商局雜誌》
（*Across the Board: The Conference Board Magazine*）〕

不斷練習，直到你的指尖有生命。

管理的正當性

使人類優點發揮產能是組織目標，也是管理權威的基礎。

管理階層的任務在於，先從企業著手，使組織社會中的機構為社會、經濟、社群、個人等發揮效能。首先，經理人需要瞭解他們要遵守的準則，以及何謂管理。的確，經理人的第一要務，就是管理機構，以達成機構專屬的任務。因此，商業經理人的第一要務，就是經濟績效。但是另一方面，他們所面臨的任務也包括：使工作發揮產能，使員工為社會及個人實現並創造有品質的生活。不過，領導團隊必須具備正當性，它必須為社群所接受與認可。他們需要以道德承諾為權威基礎，這份道德承諾同時也展現出組織的目標與性格。這個道德準則只有一個，那就是使人類的優點發揮生產力，這是組織的目標，也是管理權威的基礎。人類身為個人與社群成員，而組織正是其尋求貢獻和成就的憑藉。

《管理：任務、責任、實務》

思考與實踐　運用個人職權，使你轄下的人員充分發揮優點。

經濟進步與社會目標

經濟擴張與成長本身並非目的，
唯有成為達成社會目標的手段，它們才有意義。

就資本家的潛在經濟前景來說，現代資本主義的老前輩亨利・福特無疑是對的，而要終結資本主義的專家們則是錯的。但是，無論是福特還是批評他的人，都忘了經濟擴張與成長本身並非目的，唯有成為達成社會目標的手段，它們才有意義。只要經濟成果能確保達成社會目標，經濟就會受到高度期待。不過，倘若事實證明，這份保證不切實際，那麼經濟做為達成社會目標憑藉的價值就會令人高度懷疑。

資本主義之所以成為社會秩序與信條，是因為我們相信，經濟進步能使人在自由、平等的社會中邁向自由、平等。過去所有信條都認為，出自私利的動機具有社會破壞性，或至少是中性的，無害也無利。這些信念下的社會秩序都刻意嚴格限制個人經濟活動，以將它對各方面的負面影響，以及被視為具有社會破壞性的活動都降到最低。

《經濟人的末日》

請確保你在追求經濟績效時，也能顧及人的發展。

社會部門

官僚體系無法承認，政府做不好的，非營利組織卻能成功。

「誰能因應知識社會的社會挑戰？」這個問題真正的答案，既不是「政府」，也不是「雇用人員的組織」，而是獨立、嶄新的社會部門。在解決社會問題上，政府已經證明它的無能。非營利組織為成果所支付的代價，遠比政府為失敗所支付的少。

政府不運用聯邦稅制鼓勵對非營利組織的捐款，反而讓國稅局動作不斷，以減少大眾對非營利組織的捐款。這些行動都以「杜絕逃漏稅」之名而出。其實，這類行動真正的動機是，官僚制度對非營利組織懷有敵意，而這與在前共產國家中，官僚制度對市場與私人企業的敵意大同小異。非營利組織的成功不但會破壞官僚體制的權力，也否定了官僚體制的意識型態。更糟糕的是，官僚體制無法承認，政府做不好的，非營利組織卻能成功。因此，我們需要建立非營利組織的公共政策，以做為國家解決社會問題的第一戰線。

《視野：杜拉克談經理人的未來挑戰》

思考與實踐 支持非營利組織處理社會問題的努力。

有效管理非營利組織

非營利組織比企業還需要管理。

一九九〇年代初期，在佛羅里達，每年約有兩萬五千名首次服刑的受刑人，會先移送給救世軍監管，這些受刑人多數是赤貧的黑人青年或拉丁美洲裔青年。統計顯示，倘若這些年輕男女在判刑後直接入獄，那麼他們絕大多數都會變成慣犯。不過，透過救世軍以志工為主力而運作的嚴謹工作計畫，卻能幫助其中八成的受刑人重返社會。而且，這個計畫的花費，僅是監禁罪犯費用的一小部分。

這個計畫與其他許多非營利組織的努力之所以能夠開花結果，其基礎就在致力於管理。四十年前，對那些獻身非營利組織的人來說，「管理」是個不光彩的詞語。管理意味著商業，而非營利組織所引以自豪的理念，正是不受商業主義污染，並超越諸如利潤這類貪婪的想法。如今多數非營利組織都瞭解，正因為它們不是以利潤為目標，它們需要管理的程度，更甚於一般企業。當然，非營利組織仍然致力於「行善」，不過它們同時也瞭解到，善念無法取代組織、領導力、責任、績效和成果。這一切都需要管理，而管理要從組織使命開始做起。

《杜拉克談未來管理》

致力於你的非營利組織的管理效能。對組織、領導力、責任、績效和成果採取高標準。

JULY

七月

1. 經營理論
2. 現實對經營假設的檢驗
3. 經營假設要能相輔相成
4. 傳達並檢驗假設
5. 落伍的理論
6. 專注於卓越
7. 創造顧客價值
8. 認清核心能力
9. 每個組織都必須創新
10. 善用成功
11. 有計畫、有組織地改善
12. 全面創新
13. 意外的成功
14. 意外的失敗
15. 設想與真實的出入
16. 流程需求
17. 產業與市場結構
18. 人口統計
19. 觀點的改變
20. 新知識
21. 公家機構的創新
22. 服務機構需要明確定義任務
23. 最適市場地位
24. 尊崇高獲利率
25. 行銷的四項課題
26. 從銷售到行銷
27. 成本導向訂價法
28. 穩健事業的成本控制
29. 成長事業的成本控制
30. 刪減成本
31. 持續控制成本

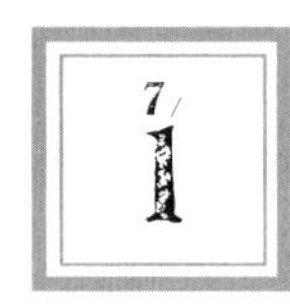

經營理論

真正成功的企業家，他的特質是明確、簡單、透澈的經營主張，而不是直覺。

經營理論有三個部分。第一是關於組織環境的假設，也就是組織所面對的社會與社會架構、市場、顧客與技術。對環境的假設界定了組織的報酬。第二是關於組織特定任務的假設，它們界定了組織認為有意義的成果，也指出組織如何設想自身對整個經濟與社會，會有什麼不同的作為。第三個假設則和核心能力有關，也就是組織需要什麼樣的核心能力才能完成組織任務。組織若要維持領導地位，就必須具備出類拔萃的核心能力。

遠至麥迪奇企業（Medici）與英格蘭銀行（Bank of England）的創辦人，近到當今IBM的湯瑪斯・華特生（Thomas Watson），每位我們所知道的偉大創業家，都胸懷明確的構想——是的，也就是能指引他的行動與決策的明確經營理論。能夠建立起在身後可長可久、繼續成長的永續企業，才是真正成功的企業家。而他們的特質在於明確、簡單、透澈的經營主張，而不是直覺。

《管理：任務、責任、實務》
《視野：杜拉克談經理人的未來挑戰》

思考與實踐　昨日是超級巨星的企業發現自己停滯不前，並陷入棘手的危機。對此，企業的經營理論透露了什麼？

現實對經營假設的檢驗

對環境、任務、核心能力的假設必須符合現實。

對環境、任務、核心能力的假設必須符合現實。一九二〇年代初，賽門・馬克斯（Simon Marks）加上三位連襟，這四名來自英格蘭曼徹斯特、身無分文的年輕人認為，由於第一次世界大戰徹底動搖了英國的階級架構，平價賣場應該會成為社會變革的原動力。此外，這股社會潮流也創造了一批廣大顧客，他們追求諸如內衣、女衫、長襪等價廉物美的時髦商品。而以上所提到的這三種產品，也正是馬莎百貨（Marks and Spencer）最早的成功商品。接著，它有系統地著手培養嶄新而空前的核心能力。在那之前，商人的核心能力在於良好的購買力。馬莎百貨認為，瞭解顧客的是商人，而不是製造商。因此，應該由商人，而非製造商來設計、開發產品，並尋找能按照他的設計、產品規格以及成本限制來製造商品的製造商。經過五到十年，這個商人的新定義才發展成形，並為始終自視為「製造商」，而非「承包商」的傳統供應商所接受。

《視野：杜拉克談經理人的未來挑戰》

思考與實踐 馬莎百貨對於它所面對的環境、任務和核心能力做了哪些新假設？

7/3

經營假設要能相輔相成

這三個領域的假設都必須彼此契合。

關於環境、任務與核心能力的假設，都必須彼此契合。馬莎百貨體認到，第一次世界大戰開創了新環境，出現一批廣大的新顧客，追求諸如內衣、女衫、長襪等價廉物美的時髦商品。到了二十世紀中葉，這四名將平價大賣場擴張為大型連鎖百貨的連襟兄弟，原本可以因享有龐大財富而自滿，但是他們卻決定重新省思經營任務。他們決定，馬莎百貨的業務不在於零售，而在於社會革命。馬莎百貨原本是成功的連鎖百貨公司，後來卻刻意改變任務，轉變為與眾不同的「專賣店」。最後，它向外尋求適合的廠商，而且往往要協助對方起步，因為既有的保守廠商基於顯而易見的原因，都不願意和急進後輩碰運氣，讓對方告訴自己如何經營事業，繼而培養新環境與新任務所需的核心能力。

《管理：任務、責任、實務》
《視野：杜拉克談經理人的未來挑戰》

思考與實踐 你所處企業的任務切合環境嗎？你們的核心能力和任務相適配嗎？

7/4

傳達並檢驗假設

經營理論是門學問。

全組織上下都必須知道並瞭解組織的經營理論。當組織處於初創時期，這點輕而易舉。而隨著組織日漸成功，原有的經營理論往往會愈來愈被視為理所當然，員工對它也會愈來愈視若無睹。接著，組織行事開始變得草率，開始抄捷徑，開始急功近利，而非追求正確的事物。組織停止思考，停止質疑，雖然還記得答案，卻已經忘了問題。至此，經營理論成了「文化」，文化無法替代學問，可是經營理論卻是門學問。

經營理論必須不斷接受檢驗，它並非不變的真理，而是假設。它是對社會、市場、顧客、技術等不斷變遷事物的假設。因此，經營理論必須有自我改變的內在能力。有些理論的確強而有力，能屹立好長一陣子，可是每個理論終會有落伍、失去價值的一天。無論是GM、AT&Ts、IBM，都曾有相同的經歷，而迅速擴張的日本企業集團，也正落入這步田地。

《視野：杜拉克談經理人的未來挑戰》

在貴組織建立論壇，以有系統地追蹤、檢驗並溝通你所屬事業的經營理論。

7/5

落伍的理論

拖延無法治癒退化症，我們需要的是果決的行動。

的確有不少成功扭轉經營理論的執行長。那位將默克藥廠變為全球最成功的製藥企業的執行長便是一例。默克專注於研發突破性專利、高利潤的新藥，後來藉由購併非專利、非處方藥的大型經銷商，徹底改變了默克的經營理論。這位執行長趁默克的經營在表面上還十分成功，尚未面臨任何「危機」時便動手。

即使是有能耐化腐朽為神奇的員工，也無法讓落伍的經營理論恢復活力。如果你和這些打造奇蹟的員工談談，他們都會強烈否認他們是靠個人魅力或根據直覺而行動。他們是從判斷與分析著手。他們也認同，達成目標與迅速成長都需要認真地重新尋思經營理論。他們不會將意外的失敗歸咎於部屬無能，或明明是意外，卻將它視為「制度失敗」的徵兆。他們不會將意外的成就歸功於自己，而視它為對個人假設的挑戰。他們認為，理論落伍是種退化，而且是勢必威脅生命的疾病。此外，他們瞭解並認同外科醫師歷久彌堅的原則，也是有效決策最古老的原則：拖延無法治癒退化症，我們需要的是果決的行動。

《視野：杜拉克談經理人的未來挑戰》

思考與實踐 你的經營理論是否落伍了？若是，請別拖延，果決地採取行動，分析並重新省思假設，並發展與時並進的理論。

專注於卓越

我們的專業知識是什麼？

要找出一種行業的專業知識究竟為何，聽似簡單，其實不然。這需要練習，並定期分析知識。最初的分析或許會出現令人難為情的概括說法，諸如：我們屬於通訊、運輸或能源這一行。對業務大會來說，這些概括性的說法或許是不錯的口號，但是在營運上卻不具任何意義，也不可能發揮任何作用。然而，在反覆嘗試後，界定個人業務的知識很快就會變得輕而易舉，而且是值得的做法。「我們的專業知識是什麼？」鮮少問題能像這個問題般，迫使管理階層客觀、徹底、有效地檢視自己。企業表現卓越的領域或許不止一個，但沒有企業能在眾多知識領域都表現得出類拔萃。成功的企業，除了在某個領域表現傑出外，還必須在許多知識領域有起碼的能力。但是，要得到能獲得市場經濟報酬的真實知識，就需要全神貫注，在幾件事物上力求出色。

《成效管理》

思考與實踐 貴組織在哪些事物方面，表現出類拔萃？請繼續專注於這些長處。

7/7

創造顧客價值

剔除不具附加價值的活動，此舉無損於顧客。

作業基礎成本法為創造顧客價值所需的幾個流程，提供了整合分析的基礎。以作業成本為起點，企業得以區分能與不能為顧客增加價值的活動，繼而去除不具附加價值的活動。價值分析所揭露的創價活動鏈，正是分析潛在創價流程的起點。流程分析旨在改進產品或服務的特性、重建流程，同時降低成本，並維持或提升品質。

汽車公司的流程分析牽涉到設計與重新設計零組件、副功能，以在預定的成本目標下執行每項功能。例如，汽車的主功能在於運輸，副功能則包括舒適、省油與安全。而每項功能與副功能，都需要能為顧客創造價值的零組件或服務。此外，它們都對汽車品質有所貢獻，也都會產生成本。流程團隊由執行價值鏈活動的人員所組成，團隊成員往往涵蓋供應商與顧客。而團隊的任務則在於辨識產品或服務的功能，並分析涉及每項功能的零組件或服務，在達成價值、品質目標時，同時達到成本目標。

《典範移轉：杜拉克看未來管理》

「從資料到資訊素養」（柯比迪亞線上課程）

剔除無法創造價值的活動。分析潛在的創價活動流程，若有必要，請重新設計流程，以提升顧客價值。

認清核心能力

核心能力融合了顧客價值與製造商的特長。

領導力在於能為人所不能為，或是處理別人認為棘手，甚至做不好的事。領導地位根植於能夠融合市場或顧客價值，以及廠商或供應商特長的核心能力。例如日本人將電子零組件縮小化的能力，其根基是日本三百年來，將山水畫置於小漆盒內的藝術傳統；又如，通用汽車八十年來幾近無與倫比的成功併購能力，也是一種核心能力。

但是，你要如何認清企業既有的核心能力，以及為爭取、維持領導地位所需的核心能力？你如何知道核心能力究竟在增強還是減弱？你又要如何知道這種核心能力是否仍合時宜，以及它可能需要做什麼改變？第一步就是密切追蹤本身與對手的表現，而意外的成功，或是應該表現良好的地方出現的意外成效不彰，都要特別注意。成功顯示市場重視的是什麼，還有市場願意為什麼付代價，也顯示企業可以享有領導優勢之處。而你該視失敗為市場正在改變，或是企業能力正在減弱的頭號跡象。

《典範移轉：杜拉克看未來管理》

思考與實踐 認清你所屬的組織的核心能力，判斷它們正在提升或減弱。

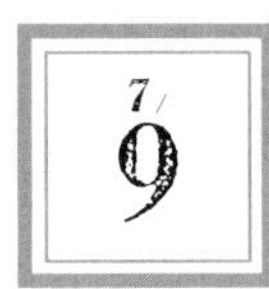

每個組織都必須創新

每個組織都需要的一項核心能力就是「創新」。

每個組織的核心能力都不同，你可以說，它們是組織個性的一部分。但是，每個組織（而且不單是企業）都需要創新這項核心能力。此外，每個組織都需要一套記錄、評估創新的方式。在已經如此實行的組織裡（其中包括幾家頂尖的藥廠），它們一開始的做法並不是檢討公司本身的績效，而是仔細記錄整個業界某段期間內的創新。其中有哪些是真正的成功？其中又有多少是屬於我們的？我們的表現是否符合目標、市場走向、本身的市場地位與研究支出？我們是否在成長最快、機會最大的領域成功創新？我們錯失了多少真正重要的創新機會？為什麼會這樣？是因為我們沒發現嗎？還是因為我們視而不見？或是因為我們弄巧成拙？我們將創意化為商品的表現如何？無可否認，其中許多都是評估，而非評量。這套記錄與評估方式在於提出問題，而非回答問題，但是它所提出的卻是對的問題。

《典範移轉：杜拉克看未來管理》

思考與實踐 仔細記錄你的組織所在領域中的創新，並定期評估貴組織的創新表現。

善用成功

變革領袖應該渴望問題出現，並抓住機會。

成功變革的頭號機會，通常也是最好的機會，就是善用本身的成功，並以此為基礎進行變革。你不能忽視問題，而且一定要處理嚴重的問題。但是，企業若要成為變革領袖，就必須專注於機會。它們必須渴望問題出現，並抓住機會。

這需要一個根本的小變化：在月報告上加個「首頁」，擺在指出問題的那一頁之前。月報表需要一頁來談哪方面的成果優於預期，無論是銷售、收入、利潤或產量，而討論這一頁所花的時間應該和過去討論問題那一頁的時間一樣多。成為變革領袖的企業會確保自身也要為機會做好準備。要做到這點，報告中可以有一頁列出機會，另一頁列出組織表現最好的人才，接著將最好的機會與表現最好的人才配對。這方面做得最好的例子，或許是日本企業新力索尼。它藉由有系統地運用一連串大大小小的成功，將自身推入全球大型企業領袖之列。

《典範移轉：杜拉克看未來管理》

思考與實踐　在每份月報告中，用一頁列出機會，其中包括哪些方面的成果比預期好，無論是銷售、收入、利潤或產量。接著，用另一頁列出組織內表現最好的人才，並將最好的機會與表現最好的人才配對。

有計畫、有組織地改善

任何領域的持續改善，最終都會使營運轉型。

變革領袖下一個階段的政策，就是有計畫、有組織地改善。企業無論對內對外，都需要持續而全面地改善，如產品與服務的製造流程、行銷、服務、技術、訓練和培養人才、運用資訊等。任何領域的持續改善，最終都會使營運轉型。

然而，持續改善需要一個重大決定。特定領域的「績效」內容為何？倘若要提升績效，我們就需要明確界定「績效」的意義為何。以一家大型商業銀行為例，該銀行認為，要提升分行績效，便要提供更進階的新金融產品。但是，當該銀行在各分行推出新產品時，顧客卻迅速流失。銀行這才瞭解，對顧客來說，分行的績效在於，顧客不必排隊便能處理例行交易。而銀行的對策應該是，讓分行辦事員專門處理不需技巧、不花時間的簡單、重複、例行性服務。至於新金融產品就移到一旁的服務台，分派給另一批人，擺出大型廣告標語，告訴大家各個服務人員專精的產品。如此一來，無論是傳統業務或是新興業務，兩者的表現都大幅竄升。

《典範移轉：杜拉克談未來管理》

視有計畫、有組織地改善為要務。

全面創新

成功的企業家不會坐等「福至心靈」，等待天外飛來一個好點子才行動，他們會從動手做中發掘好構想。

全面創新就是密切關注創新機會的七個來源。無論是商業或公家機構、工業或服務部門，前四個創新來源都存於企業內部。一、意外：意外的成功、失敗與外部事件；二、矛盾：亦即真實的現實，與設想（或咸認「理應如此」）的現實間的出入；三、出於流程需求的創新；四、無人察覺的產業或市場架構變化。另外三個創新機會的來源，則涉及企業或產業外部的變化：人口結構（也就是人口統計資料的變化）；認知、情境與意義的改變；科學與非科學新知。

這七個創新機會的來源，界線模糊，並大量重疊。你可以將它們比喻為七扇窗戶，每扇都在同一棟建築物的不同面。每扇窗戶所呈現的某些獨特景觀，都可以從它鄰近的兩扇窗看到。不過，每扇窗的窗外景緻，都與眾不同。

《企業創新》

關注於創新機會的七扇窗口：意外；設想與真實的出入；流程需求；產業或市場架構變化；人口結構變化；認知、情境與意義的改變；新知。

意外的成功

將意外的成功視為良機，要學會這種態度，需要努力。

正由於意外將我們震出成見、假設、把握之外，它才是如此富饒的創新來源。沒有什麼領域會比創新的機會更冒險、更難追求。然而，意外的成功幾乎完全被忽略；更糟的是，管理階層往往會主動否決意外的成功。管理階層難以接受意外成功的原因之一在於，我們往往認為，任何持續了相當時期的事物，必然是「常態」，並會「永遠」持續下去。

這說明了一九七〇年左右，一家美國大型鋼鐵公司為何會否決「小鋼廠」的經營觀念。管理階層知道，自家煉鋼廠迅速落伍，並需投入數十億美元進行現代化。而較小規模的嶄新「小鋼廠」是個解決方案。這類「小鋼廠」幾乎是意外被買下。不久，它開始迅速成長，賺取收入並獲得利潤。該家鋼鐵公司的某些年輕員工提議，投入可資運用的資金，購併其它家「小鋼廠」，並建造新的小鋼廠。管理高層憤然否決這項提案，並辯稱，「整合煉鋼流程是唯一正確的途徑，其他一切都是騙人的，只是一時流行，既不健全，也不可能持久。」不消說，三十年後，美國鋼鐵業裡，依舊健在、成長而相當繁榮的，唯有「小鋼廠」。

《企業創新》

別忽略或否決意外的成功，體認它、吸收它，並從意外的成功中學習。

7/14

意外的失敗

務必視失敗為創新機會的前兆。

意外的失敗迫使你走出自己的世界、四處觀察，並凝神傾聽。競爭對手意外的成功與失敗都同樣重要。你務必要視失敗為創新機會的前兆，並認真以對。不要只是「分析」，要走出去，研究調查。當然，失敗有很多不過是因為設計或執行上的錯誤、貪婪、愚蠢、無能、不用大腦而隨波逐流的結果。然而，某些事物若是經過精心策劃、設計，並認真執行，卻仍舊失敗，那麼，失敗通常意味著潛在的變化與伴隨的機會。

意外的失敗往往向我們透露，顧客價值觀與認知的潛在變化。產品或服務，還有其設計或市場策略所根據的假設，可能很快就會落伍。或許，顧客已經改變他們的價值信念：他們買的或許仍是同樣的東西，但實際上買的卻是截然不同的價值。例如，在愛得梭（Edsel）車款失敗後，福特便體認到，收入區隔不再適用於汽車產業，對顧客舉足輕重的，反倒是生活型態區隔。

《企業創新》

「驅動變革」（柯比迪亞線上課程）

找出自身或對手意外的重大失敗，找出失敗合理的解釋，繼而將這些教訓應用在目前的業務上。

7/15

設想與真實的出入

設想與真實的出入意味著潛在的「瑕疵」。

「實際狀況」和管理階層認為「理應如此」的狀況間，往往會出現矛盾，而這種現象便代表產業、市場、流程中存有不協調之處。對置身或接近那產業、市場或流程的人來說，那種不協調或許顯而易見。局內人可能已經注意到它，但卻認為它「司空見慣」，而以此做為不啟動變革的理由。變革領袖會利用這些不協調，為組織牟利。

就以汽車買賣雙方的資訊不對等為例。對我們多數人來說，買車有幾件事令人不快，包括討價還價、誤導人的廣告、銷售員會在銷售經理和顧客兩造間來回傳話談判，以致顧客在經銷處一待要待上好幾個鐘頭等。有幾家線上組織已經在為新車及舊車提供一站購足服務，並提供各式汽車正確而完整的相關資訊，包括保固、融資、保險等。他們的工作為消費者買車鋪好坦途。

《企業創新》

「驅動變革」（柯比迪亞線上課程）

思考與實踐 流程或市場內是否存在任何不協調之處，而你能藉以造福自己？

流程需求

「需要為發明之母。」

創新的前兩種可能是機會導向，但第三種卻以「需要為發明之母」這句古諺為依歸。「需要」在此是創新的來源，我稱之為「流程需求」。組織內人人都明白有流程需求這件事，但是通常都袖手旁觀。然而，創新一旦出現，立刻會被視為「顯而易見的事實」，廣為接受，並迅速成為「標準」。

流程創新要從待實行的工作開始，並需要五項基本標準：自足的流程、脆弱或漏失的環節、明確的目標、具體而清楚的對策，以及必須更上層樓的普遍認知。例如，史考特父子（O.M. Scott and Company）這家美國數一數二的草坪維護產品製造商，它之所以能在業界獲得領導地位，是因為推出一款能均勻噴灑適量草坪維護藥劑的簡單裝置。若沒有這項名為噴灑器的工具，現有流程會出現內部的不協調，因為無法均勻噴灑藥劑的消費者會因此備感挫折。如今，到處都有人在用這類噴灑器。

《企業創新》

「驅動變革」（柯比迪亞線上課程）

思考與實踐

找出貴組織漏失環節的流程。描述該項流程、該流程目標、對現存漏失環節的認知、漏失環節以及具體對策。

產業與市場結構

產業與市場結構是相當脆弱的，一個小刮痕便會讓它們瓦解，
而且速度通常很快。

產業與市場結構看起來很穩固，業內人士可能會因此認為，這些結構是既定的、是自然秩序的一部分，必然會永久延續下去。市場或產業結構的改變都是重大的創新機會。產業結構的變革需要業內每位成員都具有開創精神。它需要人人重新問道：「我們的業務是什麼？」針對這個問題，每位成員都必須提供不同的答案，最重要的是，這些答案必須嶄新而不同以往。占據主宰地位的大型廠商與供應商因為已經成功多年，所向無敵，而往往妄自尊大。一開始，他們對新對手不屑一顧，認為對方實在不成氣候。不過，即使新對手已經搶走愈來愈多的生意，他們還是很難起而反擊。

例如，當優比速和聯邦快遞搶占愈來愈多郵務時，美國郵政局卻未加以因應。美國郵政局之所以變得如此脆弱，是因為有時效性的文件和包裹對快遞的需求迅速成長。

《企業創新》

「驅動變革」（柯比迪亞線上課程）

絕對不要停止自問：「我們的業務是什麼？」

7/18

人口統計

千變萬化的人口統計資料是有效又可靠的創新機會。

在所有的外在變化中，人口統計數字（人口數量變化、人口多寡、年齡結構、組成、就業、教育狀況、收入等）的變化或許是最明確的。這些數字一清二楚，最能預測影響結果，也對購買者、購買量以及購買物品的影響最重大。

人口統計的轉變在本質上或許無法預測，但是在它發揮影響力之前，卻有一段很長的前置期，而且這段前置期是可以預測的。尤其重要的是年齡分布，以及人口重心層最可能發生的價值觀變化。人口重心層即是在任一段期間內，人口比例最高、成長最快的年齡層。一九六〇年代，美國成長最快的年齡層轉變為青少年。隨著這些轉變而來的，便是所謂「典型」行為的變化。當然，青少年的所作所為還是像青少年，但是大家卻普遍認為，那不過是青少年的行為，而沒有看見形成社會行為價值觀的要素在起變化。統計數字只是個起點，對於那些真正願意實地體驗、觀察、傾聽的人來說，千變萬化的人口統計資料是極有效又極可靠的創新機會。

《企業創新》

思考與實踐　哪些人口統計因素會影響到你的產品或服務市場？請設想未來五至十年，這些要素會製造哪些機會？

觀點的改變

大家對水杯的看法若從「半滿」改為「半空」，
其間便有重大的創新機會。

就數學上來說，「半滿」和「半空」的杯子毫無差別。然而，這兩種說法的含意卻截然不同，結果也迥異。倘若大家對水杯的看法從「半滿」改為「半空」，其間便有重大的創新機會。

意外的成功或失敗往往顯示，消費者的認知和認定的意義起了變化。當認知改變時，雖然事實沒變，但是意義卻變了。例如，美國人開始擔心健康，這便顯示出諸如崇拜青春等價值觀的改變，而不僅是對健康統計數字的反應。四十年前，全國國民的健康水準有些許提升，便會被視為大躍進，如今健康的大幅改善卻幾乎不受關注。這種認知的改變為新型健康保健雜誌、另類療法、健身中心以及其他「健康」產品和服務創造了廣大的市場。

《企業創新》

「驅動變革」（柯比迪亞線上課程）

找出影響你所屬產業的重大認知變化，並且利用這個認知上的變化。

新知識

在創新、創業的理論與實務中，靈光一現的構想不是主角。

新知並非最可靠、最可掌握的成功創新來源。以科學創新的能見度、吸引力、重要性而言，它其實是最不可靠、最無法掌握的。所有的創新中，以知識為基礎的創新，前置期最長。首先，新知從出現到應用於技術，需要經過一段很長的時間。接著，新技術要衍生出商品、流程或服務，又是一段很長的時間。

創新的推出會引起騷動，並吸引大批競爭對手，因此，創新者必須一出手就正中目標，他們不可能有第二次機會。在此，再成功的創新者，也幾乎都會立刻面對數量遠超過預期的對手，而必須準備度過即將來臨的暴風雨。例如，蘋果電腦發明了個人電腦，但IBM卻藉由創造性的模仿，從蘋果手中搶得市場領導地位。蘋果未能預見即將面臨的競爭，並設法因應，因而失去領導地位，退而成為利基業者。在創新、創業的理論與實務中，靈光一現的構想不是主角。不過，它應該受到重視並獲得報償，它代表社會需要的創新、抱負、巧思等特質。

《企業創新》

「驅動變革」（柯比迪亞線上課程）

你和貴組織是創新者，還是模仿者？若是前者，請記得預想成功的創新可能引來的競爭，並研擬因應競爭的計畫。

公家機構的創新

公家機構中多數的創新，不是因外人引入，
就是因慘敗而強迫進行的。

諸如政府機關、工會、教會、大學和學校、醫院、社區與慈善組織、專業與貿易團體等機構，都和企業一樣，需要充分發揮創業與創新精神。的確，它們反而可能比一般企業更需要創業與創新精神。

對它們來說，當今瞬息萬變的社會、技術與經濟，會帶來更多威脅，也製造更多機會。然而，公家機構卻發現，自己比最「官僚的」企業還難創新，而「現狀」似乎更像是障礙。沒錯，每個服務機構都希望擴充規模。在缺乏獲利檢驗的狀況下，規模是服務機構成功與否的一項標準，而成長本身則是目標。當然，要做的事總是多得很，組織不乏持續擴充的理由。但是，對服務機構而言，停止「舊業」和開辦新事物一樣難受，都是痛苦的折磨。公家機構中多數的創新，不是因外人引入，就是因慘敗而強迫進行的。例如，十九世紀中葉時，美國傳統學院與大學奄奄一息，無法再吸引學生，因此才有現代大學的出現。

《企業創新》

在你所屬的非營利機構內對抗「因習舊業」的官僚，並開辦新事物，以因應瞬息萬變的社會、技術或經濟變化對你所屬機構的衝擊。

7/22

服務機構需要明確定義任務

我們已經做到我們想做的事。

首先，公家機構需要明確界定任務。它要做什麼？它為何存在？它需要專注於目標，而非計畫或專案，計畫和專案不過是達成目標的手段。你務必視計畫和專案為暫時的事物，是曇花一現的事物。其次，公家機構需要實際的目標宣言。它應該說：「我們的任務是減少饑荒。」而不是說：「我們要消滅飢餓。」它需要的是真正可行的事物，繼而致力於實際的目標，最後它才能說：「我們完成了任務。」目標的闡述角度，多數都能夠、也應該是追求最適，而不是追求極致。唯有如此，屆時你才可能說：「我們已經做到我們想做的事。」第三，目標若無法達成，就表示那是個錯誤的目標，或至少是定義錯誤的目標。經過再三嘗試後，若依舊無法達成目標，你就必須認定這是個錯誤的目標。目標無法達成，這正是質疑目標適切性的初步理由，多數公家機構的信念卻恰好和此相反。

《企業創新》

思考與實踐 寫下你所屬非營利機構的任務。這個任務是否可能達成，或只是個天馬行空、一廂情願的宣言？若是後者，請換個切實可行的的目標。

7/23

最適市場地位

市場龍頭地位會導致內部高度抗拒任何創新。

行銷目標背後的一個重大決策，便是要決定市場地位。其中一個常見的定位是：「我們要成為領導者。」另一個定位則是：「只要銷售增加，我們不在乎市場占有率。」兩者都聽似言之成理，但都是錯誤的。倘若公司失去市場占有率，也就是說，市場擴張的速度遠比公司的銷量快，這對公司業務沒什麼好處。市占率低的企業，最後會在市場上變得微不足道，而不堪一擊。另一方面，即使沒有反壟斷法，追求最高市占率或許也是不智的策略。市場龍頭的地位往往會使組織領導人怠惰，壟斷者之所以會落得岌岌可危，是因為自滿，而不是大眾的反對聲浪。市場龍頭地位會導致內部高度抗拒任何創新，繼而極度難以適應變革。此外，市場對獨大供應商的抗拒也是根深柢固，沒有人願意任憑大廠商擺佈。

市場地位的目標不在於最大，而在於最適。這需要仔細分析顧客、產品或服務、市場區隔和配銷通路。它需要行銷策略，也是承擔高度風險的決定。

《管理：任務、責任、實務》

仔細分析顧客、對手、市場區隔、配銷通路，以找出你所屬機構的最適市占率。依照最適市占率決定市場策略，而非只是獨霸市場，或只想著提高市占率。

尊崇高獲利率

高獲利率為對手提供庇護。

多數商業人士都知道，獲利和獲利率不同。獲利是獲利率和資金周轉數這兩個因素的加乘結果。因此，最適市場地位下的獲利率，加上最適的資金周轉，才能得到最高的獲利和利潤流量（profit flow）。

為何尊崇高獲利率就算不會摧毀企業，也可能破壞企業？因為它不僅為對手提供庇護，也使競爭變得幾乎毫無風險，對手幾乎可以穩拿市場。全錄發明了影印機，在整個商業史上，鮮少有產品像全錄影印機那樣成功。接著，全錄開始追求獲利率，機器加入愈來愈多噱頭，而每種新功能都是為了提高獲利率。每項新附件也提高了機器價格，可是，更重要的或許是，它們使售後服務變得更困難。然而，絕大多數用戶並不需要這些額外的功能。於是，佳能這家日本公司便發展出幾乎如原始全錄影印機般的複製品，不僅簡單、便宜，售後服務又容易，因此不到一年就攻占了美國市場。

《視野：杜拉克談經理人的未來挑戰》
「企業的五條大罪」（柯比迪亞線上課程）

你所屬的組織是否犯下崇拜高獲利率的錯誤？

行銷的四項課題

福特應該說過：「我們能以這麼低的價格銷售T型車，
不過是因為它的利潤這麼好。」

對高度競爭的二十一世紀而言，首要的行銷課題中最關鍵的就是，收買顧客是不管用的。現代汽車（Hyundai）的Excel車款一敗塗地，正是行銷的一場大失敗。這款車本身毫無問題，但是現代汽車將價格訂得太低了，結果沒有足夠的利潤可以投入促銷、服務、經銷商，或是汽車本身的改進。

如何界定市場是第二課，這一課來自一幕既是成就，也是慘劇的行銷事件：傳真機征服美國市場。日本人不會問：「這機器有什麼市場？」而是問：「它的功能有什麼市場？」當他們看到諸如聯邦快遞等快遞服務成長時，便立刻瞭解到傳真機市場已然確立。再來，行銷的下一課便是，行銷的著眼點是市場上所有的顧客，而非我們的顧客。最後一課則是：利用人口統計的變化，開發行銷良機。這是美國新牧養教會的成功給我們的一課。

《杜拉克談未來管理》

將這四項行銷課題應用於你的事業：別試圖以低價收買顧客，轉而自問：「這產品的功能有何市場？」考量市場上所有的顧客，善用人口統計的變化。

從銷售到行銷

消費主義是「行銷之恥」。

儘管行銷強調銷售和行銷手法，但是在太多企業裡，行銷仍然只是個浮華不實的領域。「消費主義」便是明證。消費主義下的企業只需著眼於市場，從需求、現實、顧客價值出發。企業的目標在於滿足顧客需求，企業的獎酬則根源於對顧客的貢獻。多年來，消費主義這浮誇的行銷用語，卻成為強有力的大眾運動，這便證明行銷的實踐並不多。消費主義是「行銷之恥」。銷售與行銷的確背道而馳，兩者並不相同，連互補都談不上。

你可以說，銷售不可或缺。但是，行銷的目標卻是要讓銷售活動本身變得多餘。行銷在於徹底熟悉、瞭解顧客，使產品或服務切合對方的需求，以達到自行銷售的目標。理想而言，行銷會自動招徠準備購買的顧客。或許我們距離這個理想還很遠，但是，消費主義正好顯示，正確的企業管理座右銘應該逐漸轉為「從銷售到行銷」。

《管理：任務、責任、實務》

你所屬機構的產品或服務是否能滿足顧客的實際需求？若不能，這是否點出了你們的行銷困境？

7/
27

成本導向訂價法

顧客非以廠商獲利為己任。

多數歐美企業的訂價方式，都是加總成本，再加上利潤。這些企業才推出產品或服務，就必須開始降價、砸下龐大的費用，重新設計產品，並承擔虧損；此外，它們往往因為訂價錯誤，而必須放棄絕佳的產品或服務。它們這麼訂價的理由是什麼？「我們必須回收成本並獲利。」但是，唯一穩當的訂價方式，是一開始便訂出市場願意付的價格，並按照該價格設計商品。一開始便從價格著手，回頭壓低成本，這麼做當然很麻煩。但與踏出錯誤的第一步，接下來虧損多年以控制成本的做法相比，到頭來，價格導向成本法還是省事得多。

價格導向成本法是美國人百餘年前發明的。早在二十世紀初時，這個訂價法便讓奇異公司在世界各地的發電廠中勝出，居於領導地位。也是在那時，奇異開始設計顧客、電力公司所能負擔的渦輪機和變壓器。他們基於顧客能負擔、也願意負擔的價格做設計；這樣一來，顧客才有能力、也願意購買它們。

《視野：杜拉克談經理人的未來挑戰》
「企業的五條大罪」（柯比迪亞線上課程）

研究你的訂價方式。根據顧客的實際狀況訂價，成立一支團隊，協助建制成本結構，使你們能以預設的價格，獲得必要的利潤。

穩健事業的成本控制

成本控制這件事，預防遠勝於治療。

我們都知道，減肥五磅遠比一開始就控制好體重來得困難。要做好成本控制，預防勝於治療是最適用不過的良方。如老鷹般嚴密監控成本，確保成本增加的速度比收入慢，這是絕對要做到的守則；反言之，倘若遇到不景氣或收入衰退，成本下降的速度，至少要和收入一樣快。

有家全球數一數二的藥廠便是恪守這項原則的模範。在一九六五至九五年間，它不但能有效因應通貨膨脹，還成長了幾乎八倍。這三十年間，它將成本漲幅控制在收入成長的某個固定比例：收入每增加10%，成本最多只能上漲6%。歷經五、六年的嘗試後，當不景氣而收入減少時，它也學會如何確保以同樣的比例降低成本。這些措施花了好些年才奏效，如今幾乎成為該企業的第二天性。

「持續成本控管」（柯比迪亞線上課程）
《成效管理》

將營運成本增加的水準控制在營收增加的某個比例上；營收減少時，確保營運成本以同等比例下降。

成長事業的成本控制

如果成功的話，這家新公司能帶給我們多少業務？
而多少的初始投資才是合理的？

企業要成長，必須先投資。投資是為了打造明日的吸金機，因此初始投資是成本，而且沒有報酬，有時投資期間還會很長。你要如何處理這些問題，以維持成本控制？第一件事就是分別為各項活動編列預算，也就是我所謂的機會預算（opportunities budget）。而第二個原則就是徹底思考，我們期望在多久的時間內，從這些投資中獲得哪些成果。

就我所知，這方面的最佳範例就是花旗如何在蓬勃的一九七〇與八〇年代，成為全球唯一成功的跨國銀行。其中的原因在於，花旗一開始就徹底思考，新分行合理的初始投資是多少。它也通盤想過，新版圖最低限度可能、應該有的成果為何，同時它也自問：「如果我們在這個地方的投資成功了，並且成為業界領袖，這個國家能帶給我們多少業務？假設初始投資不得超過可能成果的某個百分比，那麼初始投資究竟是多少才合理？」後來，花旗從自己的經驗中學到，新分行究竟要多少時間才能達損益兩平，也就是開始獲利。

「持續成本控管」（柯比迪亞線上課程）
《企業創新》

思考與實踐

為各項開發案編列預算。預測最可能實現的成效。追蹤成效，酌情調整期望。

刪減成本

如果我們摒棄這項工作，公司會垮嗎？

無論一家企業多會控制成本，它仍舊必須降低成本。因為，企業就像人一樣，無論多麼注意運動、控制飲食、避免濫用藥物，往往還是免不了會生病。因此，企業永遠有削減成本的必要。要降低成本，管理階層通常會問：「我們如何讓這項作業更有效率？」這其實是個錯誤的問題。管理階層應該要問的是：「如果我們摒棄這項工作，公司會垮嗎？」如果答案是「可能不會」，那就可以刪減該項作業。經常出人意外的是，許多我們所做的事根本就是不必要的。真正善於降低成本的企業，不會等到情勢必要時才動手，而是將降低成本變成日常作業的一部分。這些企業將「有計畫地捨棄」納入日常作業。若非如此，刪減活動和作業就會遭遇極度強烈的政治抗拒。

「持續成本控管」（柯比迪亞線上課程）

思考與實踐 建立有系統的流程，以檢討所有的產品、流程和服務，捨棄那些對顧客價值無所貢獻的部分。

7/31

持續控制成本

成本控制不在於刪減成本，而在於預防開銷。

真正重要的不是方法，而是體認到，讓一項活動真正發揮成本效益的，是它的建構方式。要得到能發揮效益的架構，就必須接受一個前提：成本控制不在於刪減成本，而是預防開銷。成本絕對不會下降，因此預防開銷是項永無休止的任務。無論組織的架構多好，都需要再三檢視成本效益。無論組織多麼小心控制成本，每隔幾年，仍然需要檢討活動與流程的取捨。

此外，這麼做能確保全體員工欣然接受成本控制。這麼做其實是創造機會，不是製造威脅。倘若視成本控制為削減成本，全體員工就會視它為工作威脅，而不肯支持成本削減。但若將成本控制視為避免花費，並加以落實，那麼全體人員便會真心視它為機會，至少也會為了更好、更穩定的工作，而支持成本控制。

「持續成本控管」（柯比迪亞線上課程）

思考與實踐 每隔兩、三年，便檢討貴組織所有的活動。

AUGUST

八月

1. 經營多角化
2. 規模失當
3. 成長
4. 經營新事業
5. 精心規劃的淘汰
6. 以管窺天的創新
7. 社會創新：研究實驗室
8. 社會創新：無圍牆研究室
9. 研究實驗室落伍了嗎？
10. 襁褓中的新企業
11. 迅速成長的新企業
12. 新企業的現金管理
13. 新企業的管理團隊
14. 企業未實現的潛能
15. 在弱點中尋求機會
16. 善用創新構想
17. 先下手為強
18. 攻其罩門
19. 企業柔道
20. 改變經濟特質
21. 生態利基：收費亭策略
22. 生態利基：特殊技術策略
23. 生態利基：特殊市場
24. 利基策略的威脅
25. 創新策略：以甲藥廠為例
26. 創新策略：以乙藥廠為例
27. 創新策略：以丙藥廠為例
28. 成功會不斷創造新現實
29. 關注於機會的組織
30. 在意外中尋求機會
31. 維持動態平衡

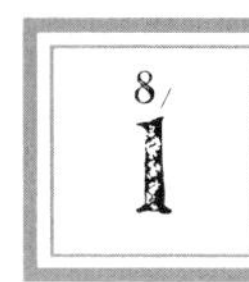

經營多角化

「從一而終！」

這句老生常談仍然是至理名言。企業經營多角化的程度愈低，管理就愈容易。簡單就能明確，員工不但能瞭解個人職責，也能看到個人職責與整體成效間的關係。如此才能集中火力，設定期望，而成效的評估、衡量也會輕而易舉。企業愈單純，出的差錯就愈少；企業愈複雜，就愈難瞭解哪裡出了差錯，也不易採取適當的補救行動。複雜會製造溝通問題。企業愈複雜，管理層級、表格、流程和會議就愈多，決策速度也就愈慢。

唯有兩種方式才能協調多角化，化歧異為團結。倘若企業的活動、業務和技術、產品與產品線等，都能統合在共同的市場之下，那麼企業便可能在高度多角化的同時，仍然保有基本的一貫性。此外，倘若企業的業務、市場、活動、產品與產品線都集中在相同的技術下，也能在保持高度多角化的同時，仍然保有基本的一致性。

《管理：任務、責任、實務》

請檢視你的業務，是集中，還是分散？若是分散，請將市場或技術當成統合的基礎，研擬異中求同的計畫。

8/
2

規模失當

一個規模失當的企業缺乏生存、繁榮的適當利基。

規模失當是個傷神、虛耗、但十分常見的慢性病。在多數狀況下，規模失當是可以治癒的。但是療方既不容易，也不是頂舒服。規模失當的病癥一看就知道，而且都是同一個症狀。規模失當的企業 ，總有某種（或是好幾種）領域、活動、功能、投入不成比例地高，而且過分活躍。該領域如此龐大，需要耗費太多精力、太多成本，以致於成果無法符合經濟效益。過去的美國汽車公司（American Motors）就是個例子。該公司宣布了一連串的計畫，積極招募實力堅強的新經銷商，以拉抬銷售。為了達成持續營運規模的銷售量，它所增加的支出壓得它喘不過氣來，而這是企業無法負擔的。

要解決這個問題，最有效的策略就是改變企業體質。一個規模失當的企業缺乏生存、繁榮的適當利基。美國汽車與福斯汽車之間的差別在於：前者缺乏特色，以致規模失當；後者掌握了獨特利基，而維持了適當的規模。

《管理：任務、責任、實務》

思考與實踐

分析一下貴公司，你們是否規模太小，而難以在業界競爭？若是如此，請開發有利於競爭效能的利基。

成長

光拉抬產量卻未能提升整體產能的成長是虛胖，應該減肥。

管理階層需要徹底尋思，公司所需的最低限度成長為何。除了要生存，如果還要維持優勢、活力與執行力，公司所需要的最低成長限度為何？企業需要能夠維持生存的市場地位，否則很快就會邊緣化，其實也就是流於規模失當。無論是國內市場或全球市場，企業都必須隨著市場的擴張而成長，以維持生命力。因此，有時企業需要極高的最低成長率。

企業需要分辨正確的成長與錯誤的成長，分辨肌肉、脂肪和惡性腫瘤的差異。判斷原則很簡單：任何能在短期間內，全面提升企業資源整體產能的成長，就是健康的成長，企業應該促進、支持這種類型的成長；而在相當短的時間內拉抬產量，卻未能提升整體產能的成長，那就是虛胖。只是產量增加，整體產能卻未見提升的成長都該棄除。最後，任何導致產能降低的產量增加，都該動除脂手術，而且要快。

《動盪時代下的經營》
《管理：任務、責任、實務》

思考與實踐 評估維持貴組織市場地位的最低成長率水準。

經營新事業

每項新專案都是應該放在育兒室的嬰兒。

對創新的資源投入，尤其是旨在開發新業務、新產品或新服務的資源投入，常態上應該由「負責創新的主管」直接管轄，絕對不該由負責現有營運活動的產品線經理管轄。遺憾的是，這是企業常犯的錯誤。

新專案是個嬰兒，在可預見的未來，仍將是個應該放在育兒室的嬰兒。而「大人」，也就是負責既有業務或產品的主管，既沒有時間理會，也不瞭解這襁褓中的專案。實行「育兒室」策略最知名的三家美國企業是肥皂、清潔劑、食用油與食品商寶僑家品、衛生與保健產品供應商嬌生以及工業與消費產品大廠3M公司。這三家公司在經營新事業時，即使各家的實行細節互有差異，但是本質上都抱持相同的政策。它們打從一開始就將新事業獨立出來，並指派專案經理負責。

《企業創新》

思考與實踐 將襁褓事業放在育兒室內。經營事業時，務必區隔「嬰兒」與「大人」。

精心規劃的淘汰

主動淘汰自家的產品、流程或服務，
這是避免對手淘汰你們的唯一途徑。

創新組織不會將時間或資源用於捍衛昨日。單是按部就班地放棄昨日，便能釋出資源，為新事物而努力，特別是資源中最珍貴的人才。

主動淘汰自家的產品、流程或服務，這是避免對手淘汰你們的唯一途徑。杜邦公司這家美國大型企業早已瞭解並認同這點。一九三八年，杜邦推出尼龍材質後，便立即要求化學家埋頭開發新合成纖維，以和尼龍競爭。此外，杜邦也開始降低尼龍的價格，對正在打這項專利腦筋的潛在對手而言，尼龍變得沒那麼有吸引力。這個舉措說明了為何杜邦仍是全球頂尖的合成纖維商，還有為何它的尼龍依舊能在市場上屹立不搖、獲利如此豐厚。

《杜拉克談未來管理》

思考與實踐 在競爭者吃掉你的產品之前，自己先下手為強。

以管窺天的創新

專為某種疾病研製的處方藥，有時會用於截然不同的疾病。

新事業的成功大半發生於原本並未打算服務的市場；而它所提供的也未必是最初想提供的產品或服務；購買的人多數甚至是一開始壓根兒都沒考慮到的顧客；而這些產品的用途，更是五花八門，全在最初的設計構想之外。如果新事業未能料及這些，並做好準備，利用這些未曾預見的意外市場，如果企業未能完全以市場為重心、以市場為導向，那就只會為對手製造機會。

因此，新事業一開始就要假設，自家產品、服務可能會在沒人想到的市場尋獲顧客；而它的用途則是當初設計產品、服務時未料到的；至於購買這些產品或服務的顧客，則在它的視野之外，甚至是它一無所知的。如果新事業不能從一開始就密切關注市場，那麼它很可能只是在為對手創造市場。

《企業創新》

思考與實踐 創新時，順應市場反應，而不是堅持你先入為主的構想。別對新事業抱有一廂情願的想法。

社會創新：研究實驗室

管理日漸成為社會創新的原動力。

研究實驗室的構想可以回溯至一九〇五年。它是由身為「研究主管」先驅之一的德裔美籍物理學家斯坦梅茨（Charles Proteus Steinmetz）針對紐約斯內克塔第（Schenectady）的奇異公司所構思、建立的。打從一開始，斯坦梅茨就有兩個明確的目標：一是將科學知識及科學工作組織起來，從事有目標的技術發明；二則是藉由創新，使大型企業這個社會新現象能不斷地自我求新求變。

在研究中，斯坦梅茨的實驗室徹底重新定義了科學與技術兩者間的關係。他在設定專案目標時，會先找出要獲得預期技術成果所需的新理論科學，並安排適當的「純」研究，以獲得必要的新知。斯坦梅茨為理論物理學家出身，但是他的每項「貢獻」，例如分馬力馬達等，都是研究計畫的成果，而這些研究計畫都是設計、開發新產品線專案的一部分。傳統智慧認為，技術是「應用科學」，而這點仍是大眾所持的普遍觀念。在斯坦梅茨的實驗室中，科學是以技術為導向，是獲得技術成果的手段，即便是最純粹的「純研究」也不例外。

《生態願景》

思考與實踐 遵循斯坦梅茨的先例，以市場為導向進行研發。

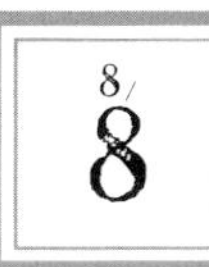

社會創新：無圍牆研究室

斯坦梅茨以技術為導向的科學，讓學院派科學家恨之入骨。

此外，斯坦梅茨的創新也造就了「無圍牆研究室」，這是美國對超大型科技計畫的獨特重大貢獻。這些計畫當中最早的就是一九三〇年代初，小羅斯福總統的前律師事務所合夥人貝索・奧康納（Basil O'Connor）透過「為幾毛錢奔走」活動（March of Dimes），為了克治癱瘓症而創設、管理的小兒麻痺國家基金會（National Foundation for Infantile Paralysis）。這項專案持續進行了超過二十五年，集結了來自全美十餘地，分屬六個專業領域的眾多科學家，加入循序漸進、按部就班的工作。雖然他們各自進行自己的專案，但是他們都統合在同一個核心策略下，並接受全方位的指導。

這種運作方式也成為第二次世界大戰的專案模式：雷達實驗室（RADAR lab）、林肯實驗室（Lincoln Laboratory），最龐大的是專為研究核能而設置的曼哈坦專案（Manhattan Project）。同樣的，繼前蘇聯的史波尼克號（Sputnik）發射成功，當美國決定要送人進入太空時，航太總署（NASA）便組織了「無圍牆研究室」。斯坦梅茨以技術為導向的科學，至今仍引起高度爭議。然而，只要科學一出現新問題，我們每每立即求助於這類組織；例如，一九八四年至一九八五年間，愛滋病突然成為重大醫療問題時，正是如此。

《生態願景》

思考與實踐 恐怖主義是文明社會所面臨的重大社會問題，這個問題要如何才能化為「曼哈坦」式的研發專案？

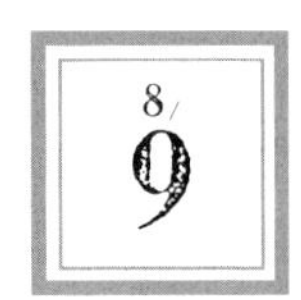

研究實驗室落伍了嗎？

技術在各產業間以驚人的速度迅速穿梭。

大型企業研究實驗室數量衰退的原因是什麼？隸屬企業的研究實驗室是十九世紀最成功的發明之一。如今，許多研發主管與高科技工業家往往認為，這類研究室漸形落伍。為什麼？因為技術在各產業間以驚人的速度迅速穿梭，因此絕大多數的技術都不再獨特。而某個產業所需要的知識，愈來愈多來自一些截然不同的技術領域，而業界人士往往對該領域並不熟悉。結果，以往的大型研究實驗室便不再適用。

數十年來，如美國知名的貝爾實驗室（Bell Laboratories）等大型電話公司的研究實驗室，始終是電話業一切重大發明的來源。然而，電話業沒有人研究玻璃纖維電纜，這個東西他們連聽都沒聽過。但是，玻璃纖維電纜這項由玻璃公司康寧所開發的產品，卻在全球的通信業掀起一場革命。

《下一個社會》

「下一個社會」（柯比迪亞線上課程）

思考與實踐 仔細觀察環境，尋求其他產業所開發、而目前有助於你的技術。

襁褓中的新企業

企業不是靠改造顧客賺錢。

最重要的是，經營新企業的人需要多到外面走動，在市場中觀察並傾聽顧客和旗下銷售人員的想法。新事業需要建立有系統的做法，以提醒自己，定義「產品」或「服務」的是顧客，不是製造商。在顧客從產品、服務得到的效用與價值上，它需要不斷挑戰自我。新企業最大的危險，就是比顧客還「瞭解」產品或服務是什麼、該是什麼、該如何購買、該用在哪方面。最重要的是，新企業要願意將意外的成功視為機會，而非對專業的侮辱。此外，它也要接受行銷的基本原則：企業不是靠改造顧客賺錢，而是滿足顧客。對市場缺乏關注往往是「新生兒」，也就是襁褓中的新企業的通病。這是新企業初期最大的病症，縱使是倖存的新企業，也會一直為它所苦。

《企業創新》

請將新企業意外的成功視為機會，而非出亂子。

迅速成長的新企業

新企業愈成功，缺乏財務遠見的危險愈高。

對邁入下個成長階段的新企業來說，最大的威脅就是對財務面缺乏關注，而且沒有適當的理財政策。對迅速成長的新企業而言，這尤其是項威脅。假設新企業已經成功推出某項產品或服務，並迅速成長，它便會對外宣告「獲利竄升」，同時發布樂觀的財測數字。尤其，如果它是高科技事業，或置身於其他當紅領域的公司，股市便會「發掘」這家新企業。蜂擁而出的預測便會宣稱，該新企業的銷售五年內將達十億美元。

十八個月後，這家新企業卻一敗塗地。突然間，財務赤字氾濫，全公司兩百七十五名員工中，便裁撤了一百八十人，並開革總裁，或是賤賣給大企業。箇中原因不外乎缺少現金，無法籌措擴張所需的資本，或是失去控制，開銷、庫存、應收帳款一團亂。這三種財務病往往會同時出現，而其中任何一種就算不會讓新企業賠上性命，也會危害企業健康。財務危機一旦爆發，非得歷經萬難、咬牙忍痛才能挽救。

《企業創新》

為新企業研擬健全的財務計畫和控制方案。別將財務會計人員視為「錙銖必較的小器鬼」。

新企業的現金管理

根據資深銀行家的經驗法則，你要假設公司的應付帳款必須比預期早六十天付清，應收帳款則會晚六十天收到。

開創新事業的創業家鮮少不在乎錢，反之，他們往往很貪心，因此十分看重獲利。但是，對新企業來說，這種想法根本是搞錯重點：獲利應該擺在最後，而不是第一順位。現金流量、資本和控管都遠比獲利重要。如果沒有這些，獲利數字都是虛空，企業或許能維持個十二到十八個月的好光景，但是接下來便煙消雲散。成長需要供養，就財務方面來說，這意味著新企業的成長需要增加財務資源，而非減少。新企業愈健康，就成長得愈快，也愈需要財務面的供應。

新企業需要分析、預測、管理它的現金流量。事實證明，過去幾年來，美國新興企業經營得遠比以往的新興企業好（高科技公司是明顯的例外），其中主要原因在於，它們已經瞭解到，創業需要財務管理。倘若有可靠的現金流量預測，管理現金流量便輕而易舉，而「可靠」意味著設想「最糟的狀況」。預測太過保守，最糟的結果不過是暫時的現金盈餘。

《企業創新》

針對新企業的現金流量與現金預測，設想「最壞的狀況」，並密切追蹤應收帳款與存貨。

新企業的管理團隊

書本無法告訴你企業的關鍵活動是哪一件，
你得從分析特定企業著手。

一旦新企業的客觀經濟指標顯示，它可能會在三至五年中成長為兩倍，那麼創辦人就有責任建立不久即將派上用場的管理團隊。最重要的是，創辦人和公司其他重要成員都必須徹底思考，該企業的關鍵活動為何。該企業的存續、成功取決於哪些特殊領域？只要團隊中有成員認為是關鍵活動的，就要列入清單。

下一步，從創辦人開始的每位團隊成員都要問道：「我在哪些活動上表現傑出？我在這家企業中的每位關鍵夥伴，在哪些活動上表現得實在出類拔萃？」接下來，則是問道：「所以，我們該分別承擔哪些切合個人長處的關鍵活動，並視其為自己的首要重責大任？哪個人適合哪項關鍵活動？」接著，便可以著手建立團隊。不過，所有的關鍵活動都得由實際有所表現的人擔任。

《企業創新》

檢視貴企業內外成功的新事業。創新者是否順利地找出關鍵活動，並將它們指派給事實證明有其能力的人。

企業未實現的潛能

「機會要你去找它」，它不會自己送上門來。

運氣、機會、災難會影響人努力的成果，也一樣左右企業。但是，光憑運氣絕對無法建立事業，唯有按部就班地尋找、發揮潛能的企業，才能享有繁榮與成長。無論企業多麼善於布局，多麼擅長迎合眼前的挑戰與機會，這些都遠不及於它真正的極限。企業的潛能始終超越實際的表現。

弱點和危險正是挖掘企業經營潛能的所在。若企業能化弱點和危險為機會，便能得到驚人的報酬。企業要從過去的經驗和成敗尋思機會，有時候，這種轉化所需要的，只是經營者態度的改變。以下這三個問題能激發企業潛能：

- 哪些束縛和限制讓企業不堪一擊？
- 企業有哪些不平衡之處？
- 我們怕的是什麼？我們認為企業面臨的威脅有哪些？我們如何化威脅為機會？

《成效管理》

思考與實踐 回答本文所提出的三個問題，讓貴公司朝理想績效再邁進一步。

在弱點中尋求機會

要找出並發揮企業潛能，這件事是種心理障礙。

要找出並發揮企業潛能，這件事是種心理障礙。這件事終究會引發內部衝突，因為它意味著打破舊習，也往往意味著放棄員工最自豪的技能。要對抗這股威脅，要因應這種不平衡，還有最重要的，要使原本有弱點的流程發揮效率，都需要很多努力。

因此，在公司的弱點、限制、缺點中尋找潛在的機會，很可能會惹最有成就的人厭惡，此舉也會被視為對其地位、自尊與權力的直接攻擊。這也正是為什麼找出機會的通常不是業界領袖，而是外部或接近外部的人。從客觀角度和心理層面來看，正由於尋找機會如此困難，因此企業必須全力以赴，而管理階層必須對這件事多所強調。

《成效管理》

將貴企業的弱點化為機會。

善用創新構想

創造力是迷人的，但是癥結在於，
發展完備的新產品或新服務，失敗率高得嚇人。

即使在最守舊的企業 ，好構想往往也是多得用不完。癥結在於，發展完備的新產品或新服務，失敗率高得嚇人。但是，猶如過去嬰兒的高死亡率，新產品與新服務的失敗其實是可以避免的。你不用花太多資金，也能相當快速地降低失敗率。有許多失敗是忽略企業策略的結果。適切的企業策略，成功機會極高。

以占有市場領先地位為目標的企業策略有四，那就是：拔得頭籌；攻其罩門；尋找並占據獨特的「生態利基」；改變產品、市場或產業的經濟特性。這四種策略可以同時並行，同一位企業家往往會同時結合兩項，甚至三項策略。然而，這四項策略都各有其先決條件，每項都適合某一特定種類的創新，而不適合其它種類。此外，每項策略都需要配合企業家的某種特定作為。最後，每項策略都各有其限制與風險。

《企業創新》

「企業策略」（柯比迪亞線上課程）

思考與實踐 按部就班地利用創新的構想，謹記本文提到的四項成功策略。

先下手為強

「拔得頭籌。」

「先下手為強」是南北戰爭中，一位南軍將領用以形容他的騎兵隊所向無敵的說法。在商業上，它形容的是創新者的目標就算不在稱霸業界，也要獲得領導地位的策略。這種經營策略的潛在報償可能是最高的，但是風險也最高。你不能犯錯，也不會有第二次機會。採行這種策略，結果不是取得市場與業界的領導地位，就是一無所有。企業家必須第一次就做對，否則就會一敗塗地。採行這種策略的創新者，往往數十人只有一人成功。然而，倘若「先下手為強」策略奏效，創新者就能獲得驚人的報償。這種策略是如3M、寶鹼、英特爾、微軟等巨擘之所以成功，並獲得市場領導地位的基礎。

然而，這種策略有個特殊的風險：「先下手為強」的成功者，後來卻可能被採用另一種經營策略的人超越，那就是「攻其罩門」。例如，兩名沒有財務支援，也沒有商業經驗的年輕工程師，卻志在創造新產業，獨霸市場，他們在那個有名的車庫裡開創了蘋果電腦公司，自此一砲而紅。但是，不久之後，IBM便超越了他們。

《企業創新》

「企業策略」（柯比迪亞線上課程）

思考與實踐

當你開發出新產品、新流程或新服務時，切記，保護你的側翼，別讓對手趁虛而入。

攻其罩門

「攻其罩門」即藉由創造性模仿，超越領導者。

在這裡，創新者並不創造重大的新產品或新服務；反之，他們改進別人新創的現成事物。這是模仿，但卻是創造性模仿，因為創新者修改後的新產品或新服務，更能滿足顧客的期望或需求。一旦創新者成功地創造出顧客想要的東西，就能獲得領導地位，並控制市場。

這方面絕佳的例子，就是一九七〇年代時，IBM如何成為數一數二的個人電腦廠商的故事。蘋果發明了個人電腦，當這項產品出現時，旋即造成轟動。而IBM則致力於超越蘋果，它問道：「蘋果有什麼弱點？」十八個月內，IBM便推出能滿足顧客一切需要與期望的個人電腦，而且附加一項蘋果所欠缺的東西：軟體。接下來的一年裡，IBM個人電腦變成全球市場領導品牌，這個地位維持了十多年。接著，蘋果電腦在市場中變得無足輕重，幾乎是每下愈況。二十多年後，也就是一九九〇年代末，蘋果電腦才鹹魚翻身，蛻變為令人敬重的利基業者。

《企業創新》

「企業策略」（柯比迪亞線上課程）

思考與實踐

尋找對手成功的創新，並加以改進，而超越對方。

企業柔道

企業柔道將市場領先者自認的優勢，化為重挫他們的弱點。

日本柔道大師會尋找對手引以為傲、洋洋自得的優勢，而且假設對手極可能在每次對陣中，都會以該優勢為戰略基礎。接著，柔道大師會去推敲，當對手不斷倚賴這個特定的優勢，就會在何處特別不堪一擊，毫無防備，繼而將對手的優勢化為致命的弱點，並擊敗對方。

企業猶如柔道選手，往往會形成固定的行為模式。企業柔道便是將市場領先者自認的優勢，化為致命的弱點。例如，日本人在美國市場相繼成為領導者，先是影印機、機械工具、消費性電子產品、汽車，後來是傳真機，而日本人的策略始終如一，他們先將美國企業自認的優勢化為弱點，繼而擊敗對手。美國人視高獲利力為自身最大的優勢，因此僅著重於高階市場，放任大眾市場供應與服務短缺。日本人則以最低功能的低價產品打入市場，美國人對此根本懶得迎擊。然而，等日本企業占據大眾市場後，便能擁有進入高階市場的現金流量；不久，他們便雙雙雄霸大眾市場與高階市場。

《企業創新》

「企業策略」（柯比迪亞線上課程）

保持靈活，認清對手的優點，並尋找他們所忽略的市場機會。

改變經濟特質

成功的創新者按顧客付錢所買的東西來訂價。

在其他企業策略下，創新者必須想出創新的產品或服務，而現在要談的策略本身就是個創新。這個創新策略藉由改變效用、價格、經濟特性，使既有的產品或服務展現新面貌。這裡沒有新產品或新服務，有的只是新經濟價值和新顧客。要改變產品或服務的經濟特性，最有效的方式往往是改變訂價方式。最終，即使廠商的營收未能大幅成長，至少也能持平。不過，訂價方式所反映的是顧客的現實，而非廠商的現實。

這裡就有個例子。網際網路被定位為資訊網絡，多數供應商靠著提供上網服務收費，諸如提供電子郵件位址主機。不過，雅虎和其他企業卻提供免費的上網服務，轉而向廣告商收費，當顧客上網時，就必須看它們的廣告。雅虎問：「誰是顧客？」而它的答案是：「想接觸潛在顧客的供應商。」這改變了網際網路業的特性，也賦予網際網路一個新層面。

《企業創新》

「企業策略」（柯比迪亞線上課程）

判斷顧客真正購買的是什麼。以更能滿足他們需求的方式提供服務，並為貴組織提高經濟成效。

生態利基：收費亭策略

創新者要是成功了，將享有幾乎牢不可破的地位。

第四個主要的企業策略是占有生態利基，它能讓創新者成為小型利基市場的真正獨占者。第一項利基策略是收費亭策略，即創新者創造出較大流程中必要的產品或服務。而該產品或服務的費用占流程整體支出的比例實在無足輕重。要運用這項策略，市場規模必須極為有限，以致於任何率先占有該項利基的人，都能有效地阻止他人的進入動機。

以下便是個例子：一九五〇年代末期，一家大製藥廠的推銷員創立了愛爾康公司（Alcon）。這位推銷員一直以來便知道，眼科白內障手術主要的問題何在。手術的危險在於，外科醫師必須切除一塊肌肉組織，而這可能會導致眼睛出血而受損。這位創新者鑽研有關這塊肌肉現有的一切知識，幾乎是當下就發現，藉由某種酵素的溶解作用，可以讓手術在不動刀、不出血的狀況下順利進行。但是，難就難在要如何保存這種酵素，防止它分解，確保它的儲藏壽命。接著，這位創新者發現，一八九〇年起就已經開發出好幾種物質，可以穩定酵素，進而儲藏酵素。他為其中一種穩定酵素物質的應用申請到專利，在短短十八個月內，便攻占了全球市場。

《企業創新》

「企業策略」（柯比迪亞線上課程）

藉由收費亭策略，利用內部流程問題獲利。

生態利基：特殊技術策略

創新者若適當保持特殊技術，通常就能免於競爭。

第二項生態利基就是特殊技術策略，創新者在這兒所攻占的利基，其獨特性猶如收費亭策略的利基，不過範圍更大。例如，人人都說得出美國汽車大廠，但是有多少人知道，為這些汽車製造煞車皮、電路或車頭燈的公司？那些多數名不見經傳的公司，卻在生態利基上占有特殊技術的地位。及早在新產業或新市場開發高階技術，便能取得這種利基地位。等到市場開始成長，創新者也已成為標準的業界供應商，便能大幅領先潛在對手。

最好的例子就是，二十世紀美國數一數二的發明家查爾斯·凱特林（Charles Kettering）。凱特林的一切發明，都是以創造高獲利的利基市場為目標。而他的第一項發明，也或許是全球獲利最豐的發明，便是著眼於創造特殊技術利基市場的自動起動器。在那之前，汽車都必須靠手轉曲柄發動，不僅十分困難，也相當危險。然而，正值汽車工業發展最迅速的十五年期間，每家汽車製造商都必須購買凱特林的自動起動器。汽車製造成本因此而增加的幅度幾乎微不足道，或許只有百分之一、二。但是凱特林的利潤率卻達到百分之五百，甚至更高。

《企業創新》

「企業策略」（柯比迪亞線上課程）

提供產業改進現有作業的特殊技術，藉以開發業內迅速成長的區塊。

生態利基：特殊市場

實行特殊市場策略的創新者，必須創造小而賺的新市場。

最後一項利基策略就是，建立大到足以獲利，但小到讓潛在對手不值一顧的特殊利基市場。例如，從一九一九年到二次世界大戰，甚至包括其後十年的二十年間，美國運通旅行支票這項獲利最豐的金融產品，正是走特殊利基市場的路線。旅行支票比攜帶大筆現金安全得多，並能在任何地方使用，例如，歐洲的每家飯店都收旅行支票。銀行出售美國運通的旅行支票，每次交易都可以收取一筆手續費。因此美國運通不必推銷支票，銀行也沒有提供類似服務與之競爭的動機。此外，支票持有人在兌現之前，會持有旅行支票好幾個月、甚至幾年；這段期間，美國運通便可以運用手中的「浮存」（float），也就是持票人已付的無息資金，再賺進大筆獲利。金融業人人都知道，旅行支票這項產品的獲利十分豐厚，但是由於當時的市場太小，所有主要銀行都認為這塊市場不值得加入。

《企業創新》

「企業策略」（柯比迪亞線上課程）

舉例描述收費亭、特殊技術、特殊市場等三個生態的利基創新策略。至少運用其中一項生態策略。

8/
24

利基策略的威脅

如果可長可久，利基策略會是獲利最豐的企業策略。

所有利基策略的共同點就是，它們不可能長長久久。利基所面對的威脅，其中一項就是被超越，尤其是技術變化導致的取代。愛爾康便遭遇這種狀況。在它幾乎壟斷全球市場十五年之後，捷克有人發明了另一種白內障新手術，也就是水晶體植入術，這種手術可以保留眼部肌肉，不必使用溶劑。因此，愛爾康的溶劑產品便成了昨日黃花。

另一項威脅就是利基市場變成主要的大眾市場。美國運通旅行支票便面臨這種遭遇。二次大戰前，美國人赴歐洲是少數中的少數。如今，橫越大西洋兩岸往返歐美的噴射機，兩天內所搭載的乘客數，要比二次大戰前所有汽船的全年載運量還多。此外，新世代的大眾旅客都使用信用卡。而第一次大戰時期，美國的汽車市場也變成大眾市場（歐洲和日本則是在二次大戰後）。在降低成本的強大壓力下，利基供應商原本仰賴獲利的特殊技能，無法再產生利基利潤。當時，這些供應商是汽車公司要求降價施壓最力的對象，現在也一樣。而這些供應商除了屈服，別無選擇。

《企業創新》

「企業策略」（柯比迪亞線上課程）

評估旗下各項產品、流程、服務面臨淘汰的威脅。維持按部就班的創新計畫，以消弭貴公司的產品與服務必然面臨的威脅。

創新策略：以甲藥廠為例

甲藥廠的目標是在主要領域獲得初期的領導地位，
取得主導優勢，接著維持領導地位。

甲藥廠一次只精挑細選一個領域，投注龐大的研究經費。而它挑選研究領域的依據，是學院內的純研究已率先顯示真正突破的領域。接著，早在藥品研發進展到可以商業化的階段之前，它便雇用該領域最優秀的人才，投入研發工作。至於其它領域，甲藥廠不但不編列研究經費，甚至根本不願涉足。就這樣，甲藥廠在極早的階段，冒很高的風險，在重要領域獲得舉足輕重的地位，也獲得豐厚的報酬。

《管理個案》

創新策略：三宗個案研究

甲、乙、丙是三家名列全球最成功的製藥企業。甲和乙規模龐大，丙雖然只是中等規模，但成長迅速。這三家藥廠都從收益中提撥大約相同比例的經費，投入於研發。它們只有這點相似，各家採用的研究模式則截然不同。

甲藥廠追求的企業策略是＿＿＿＿＿（參見8月16日），它打開的機會之窗是＿＿＿＿＿（參見7月12日）。

創新策略：以乙藥廠為例

乙藥廠的目標是在每個領域都研發出幾種藥，
而這些藥不但品質較優良，也是重大的醫療進步。

乙藥廠的策略截然不同，它的研究室或許是製藥業中最富盛名的，並從事眾多領域的研究。然而，在基礎科學理論研究完成之前，它不會涉足該領域。乙藥廠投入研究後，實驗室所孕育出的產品，十有七、八不會上市。當某條研究線的研究成果變得相當明朗，即將有一種有效的藥品問世時，它便仔細審視那項產品，甚至整個領域。第一、該項新產品的品質是否夠卓著，而可能成為新「標準」？第二、它是否可能對整個醫療保健界，而非僅在某專業領域（即便規模龐大）產生重大的影響？最後，它是否可能長久維持「標準」地位，而不被競爭產品取代？

倘若其中有一個問題的答案是否定的，那麼乙藥廠便會授權或賣掉該項研發成果，而不是將它轉入旗下產品。乙藥廠的授權收入，幾乎和自製自銷藥品不相上下。此外，它也確立了公司每項產品在醫療專業的「佼佼者」地位。

《管理個案》

以乙藥廠的創新策略檢討貴組織的創新策略。

創新策略：以丙藥廠為例

**丙藥廠不事研究。它尋找某些小而重要的領域，
只需相單簡單的研發，便能享有幾近獨占的地位。**

丙藥廠不事研究，只管既有產品的後續開發。它不會去碰甲藥廠或乙藥廠認為有吸引力的任何產品。它尋找醫療與手術領域中成效不彰的既有產品，只需相當簡單的改變，就能大幅提升醫生或外科醫師的績效。同時，它還尋找十分狹小，可是一旦出現真正卓越的產品，他人便沒有誘因加入與之競爭的領域。

丙藥廠的第一項產品是種簡單的酵素，問世已經四十年，可以讓白內障手術幾乎滴血不流，大大減輕外科醫師的工作負擔。藥廠需要做的就是，想辦法延長該酵素的儲藏壽命。它的下一項產品是種十分簡單的藥膏，只要塗在嬰兒的臍帶上，便能防止感染，加速癒合。它已成為全球婦產科醫院的標準用藥。接著，該公司又推出一種產品，取代用來清洗新生兒、預防感染的藥劑，而這項產品的重點也是在於合成，不在於發明。它所涉足的每個領域，全球市場規模都十分有限，最多可能只有兩千萬美元。只要有一家供應商能提供真正卓越的產品，就能在競爭最少，甚至幾乎沒有價格壓力的情況下，享有近乎獨占的地位。

《管理個案》

思考與實踐　以丙藥廠的創新策略檢討貴組織的創新策略。

8/28

成功會不斷創造新現實

「從此之後，他們便過著幸福快樂的生活」，
這是童話故事才有的結局。

成功會不斷推翻來時路，並不斷創造新現實；最重要的是，它也會不斷創造各種特有的問題。成功企業的管理階層應該自問：「我們的業務究竟是什麼？」要問這個問題，並不容易。因為，公司內會普遍認為，這個問題的答案再明顯不過，根本不值得討論。而挑戰成功或破壞現狀，都不受歡迎。然而，當企業成功時，不問「我們的業務是什麼」的管理階層，便是懶惰、傲慢、自以為是。不久，成功將化為失敗。

一九二〇年代，美國最成功的兩項產業是無煙煤礦和鐵路。兩個產業的業者都認為，上帝賦予其永久無可動搖的獨占地位。它們都認為，自己的業務界定顯而易見，根本毋需思考，更別說是採取創新行動了。如果不是它們的管理階層視成功為理所當然，它們就不會從領導地位重重跌下，而無煙煤礦業更不會走入夕陽。當管理階層達成公司目標時，最重要的是不斷認真地問：「我們的業務是什麼？」要做到這點，需要自律和責任感，否則便會走入衰退。

《管理：任務、責任、實務》

思考與實踐 選擇一項貴組織的產品或服務，你如何計算它的市占率？你們的市占率是多少？擴大你對市場的定義，例如從鐵路到運輸。你們在廣義市場的占有率又是如何？

關注於機會的組織

績效良好的組織都樂在工作。

組織內存在一股重力，往往將組織的注意心引向問題面，你必須無時無刻與這股重力對抗。擅長於我所謂「善用成功」的組織如鳳毛麟角。瞧瞧當今全球最大的娛樂消費電子公司新力索尼，它真正從事的，基本上就是錄音機事業，然後以其成功為基礎，持續擴張。如果你把這個模式融入組織，要求人人都這麼做，那麼大家都會開始把注意力放在機會面，而非問題面。最重要的是，你藉此創造了工作的樂趣。我知道，工作的樂趣沒什麼學術地位，但是績效良好的組織都樂在工作。不斷有人問我，我怎麼從那麼多組織中挑選客戶。任何一家公司，踏進門後只要兩分鐘，你就可以知道，這個組織是否樂在工作。如果他們不喜歡自己的工作，我寧可不為他們服務。但是，倘若他們樂在工作，而且認為明天會更好，這便會營造出截然不同的氣氛。

〈心智會議〉

（摘自《開拓視野：經濟諮商局雜誌》）

思考與實踐 從事你樂在其中的事。

在意外中尋求機會

在沒有被問題擊倒的人看來，那些問題在成功的版圖裡，
微不足道。

每個意外都要認真以對。整個報告制度多少都促成人們忽視機會與意外，但是這點相當容易改變。五十年前，我的一位朋友兼良師發明了一套制度，用於大型企業，結果十分成功。這套制度下，從第一線基層監工以上的每位管理者，每個月都會寫一封報導意外的信簡。這封信簡，不探討什麼事上軌道，什麼事出了差錯，就只是提出意外事件。接著他們會開會，討論「這些事件的意涵是什麼」。大多數的意外事件都不具探討的價值，都只是些小插曲，但是通常會出現三、四件意義重大的意外。就這樣，這家製藥公司從地位相當微不足道的製造商，成長為全球數一數二的領導者。它的成功來自意外、工作現場的意外，這有如醫師以其他用途的藥品治病，最後卻得到驚人的成效。你必須關注於成功，尤其是意外的成功，並加以經營。

〈心智會議〉

（摘自《開拓視野：經濟諮商局雜誌》）

每個月寫封信簡給老闆，指出意外事件。挑出意外的成功，並乘勝追擊。

8/
31

維持動態平衡

管理階層必須維持變革和承傳間的動態平衡。

鑽石出版社（Diamond）是我在日本的出版商，他們最近集結我過去五十年來的評論精選，出版《已實現的未來》（*The Future Which Already Happened*）一書（一九九三年改名為《生態願景》）。我為這本書寫了一篇稱得上是個人智識發展歷程的自傳，收錄為該書的最末一章。我在文中記述了我六十多年前開始工作的情形，變革和承傳間的平衡是我當時的關注點。十年後，也是這層思維開啟了我對管理的研究。因為我看到，管理必須維持變革和承傳間的動態平衡，如果沒有管理這個社會的特殊器官，社會、組織與個人都會凋敝。

《杜拉克看亞洲》

思考與實踐 建立按部就班的創新流程，引領變革。

SEPTEMBER

九月

1. 瞭解你的時間配置
2. 記錄時間，不做浪費時間的事
3. 整合時間
4. 高效能經營者實務
5. 著眼於貢獻
6. 績效評估
7. 如何塑造人才
8. 成為高效能經營者的知識工作者
9. 為你自己的工作生涯負責
10. 定義績效
11. 哪些成效能夠發揮影響力
12. 自我管理：找出自己的優點
13. 自我管理：我的績效如何？
14. 自我管理：貢獻什麼？
15. 自我管理：工作關係
16. 管理你的上司
17. 自我管理：生活的另一面
18. 自我管理：社會革命
19. 沒有競爭的生活
20. 用人決策
21. 「寡婦製造者」職位
22. 超齡主管
23. 控制機制、控制、管理
24. 控制機制：既不客觀，也不中立
25. 控制機制應該著重於成效
26. 不可衡量事件的控制機制
27. 組織的終極控制
28. 兼顧短期的當下和長遠的未來
29. 專才的陷阱
30. 薪津結構

瞭解你的時間配置

高效能經營者的第一步便是時間管理。

「瞭解你自己」這句古老的智慧之語，凡人極難做到。但是，只要你願意，任何人都可以「瞭解自己的時間配置」，繼而做出貢獻，締造績效。

關於經營者工作的討論，一開始通常都會建議經營者如何規劃工作。這聽起來似乎言之成理，唯一的問題就是這種建議鮮少奏效。那些計畫總是僅止於紙上作業，永遠只是設定了一些很好的目標，卻沒有真正執行。根據我的觀察，高效能經營者的第一步並非從檢視工作本身著手，他們最先做的，反而是檢討時間的運用。他們並不是一開始就做計畫，而是先檢討他們的時間都花在哪些事情上。接著，他們開始管理時間，少花一點時間在沒有生產力的事情上。最後，他們把他們可以支配的時間盡量整合成一些較長的時段。

- 記錄時間
- 管理時間
- 整合時間

以上這三個步驟乃是經營者創造效能的基礎。

《杜拉克談高效能的5個習慣》

透過記錄時間、管理時間以及整合時間，瞭解你的時間配置狀況。

9/ 2

記錄時間，不做浪費時間的事

你只需學會對那些毫無貢獻的事情說「不」。

要成為高效能的經營者，首先要記錄自己實際運用時間的情形。有些經營者自己記錄行事曆，有些經營者則要求秘書來做。重要的是一定要做紀錄，而且要「隨時」做。許多高效能經營者都會持續記錄行事曆，而且每個月定期查看行事曆。每次查看行事曆之後，他們都會重新檢討並且調整他們的工作時程表。首先，你必須從工作時程表找出完全沒有必要做的事，取消那些工作，因為那些做白工的事情，根本就是浪費時間。你可以用一個問題檢討所有的工作，以找出哪些是浪費時間的工作：「如果不做這件事，會有什麼後果？」如果答案是：「毫無影響。」那麼，你顯然不必做這件事。

《杜拉克談高效能的5個習慣》

思考與實踐 記錄你所有的工作內容，整理成一份行事曆。取消那些浪費時間、做白工的事。

9/3

整合時間

高效能經營者明白，工作再怎麼減都不會太少。

經營者通常都會有一些自己可以支配和運用的時間，記錄和分析這些時間的運用情形之後，接下來就是進行時間管理的最後一個步驟：整合時間。要成為高效能的經營者，就必須把時間分割為一個個較完整的時段，尤其是與屬下一起工作時，特別需要較長的時段，這正是經營者的核心工作。如果有經營者以為只需要花十五分鐘跟每一個屬下討論計畫，指導屬下工作，檢討工作績效，那麼他真是自欺欺人。

整合時間的方法很多。有些主管一週花一天以上在家工作。有些主管每週花兩天從事日常營運性質的工作，包括開會、評估工作和檢討問題等，其他日子的早晨則用來處理重要的工作，如此才能持續集中心力在這些工作上。但是，經營者對工作的取決方式遠比可支配時間的整合方式來得重要。高效能經營者會先評估他們確實可以支配的時間是多少，如果他們後來又發現一些工作必須花時間處理，他們就會重新仔細檢討他們的時間表，取消一些成效不那麼高的工作。

《杜拉克談高效能的5個習慣》

思考與實踐　整合你的時間，保留一些較長的時段，以完成重要的工作。

9/4

高效能經營者實務

高效能經營者的共同點就是，他們都能夠做對的事情。

我所認識的高效能經營者可說是氣質迥異，能力有別。他們做的事情和做事方法各不相同，他們的個性、知識和興趣也都南轅北轍。事實上，他們幾乎在每一項人類具備的特質上，表現都大異其趣。但是，我所認識的那些高效能經營者，他們都只做必要的事，不做沒有必要的事。

要成為高效能經營者，必須要做到五件事。第一，高效能的經營者知道他們的時間都花在哪些事情上；他們有系統地管理他們可支配的涓滴時間。第二，高效能經營者著眼於對外的貢獻。第三，高效能經營者的行事，是以自身和別人的優點為基礎，而非以缺點為基礎。第四，高效能經營者著重於能夠創造卓越成效的優異表現；他們規範自己，只做優先順序高的工作。第五，高效能經營者能做有成效的決策；他們知道，工作是一個體系，在這個體系裡，要按照正確的順序做正確的事情。他們知道太快做決策就會做錯決定。我發現，無論一個人多麼聰明勤奮，想像力多麼豐富，或者知識多麼淵博，如果他不能做到上述這五件事，他就無法成為高效能經營者。

《杜拉克談高效能的5個習慣》

牢記這五件事，並切實執行——瞭解你的時間花在哪些事情上面；著眼於對外的貢獻；運用長處；著重於優異表現；做有效的決策。

著眼於貢獻

「我應該有什麼貢獻？」這個問題賦予你自由，
因為它給予你責任。

絕大多數的經營者都目光短淺，只看眼下的事物。他們注重的是努力，而非成果。他們念茲在茲的是組織和他們的主管「虧欠」他們的，以及應該為他們做的事；他們最在乎的是他們「應該擁有」的權威，結果反而導致自身工作成效不佳。高效能經營者則著眼於貢獻。他們的目光跳脫自身的工作，遠眺於目標。他們會問：「我能有什麼貢獻，好讓我所服務的這個機構能夠大幅提升績效和成果？」他注重的是責任。

著眼於貢獻是展現效能的關鍵，不管是一個人自身的工作內容、層級、標準、影響力，還是他與主管、同僚、屬下的關係，或是他如何運用開會或報告等經營者的管理工具，都是如此。著眼於貢獻可以讓經營者不再把注意力放在自己的專業、自己狹隘的技能和自己的部門，轉而關注組織的整體績效。著眼於貢獻可以讓經營者的注意力轉向外部，那才是成效所在之地。

《杜拉克談高效能的5個習慣》
《典範移轉：杜拉克看未來管理》

思考與實踐 恆切關注於你對組織能夠、而且應該有的貢獻上。

績效評估

評估，以及評估背後所根據的理論，都太過注重「潛力」。

高效能經營者往往會自行設計一個獨特的績效評估表。首先，表中會敘述他預期某位同仁在過去和現在的職位上應該有哪些重要的貢獻；然後，再列出這位同仁在這些預期目標上的實際表現。接下來，便提出四個問題：

1. 他（或她）過去在哪些地方表現傑出？
2. 因此他在哪些方面應該有能力表現傑出？
3. 他或她應該在哪些方面加強學習，提升能力，才能充分發揮他的長處？
4. 我是否願意讓我的子女在此人底下工作？
   a.如果答案是「是」，為什麼？
   b.如果答案是「不」，為什麼？

其實，這份評估表比一般常用的評估程序更能夠仔細評量一個人。和一般評估程序不同的是，這份評估表著眼於員工的長處，而一般的評估程序，卻將員工本身的缺點看成限制他們發揮長處的障礙，而限制了成就、效能和成績。最後一個問題（b）是唯一一個與個人長處較無關聯的問題。屬下往往會效法強勢的經營者，尤其是聰明、年輕、企圖心旺盛的屬下。因此，一個強勢而腐敗的經營者是組織裡最深的腐敗，對組織的破壞也最甚。這個缺點並不是對表現能力和長處的限制，而是根本不夠資格擔任該職務的缺陷。

《杜拉克談高效能的5個習慣》

思考與實踐 進行績效評估時，謹記本文所提出的四個問題。

如何塑造人才

每個組織都在塑造人才：不是開發人才，就是破壞人才。

每個組織都會塑造人才，這是必然的。組織不是協助人才成長，就是阻礙他們成長。我們對培養人才瞭解多少？其實很少。我們當然知道哪些事不該做，不該做的事比該做的事更容易列舉。首先，不要著眼於人們的缺點。我們可以期待成人培養良好的禮節和行為，學習技能和知識；但是我們在用人的時候，必須按照每個人的個性因勢利導，而不是依我們期望中的個性用人。其次，我們不該用狹隘而短視的角度看待培養人才這件事。每個人都應該學習特定工作所需的特定技能，但是培養人才不僅止於此：培養人才的目的是為了事業的長遠發展和工作生涯。該特定工作必須符合這樣的長遠目標。此外，不要欽定接班人。一定要著眼於實際的績效，而非預期的表現。經營者可以設定高標準，但要著眼於績效，而不是潛力。標準訂定後，要降低很容易，想提高幾乎是不可能。此外，經營者必須學會賞識員工的優點。

培養人才的時候，最重要的就是著眼於人的優點，然後提出極為嚴格的要求，並且花時間和心力（這可是件困難的工作）檢討績效。跟同仁坐下來談，告訴他們：「一年前我們達成共識，要努力做到這些。你現在做得如何？你在哪些地方做得很好？」

《彼得．杜拉克：使命與領導》

思考與實踐　培養人才。首先，著眼於他們的優點。接著，根據他們的優點設定高標準。最後，定期檢討他們的績效。

成為高效能經營者的知識工作者

努力發揮自身和他人的長處以創造成效的經營者，
能讓組織績效和個人成就相得益彰。

若要達成社會對組織績效的客觀要求，同時滿足個人對成就的需求，唯一的解決之道就是讓經營者自我發展，達成效能。這是能夠結合組織目標和個人需求的唯一方法。努力發揮自身和他人的長處以創造成效的經營者，能讓組織績效和個人成就相得益彰。他們努力把他們專精的知識領域變成可供組織發展的機會。他們專注於貢獻，把自身價值轉化為組織成效。

知識工作者也需要財務上的獎勵。若沒有獎勵，就會阻礙進步。但是只有獎勵還不夠。他們還需要機會；他們需要成就；他們需要實現；他們需要價值。唯有讓知識工作者成為高效能經營者，才能滿足他們上述的所有需求。唯有經營者發揮高度效能，才能調合社會的兩種需求：組織需要個人貢獻於組織所需，個人需要組織做為個人達成目標的憑藉。

《杜拉克談高效能的5個習慣》

思考與實踐 瞭解自己的長處。在你可以有所貢獻的組織裡，選擇你能夠發揮長處的領域。確認你的價值觀和組織的價值觀是否相合。

為你自己的工作生涯負責

一級級向上升遷的職位階梯不復存在，
甚至產業裡暗藏的層級結構也已消逝。現在的情況比較像是藤蔓，
你必須自己帶把彎刀，披荊斬棘，開出一條路。

如果穿著灰色法蘭絨套裝的年輕人代表一輩子在企業裡工作的人物典型，那麼現代企業人的形象應該是什麼？就是為自己負責，不仰賴任何一家公司的工作者。同樣重要的是，管理你自己的工作生涯。你不知道接下來會做些什麼，你不知道你會在專屬辦公室裡工作，或是寬敞的共同辦公室裡工作，甚或是在家工作。你必須瞭解自己，才能隨著你的發展為自己找到合適的工作，並且隨著家庭成為你的價值體系的一環，以及抉擇的重要考量因素時，為你自己找到適合的工作。

準備好為自己選擇工作的美國人如鳳毛麟角。當你問他們：「你擅長什麼？你知道你的缺點嗎？」他們只是茫然地望著你。即使他們有答案，往往也是按照他們主觀的認知來回答，但這些答案都是錯的。當他們填寫履歷表時，他們試著列出曾經擔任過的職務，把那些職務當做一級級向上升遷的階梯。現在，該放棄我們對職務或工作經歷的既定看法了，我們應該把工作經歷看成是接受一件又一件的任務。我們必須超越對客觀標準的追求，轉而注重主觀標準——也就是我所謂的「能力」（competencies）。

《視野：杜拉克談經理人的未來挑戰》

為你自己的工作生涯負責。列出你的優缺點。接下來你準備好要接受什麼任務？做好準備，接受這些任務，無論是你目前服務的組織裡的任務，或是其他組織的任務。

定義績效

績效不是一擊中的——那是馬戲團的把戲。

組織要健全，首要條件就是嚴格要求績效。的確，要求目標管理，著眼於工作的目標要求，這些做法的主要原因之一就是，讓管理者為自身績效設定高標準。要做到這點，就必須正確瞭解何謂績效。績效不是一擊中的，而是要能夠相當長期地、在許多不同的任務上都能締造成效。績效紀錄不只記載一個人的優點，也要記載他的缺點，必須記載出過的錯，也必須記載失敗。

從未犯下大過小錯的人，做事從未失敗的人，都不值得信任。若不是他作假，就是他只做那些安全的、別人做過的、微不足道的事情。愈優秀的人，犯過的錯愈多，那是因為他所嘗試的新事物也愈多。

《管理：工作，責任，實務》

把績效定義為「平均打擊率」。塑造一種容許人們犯錯的氛圍。評估一個人的績效，就要看他是否「能夠長期持續地創造成效」。

哪些成效能夠發揮影響力

要創造哪些成效才能發揮影響力，帶來新氣象？

在決定「我應該貢獻什麼」之前，應該先問一個問題：「我在何處、又要如何才能創造出可以發揮影響力的成效？」回答這個問題必須考量幾個因素，並在其間取得平衡。成效目標在達成上應該要有難度。套句現在的流行用語來說，成效目標應該要有「延展度」（stretching）。但是，成效目標不該遙不可及。設定無法達成的目標，或是只有在最不可能的情況下才能達成的目標，這類做法並不代表「企圖心旺盛」，而是愚蠢。同時，成效應該是有意義的。成效應該要能發揮影響力，帶來新氣象。而且成效應該是具體可見的，如果可能的話，也應該是可以衡量的。

要決定「我應該貢獻什麼」，就必須在三項要素之間取得平衡。首先，應該提出以下這個問題：「在這種情況下，必須做什麼？」接著問：「根據我的長處、做事方式和價值觀，對於必須採取的行動我可以有何貢獻？」最後一個問題是：「要創造哪些成效才能發揮影響力？」回答了這三個問題，就可以得到行動結論：該做什麼，從何處著手，如何開始，該設定什麼目標，以及預定完成日期。

《典範移轉：杜拉克看未來管理》

釐清你的職位應該創造哪些成果才能發揮影響力。根據你的長處，如何才能做出最大的貢獻？設定目標，以及預定達成目標的日期。

自我管理：找出自己的優點

從績優到卓越，遠比從無能到平庸容易得多。

你可以利用反饋分析找出你自己的優點。做法很簡單，只要寫下每個你所做的重要決定和行動，以及你希望這些決定和行動可以創造哪些成果；接著，九到十二個月之後，檢討實際的成效是否達成預期目標。如此實施兩、三年之後，你就會知道哪些決定和行動所創造的實際成效達到了預期目標，甚至超過預期，你可以從中瞭解自己的優點所在。透過反饋分析找到你自己的優點之後，你就能藉此提升表現和成效。你可以遵循以下五個步驟。

首先，著眼於你的優點。第二，努力強化你的優點。你也許需要學習新知，或者更新原有的知識，以免落伍。第三，找出你有哪些習性讓你無法發揮所長。最糟糕、但也最常見的就是自大。績效不佳往往是因為不願意跨出自己狹窄的專業領域，追求這個領域以外的知識。第四，改掉不良習性和態度。壞習性如拖延耽擱、態度不佳等，經常會妨礙團隊合作。第五，找出你不適合從事的事務。

《典範移轉：杜拉克看未來管理》
「自我管理」（柯比迪亞線上課程）

利用反饋分析找出你的優點。然後，努力強化你的優點。找出妨礙你充分發揮優點的壞習慣，改掉這些壞習慣。找出適合你的事，盡力去做。最後，決定你不適合從事什麼事務。

自我管理：我的績效如何？

不符合個人價值的績效終會變質，進而削弱你的優點。

人各有其優缺點，同樣地，人們工作和展現績效的方式也各異。例如，有些人從閱讀中學習，有些人則是從傾聽中學習。靠閱讀學習的人不太可能成為成功的傾聽者，反之亦然。除了學習風格，塑造工作風格的要素還有其它。你和別人合作時的表現最好，還是獨自工作時成效最佳？如果你和別人合作時的表現最好，進一步思考，通常在這種情況下，你的身分是屬下、同僚，還是主管？你需要一個可預測的、結構嚴明的工作環境嗎？你在壓力下的表現良好嗎？

你還必須考慮你個人的價值觀：你的價值觀和你的優點相稱，或者至少是不相衝突的嗎？如果你的價值觀與你的優點相違背，一定要選擇價值觀。不符合個人價值的績效終會變質，進而削弱和破壞你的優點。以上只是部分必須回答的問題。重要的是，找出你自己獨特的工作風格。

《典範移轉：杜拉克看未來管理》
「自我管理」（柯比迪亞線上課程）

思考與實踐

回答本文提出的問題，藉此仔細思考你的工作風格。仔細思考你的價值觀。不要擔任一個會破壞你的價值觀的職務，不要在那種職位上發揮你的優點。找一個符合你的價值觀的職位。

自我管理：貢獻什麼？

成功的事業不是靠運氣或規劃；
只要能夠抓住一些可以發揮優點的機會，就可以建立成功的事業。

找出你的優點和工作風格之後，就可以開始尋找適當的機會。適當的機會指的是能夠讓你發揮優點，符合你的工作風格，並且符合你個人價值體系的工作。而且，這份工作能夠協助你做出正確的貢獻。但是，首先你必須決定你應該做出哪些貢獻。

找出你的「正確貢獻」是什麼，你才能夠從坐而言到起而行。你認為你應該貢獻什麼？換句話說，你如何在你的組織裡發揮影響力？適當的機會並不多，在尋找機會時，回答這些問題可以協助你分析各種機會。當適當的機會真的來臨，如果這個機會很適合你，又符合你的工作方式，那麼你最好接受這個機會。你必須仔細思考某個特定情況需要哪些條件。成功的事業就是透過這樣的過程建立的。成功的事業不是靠運氣或規劃；只要能夠抓住一些可以發揮優點的機會，就可以建立成功的事業。

《典範移轉：杜拉克看未來管理》
「自我管理」（柯比迪亞線上課程）

思考與實踐 尋找能夠讓你發揮所長、符合你的工作風格和價值觀的工作。

自我管理：工作關係

組織是以信任為基礎，信任的基礎則是溝通和互相瞭解。

瞭解你自己的優點、工作風格和價值觀是很重要的，而瞭解你周遭同事的優點、工作風格和價值觀，也一樣重要。每個人都是獨立的個體，你和其他人也許差異很大，但是，這種差異並不重要；重要的是，每個人是否都能有所表現。唯有當團體裡的每個成員都能夠像獨立的個體般有所表現，整個團體才會有穩定的績效表現。要做到這一點，你必須善用其他同事的優點、工作風格和價值觀。

在你找到自己的優點、工作風格和價值觀，並且瞭解你該做出什麼貢獻之後，你就必須思考，應該讓哪些人知道這些訊息。所有仰賴你的人和你仰賴的人，都必須知道你如何工作。此外，因為溝通是一個雙向過程，所以你自然也可以要求你的同事，仔細思考並說明他們自己的優點、工作風格和價值觀。

《典範移轉：杜拉克看未來管理》
「自我管理」（柯比迪亞線上課程）

列出那些仰賴你貢獻的人，以及他們每個人需要你提供的貢獻有哪些。列出你所仰賴的人，以及你需要他們提供哪些貢獻。將這些資訊通知這兩組人，並且確認每個人，包括你自己在內，都能得其所需。

管理你的上司

成功的最佳方法，就是跟對一個青雲直上的成功上司。

幾乎每個人至少都有一個上司。目前的趨勢是，知識工作者的上司人數會愈來愈多，他們的工作倚重愈來愈多人的批准和評估，他們需要這些人的支持。

如何成功地管理上司，這涉及到一些關鍵因素。首先，在一張紙上列出「上司名單」，包括每位你必須向他負責的人，每位評估你和你的工作績效的人，以及每位你的工作和你屬下的工作必須仰賴他的人。其次，每年至少拜訪一次上司名單裡的每一個人，問他們：「我所做的哪些事，還有我底下的人所做的哪些事對你的工作有所幫助？」以及「我們做的哪些事情妨礙了你，讓你的工作不順利？」你的責任是讓你的每名上司都能夠按照他們自己的工作風格工作，每個人都能像獨特的個人般創造績效。你的上司應該覺得輕鬆愉快，因為你的工作可以強化他們的優點，讓他們不受限於他們自己的缺陷和弱點。

《杜拉克談高效能的5個習慣》
「管理你的上司」（柯比迪亞線上課程）

列出「上司名單」。向名單上的每個人提出本文中提到的問題。

自我管理：生活的另一面

如何安排另一面的生活？

就體力而言，知識工作者可以一直工作到老年，遠超過傳統退休年齡的限制。但是，他們面臨一個新的風險：他們的心智可能會耗盡。四十餘歲的知識工作者最常碰到的痛苦情況，也就是一般所謂的「江郎才盡」，很少是因為壓力造成的。最常見的原因是對工作產生倦怠感。

一家大型成功企業的高階主管就曾經對我說：「我們公司的工程師工作很不起勁。你能不能找出原因？」於是我就跟十餘位工程部門的人員談話，他們能力高強、事業成功、收入豐厚。他們全都對我說：「我的工作攸關公司的成功。我喜歡我的工作。我做這個工作大概有十年了，我做得很好，覺得很自豪。但是，這些工作現在我就算閉著眼睛也會做，這份工作對我不再有挑戰性。我只是覺得乏味了。我不再像以前那樣，每天早上都很期待進辦公室。」表面上看來，公司顯然應該讓他們輪調職務，但是這麼做其實不對。這些人是一流的頂尖專才。他們需要的是重新感受到真正的樂趣，例如，其中一人開始幫高中生補習數學和科學。一旦你能再度挑起他們的興趣，他們就會恢復工作滿意度。

《典範移轉：杜拉克看未來管理》
「自我管理」（柯比迪亞線上課程）

設定一些與現有工作無關的目標。現在就開始追求那些目標。

9/18

自我管理：社會革命

自我管理以下列這些現實狀況為基礎：

員工壽命可能會比組織壽命長；知識工作者有流動性。

自我管理是人類社會的一場革命。自我管理讓個人面臨一些前所未見的新要求，尤其是知識工作者。事實上，自我管理需要每個知識工作者的思維和行動都要像一家公司的執行長。知識工作者的思想和行動因此都要進行幾近一百八十度的大轉變，與我們大多數人目前仍習以為常的思考和行為模式大相逕庭。

勞力工作者按照工作守則或主管指示來工作，知識工作者則必須自我管理。這種從勞力工作者到知識工作者的轉變，徹底挑戰了社會結構。因為每個現有的社會，甚至是最強調「個人主義」的社會，即使有時只是在潛意識裡，都認為有兩件事是理所當然的：組織壽命比員工壽命長；還有，大多數員工不會跳槽。自我管理所根據的卻是完全相反的事實。在美國，工作流動性已廣為接受。至於員工壽命比組織壽命長，因此我們必須為一個不同的人生下半場做好準備，這樣的想法即使在美國，仍然是一種革命，幾乎沒有人做好準備，面對這樣的革命。目前也沒有任何制度或機構為此做好準備，例如現有的退休制度。

《典範移轉：杜拉克看未來管理》

開始思考有哪些工作能讓你得到成就感，可以發展事業第二春。列出你有興趣的工作領域，包括擔任非營利組織的志工。

沒有競爭的生活

只要活得夠久，生活或工作難免會遭遇重大挫折。

在競爭激烈的情況下，愈來愈多功成名就的知識工作者，例如企業主管、大學教授、博物館館長、醫生等，男女都有，在四十餘歲時面臨事業的高原期。他們知道自己已經達到成就的頂峰。如果工作是他們生活的一切，那麼他們就有麻煩了。因此，知識工作者最好在很年輕的時候，就開始拓展一部分沒有競爭的生活，建立自己的生活圈，認真培養一些與工作無關的興趣。這些與工作無關的興趣可以讓他們有機會在工作之外，做出一些個人貢獻，並創造一些個人成就。

只要活得夠久，生活或工作難免會遭遇重大挫折。有位能力很強的工程師，他在四十二歲時，公司有升遷的機會，卻沒有選擇他，這時他才發現他在工作上不是那麼成功。但是，他在工作以外的領域卻表現得很成功，而且一直都很出色，例如在社區教會擔任出納。此外，一個人的家庭可能會破碎，但是在家庭之外，還是會有一群朋友或同好。

《典範移轉：杜拉克看未來管理》

「下一個社會」（柯比迪亞線上課程）

培養一種沒有壓力的興趣，不會帶來工作上的那種競爭壓力。試著在這個工作以外的興趣中找到一些同好。

用人決策

有高峰，就會有低谷。

人事決策是個大賭注，但是如果能夠先考量一個人能勝任什麼工作，再做決策，至少還算是個理性的賭注。高效能經營者善於運用員工的優點創造成效。他們在考量用人和升遷決策時，根據的是員工的能力；他們對人事布局的思考，不是盡量隱藏員工的缺點，而是盡量發揮員工的優點。能力強的人總會有重大弱點。有高峰，就會有低谷。沒有所謂的「好人」，關鍵是「好在哪裡」。你要尋找在某個重要領域表現優異的人，而不是一個各方面都還過得去的人。人只可能在一個領域裡表現優異，頂多專精於少數幾個領域。第一步一定是瞭解某個人在哪些方面應該可以表現得很好，然後要求他確實發揮長處。

弱點在某方面會是個重大攸關問題，而且與工作有關。品德和正直兩者本身並無法創造任何成效，但是欠缺品德和正直，卻足以敗事。就這方面而言，一個人若是缺乏品德和正直，就絕對不足以任事。

《杜拉克談高效能的5個習慣》

思考與實踐 考量人事決策時，務必瞭解出缺職務的需求。然後，選擇一個事實證明具備那個新職務所需技能的人。

「寡婦製造者」職位

「寡婦製造者」職位是指連續毀掉兩名優秀人才的職位。

「寡婦製造者」（widow-maker）是十九世紀新英格蘭地區造船業者的用語，意指打造精美、但卻可能會連續發生兩次致命意外事件的新船。遇到這種新船隻，他們並不打算修理它，而是立刻拆掉，避免再度發生意外事件。在組織裡，「寡婦製造者」是指連續毀掉兩名優秀人才的職位。幾乎可以肯定的是，這個工作會繼續毀掉第三個人，無論繼任的這個人有多麼優秀。唯一的解決之道就是撤消「寡婦製造者」職位，重新調整這個工作。「寡婦製造者」職位出現的時機，往往是組織正在快速成長或快速變化的時候。我曾經在許多組織裡觀察到這個現象。例如，某所大學花了十年轉型，從以大學教學為主轉變為以研究為主的大學。由於這所大學一直沿用舊有的架構，因此在轉型過程中扼殺了兩位傑出的校長和多位系主任。這所大學應該徹底改造整個結構，才能順利找到適合的人選擔任這些職位。

「寡婦製造者」職位通常是意外產生的。最早設立這個職位的人，個性中揉合了幾種罕見的性格特質，而他自己能在這個職位上勝任愉快。換句話說，這個職位看似合理，其實只是因為某種性格而創造出來，並不是為了實際存在的功能而設置的。別人無法勉強自己的性格，以符合該職務所需。

「人事決策」（柯比迪亞線上課程）
《管理：工作，責任，實務》

你的組織裡有沒有「寡婦製造者」職位？調整這類職位，否則就撤消它們。

9/22

超齡主管

如果你以後無法繼續待在組織裡解決組織的困難，
就不要參與決策。

公司老闆應該訂定一項政策，用以規範六十歲以上擔任主管職和專業職的人員。公司應該建立明確的基本規則，並且嚴格執行。這項基本規則就是，六十餘歲的人應該減少擔任主要的管理職務。不只主管是如此，對任何人而言都是如此。如果某些決策在未來數年內將會造成一些問題（大多數的決策都是如此），而做成這些決策的人無法繼續待在公司裡協助解決這些問題的話，那麼這些人一開始就不應該參與決策。年紀較長的高階主管應該轉而擔任獨立運作的職務，而不應該擔任必須管理屬下的「主管」職務。如此一來，他就可以專門負責某個重要的領域，做出貢獻。他可以提供建議、教導員工、制定標準、解決紛爭，而不是擔任「管理者」的角色。日本公司都設有「顧問」，他們的工作成效很好，有些人甚至一直工作到八十幾歲。

《管理新境》

為資深主管規劃一套退休制度。如果有些決策要等到這些主管退休之後才會開花結果，那麼在做這些決策時，絕對不能完全由這些資深主管來決定。

控制機制、控制、管理

一件事是否可能有意義，遠比事件本身還重要。

由於各種技術的進步，特別是迅速處理並分析大量資料的能力，我們愈來愈懂得如何設計企業裡和其他社會機構裡的控制機制。這在「控制」上有何意義？尤其是，管理階層要如何運用這些先進的控制機制，以達到更好的控制成效？因為對管理者的工作而言，控制機制純粹是達成目的的工具之一，而控制就是目的。如果我們面對的是社會機構中的個人，那麼控制機制必然要化為可以激勵個人的動機，才能達到控制的目的。控制機制所透露的訊息要轉化為行動依據，必須經過一個解讀的過程，把一種資訊解讀成另一種資訊，我們稱後者為「認知」。社會機構裡還有另一種複雜的狀況，另一種「不確定性原則」。社會機構裡的某種社會事件，我們不太可能預先設想要如何回應比較恰當。

如果控制機制的資訊顯示「獲利下降」，絕對不可能以「漲價」因應，更別提該漲價多少了；可是，如果控制機制的資訊顯示「銷售量減少」，也並不就意味著應該「降價」以求。因此，有時候，甚至連事件本身也是毫無意義的。但是，即使事件有其意義，我們也不能馬上斷言它的意義究竟為何。

《管理：工作，責任，實務》

檢討你在管理組織時所採用的各種績效評量方法。如果其中有些評量方法對組織的績效並無助益，那就取消這些評量方法。

控制機制：
既不客觀，也不中立

評量這件事改變了事件和觀察者。

所有我們在企業裡所面臨的社會情境，評量的行為既不客觀，也不中立。評量是很主觀的，也一定會有偏頗之處。評量這件事改變了事件和觀察者。社會情境裡，被挑選出來特別評量的事件，就變得有價值。某些現象被挑出來進行「控制」，就表示這些現象受到重視。企業之類的社會機構裡，控制機制可以用來設定目標和價值。它們並不「客觀」。它們必然具有道德判斷。控制機制創造了觀點，它們改變了接受評量的事件和觀察者。它們不僅賦予事件意義，也賦予價值。這表示，最基本的問題並不是「我們如何控制？」而是「我們的控制系統在評量什麼？」

《管理：工作，責任，實務》

思考與實踐 要記得，「評量什麼，就得到什麼」。每種績效評量方法都必須與你們的組織目標或價值觀有關。否則你就可能會誤導組織。

控制機制應該著重於成效

現代組織需要的是對外界的綜合感應機制。

每個社會機構的存在都是為了對社會、經濟和個人有所貢獻。因此，成效只存在於外部，即存於經濟體系、社會以及消費者身上。唯有消費者才能創造利潤。企業內部的一切都只會產生成本，都只是「成本中心」。要創造成效必須願意承擔風險。然而，我們對於「外部」的資訊並不充分，更別提這些資訊是否可信了。一世紀以來，我們耐心地分析管理上的內部現象、事件和資料，耐心而熟練地研究企業內部個別的運作和任務，但是這些都和企業任務沾不上邊。我們很容易便能記錄效率如何，並且將之量化，而所謂的效率，指的是付出的努力。如果某個工程部門設計出錯誤的產品，即使這個部門的效率最高，也沒有什麼價值。我敢說，IBM在一九五〇和一九六〇年代大肆擴張時期的營運多麼「有效率」其實不太重要；重要的是，他們基本的企業理念是正確而有效的。

企業外面的世界，也就是成效展現之處，比企業內部更不易理解。大企業的經營者們最核心的問題就是他們與外界隔絕。因此，現代組織需要的是能夠瞭解外界的綜合感應機制。如果現代的控制機制能夠有所貢獻的話，其貢獻就在於扮演這樣的感應機制角色。

《管理：工作，責任，實務》

設計一套方法，有系統地蒐集有關環境的重要資訊。這些資訊應該包括：顧客滿意度、非顧客的購買習性，技術的發展、競爭者以及相關的政府政策。

9/26

不可衡量事件的控制機制

在可衡量和不可衡量的事物之間取得平衡，
是管理階層必須不斷面對的核心問題。

企業就跟任何一個機構一樣，有些很重要的成果是無法衡量的。任何一位經驗豐富的經營者都知道，有些企業或產業注定會消聲匿跡，因為他們無法吸引和留住人才。凡是有經驗的經營者也知道，這點比一家企業或產業去年的損益表還重要。然而，這件事卻無法清楚定義，更別提要如何「量化」了。它絕非「無形」，其實它非常「具體」，只不過無法衡量。這件事，即使十年之內都看不到可以衡量的後果。

因此，在可衡量的和不可衡量的事物之間取得平衡，是管理階層必須不斷面對的核心問題，必須認真做出決定。因此，如果衡量方法未納入不可衡量的事物背後的假設，衡量方法就會產生誤導。實際上，這種衡量方法會提供錯誤的訊息。然而，當我們愈能夠量化那些真正可以衡量的領域，就會愈想要把重點完全放在這些可衡量的領域上，因此就愈可能面臨以下的風險：表面上，控制機制看似更強大，實際上控管效果卻更差，甚至整個企業都可能完全失控。

《管理：工作，責任，實務》

列出攸關組織是否能達成目標的不可衡量和可衡量的變數。針對那些可以用量化標準衡量的變數，設計一套量化評量方法；對於那些質化變數，則設計一套質化評量方法。

9/27

組織的終極控制

獎懲制度會影響人們的行為。

社會機構內部的控制機制有個無法突破的基本限制。社會機構是由人所組成的，每個人都有自己的目的、企圖心、想法和需求。機構再怎麼獨裁專制，還是必須滿足內部成員的企圖心和需求，而且是透過機構的獎勵、處罰、誘因和懲戒手段來滿足每個成員的個人需求。這在實務做法上是可以用量化方式達成的，例如加薪。但是這套制度的本質卻不是量化的，也無法量化。

組織真正的控制方式是：透過獎懲制度影響人們的行為。因此，對員工而言，獎懲制度可以真實呈現機構的價值觀，以及機構真正的目的和角色，而不只是表面上陳述的目的和角色。組織的終極控制在於人事決策，如果整套控制機制與組織的終極控制互有出入，那麼這套控制機制就會失去作用。最糟的情況則可能是引發永無止境的紛爭，造成組織失控。在設計組織的控制機制時，必須瞭解和分析企業真正的控制，也就是人事決策。我們必須明白，即使是配備電腦、功能強大的儀表板，也無法與人類組織裡無形的質化控制，也就是組織的獎懲制度，以及組織的價值觀和禁忌相匹敵。

《管理：工作，責任，實務》

詳細說明你們組織的獎懲制度，包括決定是否升遷某人時所採用的程序。評估你們組織的績效評量方法。在績效評量項目上表現優異者，一定要讓他們獲得獎勵和升遷。

兼顧短期的當下
和長遠的未來

可以這麼說，經理人一方面必須埋頭苦幹，
同時也要將眼光放遠——這簡直就是特技。

經理人有兩項特定的任務。第一項任務是建立真正的整體性，整體要比各部分相加的總和還要大，也就是說，建立一個能夠創造成效的實體，它的產出高於所投入資源的總和。經理人的第二項特定任務就是，做出每一個決策、採取每一項行動時，都必須同時考量眼前的需求和長遠的需求，並調和兩者。如果經理人犧牲其中任何一方，都會危及企業的發展。

如果經理人不為短期的未來預做準備，就遑論長遠的未來。經理人的所作所為都應該適當合宜，並且符合基本的長期目標和原則。如果他無法兼顧這兩個時間向度的需求，至少也要能夠平衡這兩者。他必須計算要犧牲多少長期的利益，來保障企業眼前的利益，或是計算他為了未來而犧牲了多少眼前的利益。他必須盡量減少這兩種犧牲，也必須盡量彌補因為犧牲而造成的破壞。他的生活和行動都必須放在這兩種時間尺度下衡量，而且他必須為企業的整體績效以及他在企業裡的個人績效負責。

《管理：工作，責任，實務》

設計一個績效評量制度，這個制度必須能夠將你們組織的財富創造能力發揮到極致。這個制度應該包括短期和長期的評量指標，也應該同時具備量化和質化的指標。

專才的陷阱

「我正在建造一座大教堂。」

有一個關於三個石匠的古老故事。故事是這樣的：有人問三個石匠他們在做什麼，第一個石匠回答：「我在討生活。」第二個石匠一邊敲敲打打，一邊說：「我做的是全國最棒的石雕工作。」第三個石匠抬起頭，他的眼中閃耀著憧憬的光芒，回答說：「我正在建造一座大教堂。」當然，第三個石匠才是真正的經理人。第一個石匠知道自己希望從工作當中得到什麼，並且努力達成目標。他可能會「拿多少薪水做多少事」，但他並不是經理人，也永遠不可能是經理人。第二個石匠是個問題人物。專業技能很重要：事實上，如果一個組織不要求內部成員充分發揮他們的技能，組織的士氣會很低落。不過，這必然也會有一種風險，真正的工匠，也就是說，真正的專業人士，相信自己正在成就某件重要的事情，但其實他所做的只是磨光石頭或者整理附注。企業必須鼓勵員工發揮專業技能，但是一定要符合整體組織的需求。

《管理：工作，責任，實務》

設計一個流程，好讓組織裡的每個人都瞭解，組織在製造產品和提供服務時，他們可以有哪些貢獻。

薪津結構

薪津制度必須在肯定個人績效，和維持團體的永續穩定發展之間，取得平衡。

員工一定要領薪水，但是每種薪津制度都可能會有所誤導。薪津制度必然會反映員工在企業內部和社會上的身分地位，顯示公司對於一個人的價值和績效所做的判斷。當然，金錢是量化的，但是任何薪津制度裡的金錢會呈現出最無形、也最敏感的價值觀和特質。因此，薪津制度不容易有一套「科學公式」。

最佳的薪津方案可能必須在薪津所代表的各種不同功能和意義間妥協，對個人和團體而言都是如此。即使是最好的薪津方案都可能在強化組織的同時，破壞組織；在導正組織的同時，誤導組織；鼓勵正確的行為時，也誘發了錯誤的行為。簡單的薪津制度應該比複雜的要好。比較好的薪津制度有酌情處理的空間，使薪津結構符合每個人的職務，而不是把同樣的公式套用在所有人身上。務必小心，別讓薪津制度獎勵錯誤的行為，強調錯誤的成效，引導人們偏離正軌，而無法創造有利於整體組織的績效。

《管理：工作，責任，實務》

思考與實踐　設計一套能夠獎勵個人績效的薪津制度，在個人獎勵和有助於維持整體組織永續發展的獎勵之間，取得平衡。

OCTOBER

十月

1. 追求完美
2. 決策目標
3. 決策
4. 正確的妥協
5. 將行動納入決策
6. 徵求不同意見
7. 決策流程的要素
8. 決策是必要的嗎？
9. 歸納問題
10. 問對的問題
11. 定義問題的原則
12. 說服他人接受決策
13. 根據結果檢驗決策
14. 做決策時持續學習
15. 賦予決策的責任
16. 社會的正當權力
17. 社會良心
18. 資本主義的正當性
19. 超越資本主義
20. 利益動機的效率
21. 超級國家
22. 政府的目的
23. 政府的分權化
24. 強而有力的政府
25. 國際社會裡的政府
26. 我們要強而有力的工會
27. 知識工作者的政治地位
28. 企業也是政治機構
29. 化善念為成效
30. 非營利組織的基金開發
31. 非營利組織的高效能董事會

追求完美

「眾神看得到。」

西元前四四〇年左右，古希臘最偉大的雕刻家菲狄亞斯（Phidias）完成了雅典帕特儂神殿屋頂上的雕像，兩千四百多年後的今天，這些雕像仍然矗立在神殿上。當菲狄亞斯向雅典市申請費用時，雅典市的會記人員拒絕付款。「這些雕像位於神殿的屋頂上，而神殿位於雅典最高的山丘上。大家只看得到那些雕像的正面，雕像背面根本沒有人在看。可是，你卻要求我們支付雕刻整座雕像的費用，也就是說，包括雕像背面的費用。」「你錯了，」菲狄亞斯反駁說：「眾神看得到。」

每當有人問我覺得自己寫的哪一本書最好，我總是微笑回答：「下一本。」我不是在開玩笑。我的回答和威爾第有異曲同工之妙。威爾第曾經說，他在八十歲創作歌劇，是為了追求他一直無法達到的完美境界。雖然我現在比威爾第寫出歌劇「法斯塔夫」（Falstaff）時的年紀還要大，但是我仍在構思並著手寫作兩本新書，我希望這兩本書會比所有我寫過的書更好、更重要，而且更臻於卓越的境界。

《杜拉克看亞洲》

思考與實踐　無論多麼困難，你的所作所為都要追求盡善盡美。

決策目標

決策必須滿足邊界條件，才會有效。

決策流程必須先釐清決策希望完成什麼事情。這個決策必須達成的目標為何？用科學的術語來說，這就是所謂的「邊界條件」（boundary conditions）。決策的結果必須能夠達成當初設定的目的，決策才有效益。邊界條件設定得愈精確、愈清楚，這個決策就愈可能達到效果，也愈可能達成當初所設定的目標。相反地，無論某個決策從表面看來是多麼英明，但是如果定義邊界條件時出現嚴重缺失，這個決策恐怕注定無法產生效益。

「解決這個問題的最低要求為何？」這個問題通常可以用來確認邊界條件。「如果取消部門主管的自主權，可以滿足我們的需求嗎？」一九二二年，史隆接掌通用汽車公司時如此自問。他的答案顯然是否定的。這個問題的邊界條件是要求高階營運主管權責相符。同樣重要的是，總公司和各部門必須握有掌控權。在這個邊界條件下，應該做的是針對組織架構的問題提出解決之道，而不是調整人事。基於這樣的認知，他所提出的解決之道就能可長可久。

《杜拉克談高效能的5個習慣》

選一個你目前要做的決策。清楚列出你這個決策希望達成什麼目標，或是滿足什麼需求。

決策

一開始就要做正確的事，而不是還過得去的事。

每個人打從一開始就必須做正確的事，而不是還過得去的事，因為每個人到最後總是會妥協。但是，如果一個人不知道什麼是正確的事，他就無法分辨什麼是正確的妥協，什麼是錯誤的妥協，結果便是做出錯誤的妥協。這是我一九四四年首次承接大型顧問業務時，學到的教訓。那次的業務內容是研究通用汽車公司的組織架構和管理政策，當時任通用汽車董事長兼執行長的是史隆。在我剛開始進行這項工作時，他把我叫去他的辦公室，對我說；「我不會告訴你該研究什麼，該寫些什麼，也不會要求你做什麼結論。我對你唯一的指示就是，你覺得什麼是正確的，就記下來。最重要的是，不要考慮你該如何妥協，才能讓我們接受你的建議。我們公司裡的每一位高階主管，不用你教，也都知道如何妥協。但是，你得先告訴他們怎麼做才是『正確』的，他們才能做出正確的妥協。」

正在慎思如何下決策的經營者，恐怕要特別重視這些話。

《杜拉克談高效能的5個習慣》

以你回應前篇文章「實踐點」的那個決策為例，說明你希望那個決策達到什麼成果，才能完全符合你的要求。

正確的妥協

「聊勝於無。」

每個人打從一開始就必須做正確的事，而不是差強人意的事（暫且不論誰是誰非），因為到最後每個人總是會妥協。但是，如果一個人不知道什麼才是合於各種要求和邊界條件的正確的事，就無法分辨正確的和錯誤的妥協，結果便會做出錯誤的妥協。

妥協有兩種。第一種可以用「聊勝於無」這句古老諺語來說明；另一種可以用聖經中「所羅門王的裁決」這個故事來說明。所羅門王的裁決顯然是基於這樣的想法：半個嬰孩比完全得不到嬰孩更糟糕。第一種妥協下，決策還是能滿足邊界條件，比如說，想要麵包的目的是食物供給，半條麵包也是食物。但是，半個嬰孩並不能滿足邊界條件。因為半個嬰孩並不是半個活生生的孩童，而是被拉扯為兩半的屍體。

《杜拉克談高效能的5個習慣》

仔細思考你在閱讀前兩篇文章時提出的問題。做一個「半條麵包」型的妥協決策，但是決策方向是正確的，符合最理想解決之道的方向。接著，再想一個屬於「沒有麵包」類型的妥協。

將行動納入決策

指派某人執行決策，負起責任，並設定完成日期；如此一來，決策才不致流於空泛的期望。

決策是對行動的承諾。確實執行決策後，才算是真正落實決策。有件事可說是理所當然，那就是必須執行決策的人往往不是那些做決策的人。事實上，決策必須在指派某人執行，負起責任，並設定完成日期後，才算是真正做過決策，否則決策只不過是一種期望而已。

做決策的時候，打從一開始，就把所需要採取的行動納入決策，這樣一來，決策才可能產生成效。要把決策化為行動，必須回答以下幾個問題：

- 誰該知道這個決策？
- 應該採取什麼行動？
- 誰要採取那項行動？
- 行動的內容應該如何規劃，才能讓行動者勝任愉快？

行動的內容必須是負責執行的人能夠勝任的。這一點很重要，特別是如果負責執行的人必須改變行為、習慣或態度，才能有效執行這項決策的時候。

《杜拉克談高效能的5個習慣》
「決策的要素」（柯比迪亞線上課程）

仔細思考一個你曾經做過的決策。誰該知道這個決策？應該採取什麼行動？誰將採取那個行動？確定負責執行的人能夠勝任這項行動。

10/
6

徵求不同意見

高效能的決策者會徵求不同意見。

經營者所做的決策並不會因為大家一面倒地贊成就會變成好的決策。唯有透過相左想法的激盪，不同觀點的交流，在不同判斷間抉擇，才可能出現好的決策。決策的第一條規則就是，沒有意見分歧，就沒有決策。

曾經有報導指出，在通用汽車一場由高階主管委員會召開的會議裡，史隆曾經這麼說：「各位先生，我認為我們大家對這項決策都完全沒有異議。」與會的每一個人都點頭表示同意。史隆接著說：「那麼，我建議我們延後討論這項議題，等到下次會議再談，好讓大家有時間醞釀一些不同的意見，或許也可以進一步瞭解這項決策。」為何需要不同的意見？理由有三。首先，不同意見可以避免決策者受制於組織。這樣一來，每個人都是特別辯護人，爭取大家同意他所支持的決定，而且往往是出自真心誠意。第二，只要有不同意見，決策時就可以提出一些替代方案以供選擇。沒有替代方案的決策，無論經過多麼周詳的思慮，仍然像是絕望賭徒的孤注一擲。最後一點就是，透過不同的意見，能激發大家的想像力。

《管理：工作，責任，實務》

針對某個決策，設法要觀點不同的人參與決策過程，如此才能獲得不同的意見。根據「什麼是對的」做選擇，而不是「誰是對的」。

10/7

決策流程的要素

只要疏忽了決策流程當中的一個要素，
決策就會像一面偷工減料而遇到地震的牆。

好的決策者知道，決策本身自有一套流程，也有一組規範明確的要素和步驟。每個決策都有風險：決策即是把現有資源投注於未知而不確定的未來。但是，如果能夠切實遵行決策流程，採取必要的步驟，決策風險就可以降至最低，而且最後成功的可能性也會很高。好的決策者知道：

- 何時該做決策；
- 決策最重要的就是，確認該決策要解決的是正確的問題；
- 如何定義這個問題；
- 在經過深思熟慮何謂正確的決策前，絕不會退而求其次，考慮勉強過得去的做法；
- 到最後他們很可能必須妥協；
- 他們必須確實執行決策，達成目標，才算真正落實決策。

《杜拉克談高效能的5個習慣》
「決策的要素」（柯比迪亞線上課程）

選擇你目前面臨的一個困難。那個困難是什麼？在你確定已經正確且徹底地分析過那個問題之後，再按部就班地做出決策。

決策是必要的嗎？

盡量不做不必要的決策，
就像優秀的外科醫師盡量不動不必要的手術。

不必要的決策不僅浪費時間和資源，也可能使得所有決策失去成效。因此，能夠分辨必要的和不必要的決策，是很重要的。外科醫師也許是有效決策的最佳例證。數千年來，外科醫師每天都必須做出高風險的決定。既然所有的外科手術都有風險，那麼就必須避免不必要的手術。外科醫師的決策守則是：

守則一：如果某種病症可能可以自行痊癒，或者病情可能趨於穩定，而不會對病人造成風險、危難或者太大的痛苦，那麼就先觀察一陣子，並且定期檢查，而不要動手術。在這種情況下，動手術是不必要的決定。

守則二：如果病況惡化或者會有生命危險，而你可以採取一些因應行動，那麼就去做吧！而且行動要迅速大膽。雖然這麼做會有風險，但卻是必要的決定。

守則三：這是介於兩者之間、而且最常見的情況。病況並沒有惡化，也沒有生命危險，卻也不會自行痊癒，而且病情相當嚴重。這種情況下，外科醫生就必須權衡機會與風險。在做這種決定時，外科醫師的水準高下立見。

《杜拉克談高效能的5個習慣》
「決策的要素」（柯比迪亞線上課程）

列出目前你面臨的三個問題。將這三個問題歸類為守則一、二或三的類型。不做不必要的決定。

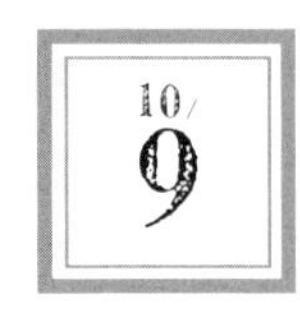

歸納問題

最常發生的錯誤就是，把一般情況當成一連串的獨特事件。

經營者所面對的問題可分為四大類：

1. 組織內部或整個產業經常碰到的一般事件。
2. 對組織而言很獨特，對整個產業卻很普遍的一般事件。
3. 真的很獨特的事件。
4. 表面看來很獨特，但其實只是首度出現的一般事件。

除了真的很獨特的事件之外，其他的一般事件就應該用一般方法解決。一般問題就採用標準規則和既有做法來處理。設計好正確的原則之後，只要應用這些標準規則，就可以處理各種一般事件。經營者唯一要做的，就是根據每個問題的實際狀況，調整處理原則。不過，獨特的事件需要獨特的解決方法，而且必須個別處置。真正獨特的事件很少；組織碰到的每一個問題，以前一定都有人曾經提出解決方法。採取標準規則或原則已足以解決大多類型的問題。

《杜拉克談高效能的5個習慣》
「決策的要素」（柯比迪亞線上課程）

舉出一個你手邊可以用一般方法處理的問題。這個解決方法是什麼？舉出一個必須採用獨特方法解決的問題，按照有效決策的原則規劃這個獨特的解決方法。

問對的問題

針對錯誤的問題，提出正確的解答，結果是難以收拾的殘局。

有效決策最重要的一個條件恐怕就是定義問題，然而，這也是經營者最不重視的。針對正確的問題，提出錯誤的解答，這種情況往往可以修正和挽救。但是，若是針對錯誤的問題，提出正確的解答，就很難收拾殘局，至少這是很難察覺的謬誤。

美國製造業規模最大的企業當中，有一家對自己的安全紀錄感到很自豪。這家公司平均每一千名員工發生意外事件的人數是業界最少的，與全球各國製造業的工作安全數字相比，也算相當低。但是，這家公司的工會不斷指責公司的意外發生率高得驚人，職業安全暨健康委員會（OSHA）也對他們提出同樣的指責。公司認為這是公共關係出了問題，便花了大筆經費做廣告，宣傳他們幾近完美的安全紀錄。但是工會依然繼續指責公司。這家公司把全公司的意外事件加總之後，計算出平均每千人發生的意外事件數，卻沒有發現有幾個部門的意外事件發生率特別高。如果這家公司在報告中單獨統計幾個部門的意外事件，他們便會立刻發現，約有3%的部門，意外事件發生率高於平均值。甚至，有少數幾個單位的意外發生率其實高得離譜。而這些部門正是向工會抱怨工作安全問題最多的部門；而被列入紀錄、納入OSHA報告的，正是這些部門的意外事件。

《杜拉克談高效能的5個習慣》
「決策的要素」（柯比迪亞線上課程）

上述這家製造公司把意外事件的問題定義為公關問題。這種定義方式之所以錯誤，是因為忽略哪些「事實」？

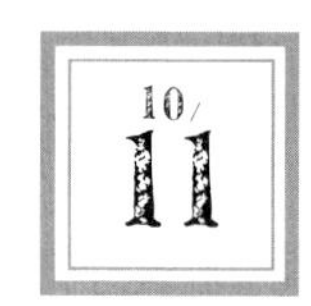

定義問題的原則

定義問題的時候，必須將所有可觀察到的事實都納入考量，並加以詮釋，否則問題的定義就會不完整或者不正確。

效能決策者如何決定什麼才是正確的問題？效能決策者會問問自己：

- 整體情況如何？
- 有哪些事情與這個情況有關？
- 這個情況的關鍵是什麼？

上述問題都不是新問題，但是在定義問題時，這些問題極為重要。我們必須從各個不同的角度思考問題，才能確保我們處理的是正確的問題。要確定問題的界定是否正確，方法之一就是根據可觀察到的事實來查證。定義問題的時候，必須將所有可觀察到的事實都納入考量，並加以詮釋，否則問題的界定就會不完整，更可能是不正確的。一旦正確地界定問題之後，接下來，做決策就很容易了。

《杜拉克談高效能的5個習慣》
「決策的要素」（柯比迪亞線上課程）

你或你們組織裡的某個人是否曾經針對錯誤的問題提出正確的答案，舉個例子。當初你們應該採取哪些不同的做法，才能確保你們解決的是正確的問題？

10/
12

說服他人接受決策

如果你在做了決策後才開始說服別人接受，
這個決策恐怕不太可能成功。

除非組織願意接受決策，否則決策便無法成功，仍舊只是紙上談兵的一個立意良善的想法。決策若要有效，從決策流程的一開始就必須讓其他人接受這個決策。這是日本經理人值得學習的一點。早在決策流程剛開始啟動之時，也就是遠在完成決策之前，日本經理人就開始說服其他人接受這個決策。

只要是可能會受到某個決策影響的人，日本經理人都會要求他寫下該決策可能會對他的工作、職位和他所屬的單位造成哪些影響，例如某個決策的內容可能是這家公司打算與一家西方企業合資，或者收購一家很有潛力的美國公司的少數股份。公司明白禁止他對這項公司可能採取的行動表達意見、提出建議或反對，但是希望他能仔細思考這項行動。如此一來，經營者就能夠瞭解每名員工的立場。接著，經營者由上而下地做出決策。日本組織裡不太有所謂的「參與式管理」。但是，無論個人喜不喜歡某項決策，該決策可能會影響到的每個人都會知道該決策的來龍去脈，並且做好準備。決策者根本不需要說服他人，因為他人已經被說服了。

《管理：工作，責任，實務》
「決策的要素」（柯比迪亞線上課程）

把未來要負責執行某項決策的人全都納入決策流程。然後根據他們在參與過程中所做的貢獻，來判斷誰最可能有效執行這項決策。

根據結果檢驗決策

「可憐的艾克……現在……他下命令，根本沒有人會理他。」

決策應該納入反饋機制，才能根據實際發生的事件，持續檢驗這項決策是否達成預期的目標。決策必須靠人執行，而人難免會犯錯；即使盡了全力，工作成果還是可能無法持久。而即使是最好的決策，還是很有可能是錯的。即使是最有效益的決策，到最後也可能會落伍。

艾森豪將軍當選美國總統時，他的前任總統杜魯門說：「可憐的艾克（艾森豪），他當將軍的時候，令出如山，屬下立刻執行。現在他要坐進總統的大辦公室了，以後他下命令，根本沒有人會理他。」不過，「根本沒有人會理他」並不是因為將軍的權威比總統大，而是因為軍事單位很早就知道，大部分的命令都會被當做耳邊風，因此設立了反饋機制，以查核命令執行的情況。他們很久以前就已經明白，親自視察是唯一可靠的反饋機制。通常總統只能要求屬下提出執行情況的報告，可惜報告並沒有太大的作用。

《杜拉克談高效能的5個習慣》

你一定要實地訪查，獲得現場的資訊。瞭解決策是否達到當初預期的成果。

10/14

做決策時持續學習

把執行決策的成果與當初預期的目標做一對照，
其中的收穫可以讓一個資質平庸的經營者變成一位稱職的決策者。

在做決策時，最重要的一點就是把持續學習當做經營者的分內工作。要做到這一點，就必須把執行決策的成果與當初預期的目標做一比較。經營者做了一項重要決策之後，就寫下他們預期這項決策將達成什麼目標，以及預計達成的時間。經過九個月或一年之後，這名經營者就開始把實際成果和當初預期的成果做比較，而在執行決策的整個過程中，都應該持續這麼做。以一件購併案為例，完全整合被收購公司大約需要二至五年，在這段期間，一名經營者便要持續把實際成果和當初預期的成果做比較。

我們從這種比較當中學到的事情之多、之快，實在驚人。距今二千四百年前，希臘的希波克拉底就教導內科醫生在開處方之後，記下他們認為病人在接受這樣的治療之後，也就是執行他們所做的決策之後，病情應該會如何發展。每位經驗豐富的內科醫生都會告訴你，這麼做可以在短短數年之內，讓資質平庸的醫生變成稱職的執業醫生。

《杜拉克談高效能的5個習慣》
「決策的要素」（柯比迪亞線上課程）

做了一個重要決策之後，一定要寫下你預期的成果。經過一段適當時間之後，實地訪查執行的結果。把這個結果和你當初預期的成效做比較。往後做決策時，好好應用這次學到的經驗。

賦予決策的責任

經營者的身段應該夠高，才有權威做決策；
同時也要夠低，才能對情況瞭如指掌。

所有商業決策的本質，取決於四種基本特質。第一，決策具有不同程度的未來性，即這項決策給公司多長遠的未來？第二項標準是這項決策對其他部門、其他領域、或者整個公司的影響。第三個特質是，這個決策納入多少質化因素，如基本的行為準則、倫理道德、社會和政治信念等等。決策的最後一項分類標準是，這些決策是常發還是偶發，或甚是獨一無二的。

決策層級應該要儘量降低，盡可能接近實際執行的層級；不過，決策層級也要夠高，才能把所有會受到影響的行動和目標全部納入考量。決策的第一個特質顯示，決策層級應該深入基層的程度；第二個特質則顯示，決策能夠深入到哪個層級，還有哪些經理人應該參與決策，應該把這個決策的內容通知哪些經理人。由這兩者，我們便能知道，某項行動應該由哪個層級來執行。

《管理：工作，責任，實務》

儘量把決策層級下放，盡可能接近實際執行的層級。但是要記住：組織執行某項決策的時間愈長，這項決策對其他部門的影響就愈廣泛，牽涉到的質化因素就愈多。此外，決策愈不屬於常態，決策的層級就應該愈高。

社會的正當權力

決定性的社會權力必須具備正當性，社會才能正常運作。

正當權力來自與人性和成就有關的基本社會信念，而人性和成就是個人社會地位和功能的基礎。沒錯，正當權力可以定義為統治權，統治權的正當性取決於社會的基本特質。每個社會裡都有許多權力與上述原則無關，還有許多組織的規畫或宗旨絕對不是為了實踐這個原則。換句話說，在自由社會裡，總會有許多「缺乏自由精神」的組織；在公平的社會裡，總會有許多的不公平；而在聖人之中，總還有許多罪人。但是，只要我們稱之為統治權的這種決定性社會權力是基於自由、平等或神聖高潔的訴求，而且負責行使統治權的機構是為了達成這些理想目標而規劃、設計的，那麼社會就可以像一個自由、平等或神聖的社會那樣運作。因為這個組織的架構是正當權力的架構。

《工業人的未來》

思考一下，海珊垮台之後，在伊拉克建立正當權力的問題。哪些「缺乏自由精神」的機構可能會繼續存在？一旦建立正當權力之後，哪些不公平的情況可能會持續存在？

社會良心

宗教若接受社會，就會背棄它所謂真正的天國。

《經濟人的末日》這本書最後的結論是，教會終究無法做為歐洲社會和歐洲政治的基礎。他們終究會失敗，不過失敗的原因與當代人常常漠視教會的原因不同。對於個人的絕望和生存的痛苦，宗教的確能夠提供解答。但是，宗教無法解除社會大眾的絕望。這個結論恐怕到今天仍然適用。西方人——實際上是所有的人，都還沒有準備好棄絕這個世界。的確，如果人類對救贖還有所期待的話，他仍然會追求現世的救贖。教會，尤其是基督教會，可以（而且也應該）宣揚「社會福音」，但是他們不能（也不應該）用政治代替神的恩典，也不能用社會科學取代贖罪。宗教是每個社會的批判者，如果宗教接受社會、或甚至任何社會計畫，就會背棄它所謂真正的天國，一個靈魂單獨與上帝同在的天國。這點正是教會做為社會良心的優點，同時也顯示教會不適合做為社會的政治及社會力量的弱點，這個弱點是無法修正的。

《經濟人的末日》

思考與實踐　宗教應該成為社會的批判者，而不是變成一股政治勢力。根據這個原則，目前宗教在美國扮演的角色為何？

10/18

資本主義的正當性

資本主義做為一種社會制度和信條，代表的是一種信念，
也就是相信在一個自由平等的社會裡，
經濟的進步可以促進個人的自由和平等。

資本主義期待私人利益成為社會行為的最高主宰，從而創造一個自由平等的社會。當然，「利益動機」並不是資本主義創造出來的。利益一向都是人類的主要動機之一，無論這個人是生活在哪種社會制度裡，未來也將會是如此。但是，資本主義信念是第一個、也是唯一一個對利益動機提出正面評價的社會信念。資本主義認為，只要透過利益動機，自由平等的理想社會就會自動實現。在資本主義之前，所有信念都認為利益動機對社會有害，或者至少是中性的。

因此，資本主義必須維持經濟領域的獨立自主，這表示經濟活動不能受到非經濟因素的影響，經濟活動的位階必須高於這些考量。我們必須匯集所有的社會能量以提升經濟目標，因為我們期待經濟進步將會帶來太平盛世。這就是資本主義：若沒有這個社會目標，資本主義就毫無意義，也沒有存在的正當性。

《經濟人的末日》

仔細思考一下，你或你的組織所從事的經濟活動，對社會有多少貢獻？

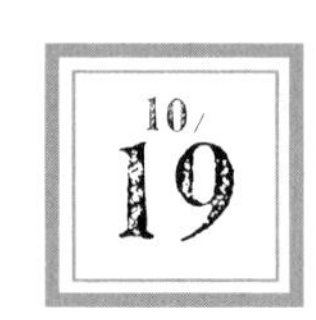

超越資本主義

我相信，如果經理人一手收取豐厚的利益，卻另一手開除員工，這在社會上和道德上都是不能原諒的。

我贊成自由市場。雖然自由市場的運作並不是非常有效，但是其他方式則是完全行不通。不過，我對於資本主義制度有一些重大的保留意見，因為資本主義盲目地將經濟當做生命的全部和生命的終極目的。其實，經濟只是生命的一個面向而已。例如，我常常對經理人提出忠告，如果他們不想引起員工怨恨，造成員工士氣低落而影響到公司，就不能讓資深主管和一般白領員工之間的薪水比例高過二十比一。

時至今日，我相信，如果經理人一手收取豐厚的利益，卻另一手開除員工，這在社會上和道德上都是不能原諒的。這麼做會受到中階主管和一般員工的鄙視，社會將會為此付出重大代價。簡而言之，生而為人的意義，以及被當做人來對待的意義，這兩者牽涉到的所有層面都不在資本主義的經濟計算之中。任由這種缺乏遠見的制度主宰生命的其他層面，對任何社會都是不利的。

《下一個社會》

思考與實踐

你的組織裡是否有主管一手拿取豐厚利益，一手大幅裁員。舉例說明這種做法如何遭到員工鄙視，造成士氣低落。

利益動機的效率

唯有利益動機可以透過對事物的掌控而帶來成就感。

唯一要緊而有意義的問題是：追求權力可以朝很多方向發展，而其中在社會上最有效率的發展方向是否就是利益動機？我們可以說，在我們所知的現有發展方向當中，利益動機的社會，效率即使不是最高，排名也可以說相當前面。對權力的渴望有很多種表達形式，除了利益動機之外，任何其他已知的形式都會讓野心勃勃的人擁有直接的權力，讓他們掌控其他人以獲得滿足。唯有利益動機是透過對事物的掌控來創造成就感。

《企業的概念》

思考與實踐

採取以下立場：相較於對人的權力，對事物的權力所隱含的社會危險性較低。

超級國家

政府不再是規則制定者、協調者、保險者、付款代理人。
政府變成行動者和經理人。

在帝國和超級大國數百年的發展史中，政治現實中唯一的國家型態就是民族國家（nation-state）。但是在過去的一百年間，民族國家經歷了深遠的變化。民族國家轉變成為超級國家（Megastate）。這種轉變是從十九世紀後期的數十年間開始產生的。朝向超級國家發展的第一小步是德國首相俾斯麥在一八八〇年代發明的福利國家（Welfare State）。第一次世界大戰之後的那段時期，還有另一項重要的社會方案，那就是英國的國家健康服務（National Health Service）。這是第一個（獨裁國家之外）把政府由保險者或供應者擴大到其他角色的制度。在這個制度之下，醫院和醫療服務都由政府接管。醫院內的工作人員成為公務員；實際上是政府在管理醫院。

到了一九六〇年，所有的已開發國家都普遍認為，最適合處理所有社會問題和社會工作的就是政府。這種想法一直到一九九〇年代才有所轉變。

《杜拉克談未來企業》

上網查一下英國的國家健康服務提供了哪些服務。根據英國的例子，和就你所知的其他例子，由國家提供醫療服務，以及由非營利和營利機構提供醫療服務，這兩種做法的成效如何，提出你的意見。

10/
22

政府的目的

所有的政府都是「形式的政府」。

政府是很差勁的管理者。政府必須注重程序，因此必定龐然而笨拙。政府非常清楚他們管理的是人民大眾的資金，每一分錢都必須交待得清清楚楚。政府不得不變得很「官僚」。政府究竟是「法律的政府」，還是「人民的政府」，有待商榷。但是，就定義而言，所有的政府都是「形式的政府」（government of forms）。這必然會造成很高的成本。

但是，政府的目的是做一些基本決策，而且決策要很有效能。政府的目的是讓社會的政治能量有集中的焦點。政府的目的是放大議題，提供基本的選擇。換言之，政府的目的是治理。我們已經知道，在其他類型的機構裡，治理和「執行」無法並存。如果把治理和「執行」大規模地結合在一起，就會破壞決策能力。企業和現代化政府目前面臨的問題是一樣的，只是規模小得多，那就是「治理」和「執行」間的衝突。企業經理人明白，這兩者必須分開，而最高階的主管，也就是決策者，必須脫離「執行」。否則，決策者就無法做決策，「執行」也無法落實。用企業的術語來說，這就是「分權式管理」（decentralization）。

《不連續的時代》

思考與實踐

有哪些例子可以清楚說明，非營利組織比政府單位更能夠有效地處理某個社會問題。

政府的分權化

回復私有化可以讓癱軟無能的政府恢復一些能力和績效。

「分權化」應用在政府體制上，並不是另外一種形式的「聯邦制」。聯邦制是由地方政府而不是中央政府負責「執行」的工作；分權化則是有系統地利用政府以外的機構，也就是所謂的非政府機構負責實際落實，包括實施、運作和執行。

政府首先應該提出這個問題：「這些非政府機構如何運作？他們能做什麼？」接著則提出這個問題：「應該如何制定和規劃政治目標和社會目標，好讓非政府機構藉由這些機會展現績效？」接著再問：「根據這些機構的能力和才幹，他們可以提供哪些機會為政府達成政治目標？」回復私有化並不會削弱政府。其實，回復私有化的目的是讓癱軟又無能的政府恢復一些能力和績效。我們不能再讓政府繼續現有的做法，否則只會造成更嚴重的官僚作風，卻無法創造更高的績效。

《不連續的時代》

草擬一份計畫書，把某個社會計畫變成你們組織的機會，或者是你們可能想推動的計畫。

10/
24

強而有力的政府

政府要像指揮家，思考每種樂器最適合的表現方式。

我們並沒有像馬克思所預言的，面臨「國家式微」的情況。相反地，我們需要一個活力十足、強而有力、出奇活躍的政府。但是我們的確必須抉擇，我們是要一個龐大而無能的政府，還是一個強而有力的政府，後者之所以強而有力，是因為政府只負責決策和方向，把「執行」交由其他機構來負責。我們並沒有面臨「再度採取放任政策」的情況，放任是指政府放手，不管經濟如何發展。在這個由各式各樣組織所組成的多元化社會裡，我們在所有的重要領域裡都擁有一個新的選擇：自然發展成形的多樣性，利用各種機構從事他們最擅長的事。

政府要找出，如何制定某個政治目標，才能吸引獨立機構當中的一個來執行這個目標。我們讚美作曲家能夠譜出「編寫完善」的樂曲，是因為他的音樂能充分發揮法國號、小提琴或長笛的特色；同理，我們也可以讚美立法者把某項工作規劃得很好，適合由多元社會裡的那些獨立自主的私人機構來執行。

《不連續的時代》

寫信給編輯，讚美某立法者將政府方案劃由非政府機構來管理，而在政府方案的不足之處，也能夠解決社會問題。

國際社會裡的政府

外國援助最有效益的項目恐怕就是環保了。

在國際社會裡，我們需要強而有力的高效能政府，才能讓我們犧牲部分國家主權，好讓一些針對國際社會和全球經濟而成立的超國家機構能夠順利運作。

環保方面目前很需要國際性的生態法律。我們也許可以「隔離」汙染源，並且在國際商品貿易中，禁運那些在嚴重汙染、破壞人類居住地的情況下生產的商品，例如，汙染海洋、加劇地球的溫室效應或是破壞臭氧層等。但是，這些貿易政策會被指責為「干涉主權國家」——事實也的確如此。環保政策可能需要已開發的富裕國家補助開發中的貧窮國家，支付高成本的環保設施，例如汙水處理廠。事實上，環保很可能是外國援助最有效益的項目，比提供開發性援助更加成功。

《不連續的時代》
《新現實》

支持運用國際援助來保護環境。

我們要強而有力的工會

工會必須轉型，以成為有活力、有效益、具正當性的組織。

在已開發國家裡，勞工運動真正的力量一直具有道德意義：他們宣稱自己代表現代世俗社會的政治良心。

無論誰是機構的「擁有者」，無論是企業、政府機關或是醫院，管理階層都必須享有相當的權力和權威，而權力和權威植基於這個機構的需求，而且是出於管理階層的能力。正如美國憲法制定者的想法，權力必須受到制衡力量的制約；現代社會由各種組織組成，每個組織都需要強健的管理，現代社會也需要工會這樣的組織。在過去數年間，發生了許多事情，在在證明了這一點。但是，工會必須徹底轉型，才能再度成為有活力、有效益而且具正當性的組織。否則，工會將變得無足輕重。

《管理新境》

思考與實踐 思考工會可以透過哪些具有建設性的方式檢驗企業、政府和醫院的權力。

知識工作者的政治地位

知識工作者可以用一個新名詞形容：「單一階級」。

「知識工作者」這群新多數並不符合任何利益團體的定義。知識工作者既非農民，也非勞力工作者，更不是一種職業；他們受雇於組織，卻不是「無產階級」，也不覺得受到階級「剝削」。整體而言，由於他們有退休基金，所以可說是「資本家」。知識工作者當中有很多人是主管，底下有一些「部屬」。不過，他們上面也有主管。他們並不是中產階級。知識工作者當中，雖然有些人賺得多，有些人賺得少，但是他們都可以用一個新名詞形容：「單一階級」。無論他們工作的地方是企業、醫院或大學，都不會改變他們的社會地位。原本在企業裡擔任會計工作，然後轉到醫院擔任會計工作，並不會改變知識工作者的社經地位。他們只是換工作而已。

這種地位沒有特定的社經文化，迄今也找不到能套用的政治觀念或政治整合方式。

《新現實》

用舊定義和新定義來看，知識工作者都算是資本主義者。你是否觀察到，有哪個政黨針對這些新資本主義者的利益提出訴求？

10/28

企業也是政治機構

經理人在面對非主要業務的顧客時，必須採取政治考量。

一個機構在主要業務上的表現，普遍的原則就是求取最佳化——無論主要業務指的是企業的商品和服務、醫院的醫療照護或是大學的學術成就和高等教育。就這一點而言，經理人的決策應該是以「何者是對的」為基礎，而不是考量何者還算符合標準，差強人意即可。但是，在面對主要業務狹隘定義範圍之外的顧客時，就必須採取政治性考量，也就是思考如何滿足最低限度的要求，就足以安撫這些非主要業務的顧客群，讓他們不會發出怨言，以免他們否決我們的決策。經理人不能變成政客，不能只做「讓所有人滿意」的決策。但是，他們也不能只注重最主要業務的績效最佳化。他們必須在一個持續進行的決策過程中，平衡這兩種做法。企業是經濟機構，但也是政治機構。

經理人必須仔細思考哪些顧客可以有效地否決和阻撓決策，而他們最基本的期望和需求是什麼。

《運作健全的社會》

列出你們企業的顧客群有哪些。接著再列出你如何讓顧客需求得到最大的滿足，至於非主要業務，至少要符合每個顧客群的最低期望。

化善念為成效

「出售布魯克林橋比奉贈容易得多。」

非營利機構不只是提供服務而已。他們希望他們服務的對象不是使用者，而是行動家。這類機構透過他們提供的服務改變人們。他們想要變成服務接受者的一部分，而不只是服務提供者。

過去，非營利機構往往認為他們不需要行銷。但是，正如十九世紀一個大騙子所說的，「出售布魯克林橋比奉贈容易得多。」如果你免費提供某樣東西，沒有人會相信你。即使是最有益的服務，你也必須行銷。但是，非營利事業的行銷不同於銷售；非營利事業的行銷更需要從接受者的角度來看待你的服務。你必須知道應該銷售什麼，銷售給誰，以及銷售的時機。

《彼得・杜拉克：使命與領導》

救世軍的任務是要讓社會邊緣人回歸社會。從接受服務者的角度來看，這項服務看起來如何？救世軍應該如何行銷他們的服務？

非營利組織的基金開發

募款就是四處托缽化緣。

非營利組織必須有募款策略。非營利部門、企業和政府最大的不同之處，大概就是他們的資金來源。企業藉由銷售產品給顧客以募集資金；政府則是徵稅；非營利組織必須向捐款人募款。他們向那些認同他們理念的人募款，而捐款人並不是這個非營利組織的受益人。非營利組織所有的經費，或至少是大部分的經費就是這樣募集而來的。

如果非營利組織為募款疲於奔命，就表示這個組織碰到了大麻煩，面臨很嚴重的自我認同危機。募款策略的目的就是要讓非營利組織可以實踐他們的理想，不讓理想臣服於資金來源。因此，現在非營利組織的人員改變用語，不再說「募款」（fund raising），而改為「基金開發」（fund development）。基金開發凝聚了一群支持這個組織的捐款人，因為這個組織值得他們支持。這就等於是透過捐款取得參與的資格。

《彼得・杜拉克：使命與領導》

如果非營利組織為募款疲於奔命，那麼這個機構就面臨很嚴重的自我認同危機。在你和非營利組織接觸的經驗中，是否曾看過這種例子？

非營利組織的高效能董事會

這個董事會的成員擁有的不是權力，而是責任。

非營利組織若要有效運作，就需要一個強而有力的董事會，而這個董事會也要是一個履行董事會職責的董事會。董事會不僅要思考這個組織的宗旨，也是這個宗旨的守護者，確保這個組織的運作符合最基本的宗旨。董事會有責任延攬能力高強的人才，而且是適當的人選，擔任這個非營利組織的管理階層。董事會的職責是評估整體組織的績效。非營利組織的董事會也是整個組織最主要的募款單位。

非營利組織董事會的辦公室，門上應該用大寫字母刻著：「這個董事會的成員擁有的不是權力，而是責任。」董事會成員的職責範圍不僅是整個機構，也包括董事會本身、幕僚人員以及機構宗旨。董事會意見嚴重分歧很常見。每出現一個議題，董事會成員便為了彼此在基本政策上的差異而爭論不休，直到消弭歧見。這種情況在非營利組織更是家常便飯，因為組織宗旨非常重要。董事會的角色因而變得更重要，也更具爭議性。就這一點而言，董事長和執行長之間的合作也變得非常重要。

《彼得・杜拉克：使命與領導》

你是否曾經擔任一家或多家非營利組織的董事會成員？這些董事會是否是該非營利機構完成任務的助力，或是任務失敗的原因？

NOVEMBER

十一月

組織靈活度

跳蚤跳起來的高度可以達到他們身高的好幾倍，
但是大象做不到。

大型組織不可能變化多端。大型組織創造成效靠的是規模，而不是靈活。因為規模大，所以組織可以運用各種知識和技能，遠多於任何一個人或一個小團體可以綜合運用的知識和技能。不過，規模大也是種限制。任何一個組織，不論他們打算做什麼，一次只能執行少數幾項工作。這個問題不會因為有較佳的組織或「有效的溝通」就能解決。組織的法則就是專注。

然而，現代組織必須具備變革的能力。現代組織一定要能夠發動變革，這就是創新。組織必須能夠把稀有而昂貴的知識資源從低生產力和無成效的地方，轉移到可以創造成效和貢獻的機會上。要做到這一點，就不能夠再做那些浪費資源的事情。

《不連續的時代》

思考與實踐

你那個龐大的組織正在做哪些事？那些是對的事嗎？如果不是，就別繼續，把精力放在別的事情上。

11/
2

企業情資系統

錯誤的假設可能會釀成大禍。

企業情資系統（business intelligence system）是一個整理企業環境相關資訊的系統化流程。這個流程透過蒐集和整理外部資訊，並整合這些資訊做為決策的參考。經過整理的環境資訊包括全球各地的實際競爭者和潛在競爭者的資訊。不過，並不是所有的外部資訊都可以取得。而且，許多企業即使獲得某些資訊，也很容易就忘記了。能夠改變整個產業的新技術有一半不是出自產業之內，而這些新技術的資訊是可以取得的。分子生物學和基因工程都不是由規模龐大的製藥工業開發出來的，但是這兩種技術卻改變了整個醫療產業。這些技術發展的相關資訊都可以取得，藥廠必須隨時掌握這些技術的發展情形。

《典範移轉：杜拉克看未來管理》

「從資料到資訊素養」（柯比迪亞線上課程）

找出三種能夠改變你們那一行的技術，而且必須來自你們那一行以外的產業。建立一個情資系統，以蒐集這些技術和其他新興技術的相關資訊，搶在競爭對手之前應用這些技術。

蒐集和運用情報

資訊必須經過整理，才能檢驗公司對於本身業務的想法。

資訊必須經過整理，才能用來檢驗公司的策略，測試公司對於本身業務的假設是否正確。這也包括檢驗公司對環境的假設，而環境包括社會和社會的結構、市場、顧客、技術。環境中可能潛藏著重大的威脅和機會，我們愈來愈迫切需要環境的相關資訊。其次要檢驗的是有關公司特定任務的假設。第三則是檢驗有關組織核心能力的假設，也就是完成任務所需的核心能力。也許可以針對不同團體的特定需求設計一些軟體，以提供這些資訊，例如醫院、大學或災害保險公司。

公司可以自行整理一些自己需要的資訊，例如顧客和非顧客的相關資訊。但是，即使是大公司也必須聘用外部專家，協助取得和整理他們需要的資訊。資訊的來源實在太多了。企業需要的環境資訊多半只能取自公司外部，例如各種資料庫和資料服務、各類語文的外文期刊、貿易協會、政府出版品、世界銀行的報告、科學論文或是專門的研究報告。

《典範移轉：杜拉克看未來管理》
「從資料到資訊素養」（柯比迪亞線上課程）

你是否擁有所需的資訊，可以用來檢驗你們公司的策略和假設？

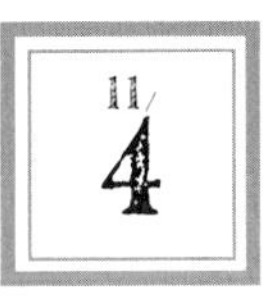

檢驗情報資訊

資訊系統的最終檢驗標準就是不讓任何意外之事發生。

資訊系統的最終檢驗標準就是不讓任何意外之事發生。在某些事件的情況尚不嚴重之時，經營者就已經做出因應，分析、瞭解這些事件，並採取適當的行動。例如，在一九九〇年代末期，有極少數的美國金融機構對於亞洲發生金融風暴並不感到驚訝。因為，他們早已仔細思考過有關亞洲經濟和貨幣的「資訊」。他們逐步過濾他們在亞洲各國的子公司和關係企業所提供的資訊，他們體認到這些只是「資料」而已。他們另外著手整理一些資訊，包括那些亞洲國家的短期借款和國際收支的比率，以及可用於償還短期外債的資金的相關資訊。早在這些比率惡化、勢必在亞洲引發恐慌之前，這些經營者早已知道金融風暴遲早會發生。他們明白必須做出決定，是要退出這些國家，或是繼續留在當地，做長遠打算。換言之，他們早已知道，在新興國家，哪些經濟資料是有意義的，他們也早就已經整理、分析和詮釋過這些資料。他們把資料轉化為資訊，而且早在應該採取行動之前，就已經決定好應該採取哪些行動。

《典範移轉：杜拉克看未來管理》

找出你周圍環境裡的關鍵變數。務必取得每個變數的相關情資，儘量減少意外狀況的出現。

11/
5

未來預算

歷經順境和逆境，「未來預算」仍維持不變。

不只是企業，大多數機關團體都只有一份預算，預算會根據景氣循環而調整。在情況順利時，所有的支出都增加。在情況不順利時，支出便全面緊縮。不過，這麼做必定會錯失未來的良機。變革領導人的第一份預算是營運預算，顯示組織需要的營運和資本配置，以維持目前的業務。針對這份預算，務必提出下列問題：「若要維持目前的營運狀況，我們最低限度的支出是多少？」的確，在情況不順利的時候，預算應該縮減。

接下來，變革領導人還有第二份預算，一份關於未來的預算。針對未來的預算，應該問的問題是：「這些新行動若要達到最理想的效果，需要的資金最高是多少？」除非情況實在很糟，而繼續維持這樣的支出水準將會危及企業的生存，否則無論情況順不順利，都應該保留這個預算額度。

《典範移轉：杜拉克看未來管理》

思考與實踐

準備一份「發展預算」，列出追求新機會所需要的資金。確保這份預算在順境和逆境時，都有穩定的資金供應。

11/6

致勝策略

「祈禱奇蹟出現，但也要努力工作以求收穫。」

有一句古老的諺語說，美意善念無法移山，推土機才行。在非營利組織的管理中，使命和計畫——如果這兩者就是一切——就是所謂的美意善念；而策略就是推土機。策略可以完成你想要做的事。在非營利組織裡，策略尤其重要。策略可以讓你的努力開花結果。策略可以完成你想要做的事，也可以告訴你需要哪些資源和人員才能達到效果。

我一度反對使用「策略」這個詞。當時我認為這個詞的軍事意味太濃。但是，我逐漸改變想法，轉而接受這種用法。這是因為在許多企業和非營利組織裡，規劃僅止於動腦活動。規劃好的計畫內容包裝精美地放在書架上，但就這麼放著不用。每個人都自覺坦蕩無愧；因為他們已經做好規畫了。但是，如果這些計畫不付諸執行，你其實一事無成。反觀策略，策略著重的卻是行動。因此我很不情願地接受了這個詞，因為顯然策略並不是你期望的東西，而是你要努力達成的事物。

《彼得．杜拉克：使命與領導》

思考與實踐　設計一套策略。

失敗的策略

堅持待在曠野裡的人們，大多數到最後只留下一堆白骨。

如果一項策略或一次行動看起來不太成功，一般人通常會這麼做：「如果第一次不成功，就再試一次。然後才嘗試做別的事。」新策略在第一次執行時，往往都不會成功。此時，我們應該好好自問，從中學到哪些教訓。也許推出這項服務並不很正確。試著改進它，改變它，好好努力再試一次。雖然我不太願意鼓勵這麼做，但也許你要試到第三次。試過仍不成之後，選擇有成效的事情去做。時間和資源都很有限，而該做的事卻那麼多。

也有例外的情形。你會發現，有些人在曠野中努力了二十五年，才創造出偉大的成就。但是，這些例子很罕見。堅持待在曠野裡的人們，大多數到最後只留下一堆白骨。也有一些真正的信徒，他們獻身於某個理想，不在乎成功、失敗和成果。我們需要這樣的人，他們是我們的良心。但是，這種人很難成功。也許他們的回報在天國。不過，這也很難說。「教堂若是空無一人，天國也無喜樂。」聖奧古斯丁在一千六百年前寫給一名教士的信中這麼說；而那名教士正忙著在沙漠地區廣建教堂。因此，如果你沒試成功，就再試一次。然後仔細觀察第二次行動，如果仍然不成，接著便試試別的事。

《彼得・杜拉克：使命與領導》

如果第一次不成功，就好好也問自己，從中學到了什麼。改進你的做法，再試一次。也許要試到第三次。如果還是不成，那就去做另外一件事。

策略規劃

策略規劃針對的是目前所做決策的後續發展。

傳統的規劃問的是：「未來最可能發生什麼情況？」面對不確定的情況時，規劃要問的則是：「哪些已經發生的情況將會左右未來的發展？」

策略規劃不是想出一箱子的奇謀妙策，而是分析性的思考，並且投入資源，採取行動。這是一個持續不斷的過程，有系統地在現在做出充滿創業和冒險精神的決策；而且基於對這些決策的未來發展已有深刻的瞭解，而能夠有系統地採取所需的行動，以執行這些決策；然後，透過有組織、有系統的反饋機制，評估這些決策的成效是否符合當初的期望。決策者所面臨的問題，並不是他的組織明天應該採取什麼行動，而是：「我們今天應該採取什麼行動，才能為不確定的明天做好準備？」問題不在於明天會發生什麼事情，而在於：「我們必須把哪些未來的情況納入我們現在的思考和行動之中，我們應該思考的時程是多久，我們如何運用這些資訊，以在現在做出合於理性的決定？」

《視野：杜拉克談經理人的未來挑戰》
《管理：工作，責任，實務》

設計一個策略規劃流程，把目前決策的焦點放在創造組織未來的繁榮發展上。釐清執行和監督這些策略決策的責任歸屬。查核每項策略決策的成效，以提升策略決策的效能。

長期規劃

就算你再怎麼期待，未來的發展也不一定會如你所願。

未來要靠決策——現在的決策。未來必然有風險——現在就有。未來需要行動——現在就行動。未來需要資源的部署，特別是人力資源——現在就部署。未來需要執行——現在就去做。

對於長期規劃，以及長期規劃的實際狀況，人們往往有幾項誤解。長期主要是由許多短期決策組成的。除非長期計畫是以一些短期的計畫和決策為基礎，並且納入這些計畫和決策的考量中，否則最詳盡的長期計畫也毫無用處。相反地，除非短期計畫，也就是有關此時此地的計畫，都整合納入一個統一的行動計畫，否則這些短期計畫只是權宜之計，只是引人步入歧途的臆測猜想。「短期」和「長期」並非取決於時程的長短。只需短短幾個月執行的決策，並不見得就是短期決策。重要的是，這項決策的成效可以維持多久。長期規劃應該要能防止經理人不加思索地就認定目前的趨勢也適用於未來，避免經理人以為現有的產品、服務、市場和技術仍將適用於未來，最重要的是，防止他們把資源和精力都投入於維持過去的做法。任何「規劃」好的事項都應立即執行，全心投入。

《管理：工作，責任，實務》

你的長期規劃應該根據下列問題做成決策：「目前的業務哪些應該要放棄？哪些應該降低重要性？我們應該努力推動哪些業務，並且投入新的資源？」

如何割捨

割捨必須要有系統地進行。

「割捨什麼」以及「如何割捨」都必須有系統地進行，否則一定會遭遇延宕，因為這些絕非受歡迎的政策。

有一家規模相當大的公司，它在大多數已開發國家提供外包服務，每個月的第一個星期一，各個層級的主管都要參加「割捨會議」，從最高管理階層到每個地區的督導都不例外。每次開會都要檢討公司業務的某個部分，某個星期一討論某項服務，下個月檢討公司某個業務區域，第三個月的第一個星期一早上則審查某項服務的執行方式等等。透過這種方式，這家公司在一年之內完成了全面檢討，包括人事政策。一年之間，這家公司可能也會針對它所提供的服務「內容」，做出三至四個重大決策，至於「如何」調整服務項目的相關決策，數量可能會是服務內容相關決策的兩倍。但是，在這些會議中，每年也會提出三至五個有關新事業的構想。每個月都會有一些關於變革的決策，包括是否取消某項業務，是否停止某些做法，或者是否增加某項新業務，這些決策的內容都會知會管理階層的所有成員。每兩年，各個管理階層都要針對會議結論的實際執行狀況提出報告，包括採取哪些行動，成效如何。

《典範移轉：杜拉克看未來管理》

思考與實踐

執行有系統地割捨流程，例如規定每個月的第一個星期一召開割捨會議。

出售事業

有一句古老諺語說，如果要為你的女兒找丈夫，不要問：
「誰最適合當她丈夫？」而要問：
「對哪一種男人來說，她會是個好太太？」

撤資是個「行銷」問題，而不是「銷售」問題。問題不在於：「我們要出售什麼業務？售價多少？」問題應該是：「這項業務對誰而言是有『價值』的？在什麼條件下是有『價值』的？」最重要的就是找到潛在買主，不適合賣方的業務卻非常適合這個買主，待出售的業務可以提供這名買主最好的機會，或者為他們解決最嚴重的問題。也因此這名買主會願意出最好的價格。

有一家大型印刷公司認為，他們旗下一家發行量很大的雜誌並不是最適合他們，因此決定出售這家雜誌社。當初他們買下這家雜誌是為了履行印行合約。他們問：「對一家雜誌發行公司而言，最重要的是什麼？」他們的答案是：「如果這是一家成長中的雜誌社，他們最大的需求就是現金。因為成長中的雜誌需要長期投資大量現金，以擴大發行量。」接下來的問題就是：「我們該如何滿足潛在買主在這方面的需求，同時符合我們的利益？」答案是：「給他們九十天的付款時間，支付我們印刷工廠的印刷和紙張費用，而不是一般的三十天。」結果這家印刷公司很快就為這家雜誌社找到一家合意的出版集團。

《管理：工作，責任，實務》

思考與實踐

找出一項「不是最適合」你們公司的業務。這項業務非常適合哪家公司？

經理人的工作

經理人如果能夠提高他們分內每一項工作的績效，就可以提高整體績效。

經理人的工作包括五個基本項目。

- 首先，經理人設定目標。他們決定應該要達成什麼目標。他們決定目標各層面的達成標準。他們決定該採取什麼行動以達成這些目標。要達成目標必須仰賴某群人的工作，經理人要讓這些人瞭解這些目標，才能順利達成目標。
- 第二，經理人組織事物。他們分析他們需要哪些行動、決策和關係。他們將工作分門別類，然後把工作切割為一些可以管理的行動，然後把這些行動再切割為一些可以管理的職務。他們把這些單位和職務整併為一個組織架構。他們挑選人員管理這些單位和待執行的職務。
- 接下來，經理人激勵員工，與員工溝通。他們把那些負責不同工作的人凝聚為一個團隊。
- 經理人的第四項基本工作就是評量。經理人設立一些標準進行評量，這點對組織的績效和每名組織成員的績效最重要，很少有其他因素能超越其重要性。
- 最後，經理人培養人才，包括他們自己。

《管理：工作，責任，實務》

管理之道在於設定目標、組織、激勵員工、進行溝通、評量、以及培養人才，包括培養自己。

目標管理和自我控管

「控管」這個詞有兩種意義。

目標管理最大的好處也許就是讓經理人有機會控管他自己的績效。自我控管能引發更強烈的動機：讓人想做到最好，而不是得過且過、及格就好。自我控管能讓人設定更高的績效目標，更遠大的願景。雖然目標管理不見得能夠讓企業的管理團隊同心協力，朝共同的方向努力，但若是要採行自我控管的管理就必須採用目標管理。

「控管」指的是指揮自己和他人工作的能力。控管也意味著一個人掌控另一個人。就第一層意義而言，目標是「控管」的基礎；但是目標絕不是第二層意義的基礎，因為這樣一來，可能反而無法達到目標。的確，目標管理的主要貢獻之一就是，讓我們用自我控管式的管理取代掌控式管理。大家都必須很清楚公司的規定，明白有哪些行為和做法是不道德、不專業、不正確而受到禁止的。但是，只要不逾越這些規範，每個經理人都可以自行決定他或她應該採取什麼行動。

《彼得．杜拉克的管理聖經》

目標管理受到廣泛採用，但是自我控管式的管理卻不普遍。為什麼會這樣？

11/14

如何運用目標

目標並不是命定，而是方向。

如果目標只是一些立意良善的願望，那麼目標就毫無價值。目標必須退而成為實際的工作。工作一定要很明確，一定會有——或者應該有很清楚、可評量的結果、截止期限以及很明確的責任歸屬。但是，如果目標變成了束縛，就一定會造成破壞。目標一定是基於期望而訂。而期望頂多是一些根據資訊而來的臆測猜想。可是，世界並非靜止不變的。

運用目標的正確方式，可以參考一家航空公司使用班表和飛航計畫的方式。根據班表，早上九點有一班飛機從洛杉磯起飛，傍晚五點抵達波士頓。但是，如果波士頓那天有暴風雪，那班飛機就會降落在匹茲堡，等待暴風雪結束。根據飛航計畫，那架飛機的飛行高度為三萬呎，航線經過丹佛和芝加哥上空。但是，如果碰到亂流或強風，駕駛員就會請求航管人員准許他再升高五千呎，並且改飛明尼亞波里到蒙特婁的航線。不過，每個航班都必須根據班表和飛航計畫進行。情況若有任何變化，都必須根據這些變化立即製作一份新的班表和飛航計畫。目標並不是命定，而是方向。目標不是命令，而是承諾要做到的事。目標不會決定未來，目標是運用企業的資源和能力以創造未來的一種方法。

《管理：工作，責任，實務》

用航空公司使用班表和飛航計畫的方式來訂定目標，運用目標。

經理人信函

管理經理人需要特別的努力，不僅要建立共同的方向，
也要取消錯誤的方向。

設定目標很重要，因此我所認識的高效能經理人多半都會要求他們底下的經理人，每年撰寫兩封「經理人信函」。每位經理人在寫給他們主管的信中，首先從他們自己的觀點來界定他們主管的工作目標，和他們自己的工作目標。他也要寫出，他認為目前用來評估他的工作績效的標準有哪些。接下來，他會列出，必須做哪些事，以達成上述目標，還有他認為他所管理的單位內有哪些重大障礙。另外，信中也會陳述，他的主管和公司做哪些事對他有幫助，哪些事對他造成阻礙。最後，他會建議，未來一年該做哪些事，以達成他的目標。如果他的主管接受他這封「經理人信函」的內容，這封信就成為他往後工作的依據。

「由上而下的溝通」絕對無法達到雙向溝通，只靠談話也無法創造雙向溝通。唯有靠「由下而上的溝通」才做得到。要做到雙向溝通，上司必須願意傾聽，並透過一個經過特別設計的工具，以反映較低階經理人的意見。

《彼得．杜拉克的管理聖經》
《管理：工作，責任，實務》

一年寫兩封「經理人信函」給你的上司。

正確的組織

組織裡唯一會自行演繹的就是混亂、衝突和績效不佳。

百年前的管理學先驅說得很對：組織架構是必要的。現代企業需要組織。但是，那些管理學先驅有一項假設是錯的，他們認為正確的組織型態是存在的——或者應該存在。其實，管理階層不必追尋什麼是正確的組織，而應該學習尋找、發展、測試符合工作需求的組織。

的確有一些組織的「原則」存在。其中之一就是組織必須透明。人們必須知道並瞭解他們在什麼組織架構下工作。組織裡必須有一個人在某個特定範圍內擁有最後決策權。還有一個顛撲不破的原則就是，組織裡的每個人應該分別只有一位「上司」。這些原則跟建築師遵循的工作守則差不多。工作守則並不會規定設計師們要設計哪一種建築，而是讓他們知道設計上有哪些限制。組織架構的各項原則大致也是如此。

《典範移轉：杜拉克看未來管理》
《管理：工作，責任，實務》

思考一下你們的組織是否透明，決策權是否明確，權力和責任是否相當，每個人是否各自只有一個上司。

量化的限制

將社會環境裡大多數的現象量化會造成誤導，
就算不會誤導，也沒有什麼用處。

我不是講究量化的人，最重要的一個原因就是，重要的社會事件都無法量化。例如，在一九〇〇或一九〇三年，亨利・福特並未採納當時最普遍的經濟常識，也就是量少價高的獨占壟斷可以創造最大利益的觀念，反而認為賺錢之道就是維持價低量多。他發明的「量產」徹底改變了工業經濟。不過，即使到了一九一八或一九二〇年，在他成為美國、也可能是全世界最富有的工業家，也就是在他功成名就的多年以後，他所帶來的影響仍然不可能量化。他徹底改革了工業生產、汽車業和整個經濟，最重要的是，他完全改變了我們對產業的觀感。

改變全世界的獨特事件是一個「在統計上無足輕重」的事件。等到這個事件的影響在統計上達到顯著效果時，它已經不是「未來」，甚至不是「現在」，而已經成為「過去」了。

《生態願景》

舉出一個獨特事件，這個事件帶來的影響目前無法量化，但是可能在未來十年改變你的組織。挺身而出，掌握這個事件可能帶來的機會。

層級制度和平等

現在大家常常聽到「層級制度的終結」這句話。
這簡直是一派胡言。

感性的平等主義者可能會抨擊工業社會，批評它是以從屬關係為基礎，而不是植基於形式上的平等。這種批評其實是因為誤解了工業和社會的本質。企業就跟任何一個整合許多人的努力以達成某個社會目的的機構一樣，必須以層級為基礎來架構組織。但是，企業的成功，端視從老闆到工友的每個人，是否被視為同樣不可或缺的一份子。同時，大型企業必須提供公平的升遷機會。這只是傳統上對公平的要求，這是基督教中人性尊嚴這個觀念下的產物。

要求公平的機會並非要求獲得完全一樣的報酬，但是一般人往往會有這種誤解。相反地，公平的機會必然意味著報酬的不平等。因為公平這個觀念本身就表示，隨著績效和責任的不同，報酬也會有所不同。

《企業的概念》
《典範移轉：杜拉克看未來管理》
《運作健全的社會》

你的組織同時重視老闆和工友的貢獻，或是只重視老闆的貢獻？

組織的特性

組織是工具。對任何工具而言，它負責的任務愈專精，展現成效的能力就愈大。

組織是有特定目的的機構。組織專注於某一項任務，才會有成效。如果你對美國肺臟科協會說：「90%的美國成年人有腳趾甲倒長的毛病；我們需要借重你們在研究、健康教育、以及防治這種可怕疾病方面的專長。」你可能會得到這樣的答覆：「我們只對臀部以上、肩膀以下的部位有興趣。」這個例子說明了，美國肺臟科協會、美國心臟協會或者任何其他健康組織，為什麼能夠創造成效的原因。

只要出現問題，社會、社區和家庭都必須出面處理。在組織裡，這麼做就是「多角化」。在組織裡，多角化表示分裂。這會破壞組織展現績效的能力——無論是企業、工會、學校、醫院、社區服務或教會，都是如此。組織是由專業人才組成的，每個人的知識領域都相當狹窄，因此組織的任務必須非常清楚明確。組織必須專注，否則組織裡的成員會感到困惑。如此一來，組織成員便會各自專注於自己的專業，各行其是，而不是運用他們的專業，完成共同的任務。他們會根據自己的專業領域，各自定義何謂「成效」，把他們自己的價值觀強加在組織上。唯有設立一個清楚、聚焦明確的共同任務，才能團結組織，創造成效。

《杜拉克談未來企業》

確定你的組織有個明確的焦點，有個人人認同的任務，大家都能努力完成任務，創造成效。

聯邦制原則

聯邦制讓最高管理階層不必承擔日常營運的責任，
讓他們能夠好好發揮他們應該發揮的功能。

企業所需要的組織原則，要能夠賦予中央和組成單位真正的管理功能和權力。這個原則就是聯邦制。在這種制度之下，整個企業是由許多獨立自主的單位所組成。聯邦制企業以及所有組成單位都身處相同的事業。同樣的經濟因素決定整個企業的未來，以及每個單位的未來；他們必須做出相同的基本決策，也都需要同樣類型的經營者。因此，整個企業需要統一的管理階層掌管基本功能：決定企業要從事哪些業務，人力資源的組織如何，又如何挑選、訓練、考驗未來的領導人。

同時，每個單位本身就是一個事業體。每個單位針對一個特定的市場製造產品。因此，每個單位都必須擁有高度自主權，自主權的範圍由整體企業的管理階層來界定。每個單位都必須有自己的管理階層。各單位的管理階層主要是負責營運方面的管理；關注的重點主要是現在和短期的未來，而不是基本政策。但是，在一個有限度的範圍內，他們也必須擔負一些真正屬於最高管理階層的功能。

《全新的社會》

思考與實踐　儘量善用聯邦制原則。

聯邦制分權的優點

聯邦制原則最大的優點就是，在所有已知的組織原則中，
只有聯邦制可以在很早期就賦予人們最高主管的責任，
考驗他們的能力。

在「聯邦制分權」裡，一家公司是由許多獨立自主的事業單位所組成。每個單位為自己的績效、成果和對整個公司的貢獻而負責。每個單位都有自己的管理階層，由他們負責經營這個單位「獨立自主的事業」。

在聯邦制的組織架構裡，各個經理人比較接近創造業務績效和業務成果的單位，可以專注於創造績效和成果。因此，聯邦制可以讓我們把龐大而複雜的組織分割成許多不同的事業單位，這些單位的規模小而簡單，因此經理人很清楚自己的職責，也可以對整個公司的績效有所貢獻，而不會受限於本身的工作、努力和技能。由於目標管理和自我控管可以有效運作，所以一個經理人管轄的人數或單位數都不再受限於控制幅度，只會受限於管理責任的範圍，而後者的範圍遠大於前者。不過，聯邦制最大的優點在於經理人的養成。這一點就足以讓聯邦制優於其他原則，而更值得採用。

《管理：工作，責任，實務》

根據聯邦制的原則架構組織，賦予人們最大的責任。成為一個能夠培養許多人才的組織。

11/22

聯邦制分權的要件

事業單位起碼要對公司有貢獻，而不只對公司獲利有貢獻。

建立聯邦制分權組織的要件很嚴格。一家公司必須真的能夠劃分為數個真正的「事業單位」，才可以實施聯邦制分權。這是聯邦制分權最基本的限制。聯邦制分權最低的要求是，事業單位必須對公司有所貢獻。而這份貢獻必須通過市場這個客觀判斷標準的檢驗，證明是真正的利潤。

最高管理階層的工作內容必須經過明確定義、仔細考量，聯邦制分權才可能發揮效果。聯邦制如果實施得當，最高管理階層就能夠善盡職責，因為他們不必擔心日常營運，反而能夠專注於未來的方向、策略、目標和重要決策。聯邦制原則需要各營運單位——也就是擁有自主權的事業單位，負起更大的責任。這些單位獲得最大的自主權，也因此必須負起最大的責任。聯邦制分權需要採取中央控制，以及一致的評量方法。自主事業單位和最高管理階層的經理人都必須瞭解公司對每個事業單位的期望，何謂「績效」，以及哪些發展是很重要的。中央必須要有信心，才能給予各單位自主權。這就需要無可置啄的控制機制。聯邦制公司旗下的事業單位擁有自主權，但並非完全獨立，也不應該獨立。他們的自主性是提升公司整體績效的手段。

《管理：工作，責任，實務》

一定要讓你們公司裡自主事業單位的主管擁有最大的自主權，並肩負最大的責任。要做到這一點，就必須建立一套可以立即反應績效好壞的控制機制。

保留權力

一定要有某種「最高權力條款」，把會影響到公司整體和全公司長期利益的決策權，保留給中央的管理階層。

實施分權制的企業裡，最高管理階層必須謹慎考慮應該保留哪些決策權。因為有些決策與公司整體有關，牽涉到公司的誠信和未來。有權做這類決策的人必須能宏觀全局，而且要為整個公司負責。明確地說，有三種決策必須保留給最高管理階層，公司才能維持完整，不致分裂。第一種決策是，公司該選擇哪些技術、市場和產品，投入哪些業務，放棄哪些業務，以及公司的基本價值、信念和企業原則為何，這些必須完全由最高管理階層決定。第二，最高管理階層應該掌控主要資金的分配權。資金的供應和投資也是最高管理階層的權責，不能授權給聯邦制組織裡的自主事業單位。

第三，另一項重要資源是人力。聯邦制組織裡的人員，尤其是經理人和重要的專業人才，是整個公司的資源，而不是某個單位的資源。公司的人事政策，以及分權化架構下自主事業單位裡的重要人事任命，都屬於最高管理階層的決策範圍——當然，自主事業單位的經理人在這兩方面都必須扮演積極的角色。

《管理：工作，責任，實務》

某些重要決策必須保留給最高管理階層，尤其是與組織的任務、價值和方向有關的決策，以及與資金分配、人才拔擢有關的決策。

模擬分權制

最重要的守則是，模擬分權制只能當做最後的手段。

一旦成立某個事業單位之後，最好的組織設計原則就是聯邦制分權。不過，我們也明白，有許多大型企業無法真的分割為數個事業單位。但是他們的成長顯然已經超過規模的極限，也超越了功能性架構或團隊架構可以處理的複雜性。為了因應組織的問題，這些公司逐漸開始採用「模擬分權制」。在模擬分權制之下，組織裡設立了一些單位，這些單位並不是真的事業單位，只是假裝它們是事業單位，賦予它們最高的自主權，設立管理人員，至少有一個自負盈虧的「模擬」責任。這些單位之間的買賣採用「移轉價格」，移轉價格是由公司內部決定，而非外部市場決定。這些單位的「利潤」計算方式，是用內部規定的成本再加上一筆「標準費用」，例如成本的20%。

《管理：工作，責任，實務》

思考與實踐　如果可能的話，利用「微型」利潤中心創造內部競爭。分配營業額給每個單位，營業額與成本應有恰當的比例。

組織的組成要素

貢獻決定位階和位置。

「哪些活動屬於同一類，哪些活動屬於不同類？」這個問題有必要進行蒐尋分析，每個活動都要根據其所創造的貢獻來分類。根據貢獻的不同，活動可以分為四大類。首先是創造成效的活動，也就是說，這些活動創造出可以衡量的結果，而這些結果直接或間接與整個公司的成效和績效有關。第二種活動是支援行動，這類活動雖然是必要的，甚至是很重要的，但是支援活動本身並不會創造成效，而是因部門內其他單位利用該行動來創造成效。第三，與事業單位的成效並沒有直接或間接關係的活動，亦即真正屬於輔助性的活動。這些都是清潔打掃之類的行動。最後一種是最高主管的活動。在創造成效的活動當中，有一些可以直接創造營業額（若是服務業的組織，這類活動直接提供「病人照護」或「學習」）。例如，創新活動、銷售，以及完成一個有系統、有組織的銷售工作會牽涉到的一切作為。這一類活動也包含財務部門的運作，也就是供應和管理業務所需的資金。

重要活動絕不能附屬於不重要的活動。創造營業額的活動絕不能附屬於不能創造營業額的活動。支援性活動不能與創造營業額和貢獻成效的活動混為一談。

《管理：工作，責任，實務》

突顯你們組織裡能夠創造成效的活動。一定要讓支援性活動附屬於創造成效的活動。由員工組成的團隊來負責與員工福利有關的活動。

11/26

溝通的基礎

要改善溝通，努力的重點在於聽者，而非說者。

真正進行溝通的人是聽者。除非有人聽，否則就沒有溝通可言，徒有噪音而已。一個人只能察覺他能夠察覺的事物。唯有用聽者的語言或慣用的措辭來表達，才能夠溝通。而這些用語必須以經驗為基礎。通常我們察覺的是我們預期察覺的事物。我們看到的主要是我們預期看到的，而我們聽到的主要也是我們預期聽到的。預期以外的事物往往根本沒有被察覺到。溝通必然伴隨著要求，要求聽者變成某種人，做某件事，相信某件事。溝通必須打中聽者的動機。如果溝通的內容不符合聽者的願望、價值觀、動機，那麼聽者可能完全無法接收到溝通的內容，或者即使接收到，也會拒絕接受。

如果溝通是認知，資訊就是邏輯。就這一點而言，資訊純粹是一種形式，沒有意義。資訊必須加以編碼。若要聽者接收資訊，甚至運用資訊，編碼就必須為聽者所理解。要瞭解密碼，就必須在事前達成共識，也就是說，必須有一點溝通。

《管理：工作，責任，實務》

要求接受資訊的人進行資訊交流，如此才能逐步改善溝通。設計一些問題，例如，「你認為你負責的業務在下一季應該訂定什麼目標？」

幕僚工作守則

幕僚工作並不是為了增進知識；幕僚的存在，
唯一的正當理由就是提升營運人員和整體組織的績效。

首先，幕僚應該專注在重要性極高、持續進行多年的工作上。重要但不是長期執行的任務，例如公司高層人事改組，最好當作一件一次即止的任務來處理。幕僚作業的範圍應該僅限於少數優先順序非常高的工作。如果幕僚所提供的服務愈來愈多，就會降低他們的工作成效。更糟的是，也會破壞那些創造績效的人的工作成效，也就是那些營運人員。除非嚴格控制幕僚的工作量，否則幕僚就會浪費愈來愈多營運人員最稀有的資源：時間。

有效的幕僚工作必須要有清楚的目標，明確的對象，以及工作截止日期。「我們預計在三年內把曠職怠工的情況減少一半」，或是「預計兩年後，我們對市場區隔已經有足夠的了解，可以讓我們把產品線至少裁減三分之一」。這些目標的設定能讓幕僚的工作具建設性。「了解員工的行為」或「研究顧客的動機」之類不夠明確的目標，就無法讓幕僚工作具有建設性。重要的是，大約每隔三年就應該跟每位幕僚好好討論：「過去三年中，你有哪些貢獻真的發揮了影響力，為公司帶來變化？」

《管理新境》

支援性的幕僚人數應該精簡。針對所有的幕僚工作，訂定明確的目標和工作截止日期。這些目標必須跟至少一項組織目標直接相關。

幕僚人員守則

除非幕僚人員證明他們對公司有所貢獻，否則就無法在營運人員間建立可信度，只會被當作「理論家」而遭到排斥。

幕僚人員守則和幕僚工作守則一樣重要。擔任幕僚工作的人在過去一定要擔任過一些營運方面的工作，而且表現稱職，如果待過一個以上的部門更好。這是因為幕僚人員如果欠缺營運方面的經驗，他們看待營運的態度就會很傲慢，因為對「企劃人員」而言，營運工作往往看起來很簡單。但是，現在我們卻指派剛從商學院或法學院畢業的年輕人擔任相當高階的幕僚工作，例如分析師、企劃人員或幕僚顧問，這種情況在政府機構比在企業界更明顯。他們傲慢的態度，以及營運單位對他們的排斥，都注定他們會毫無建樹。

幾乎毫無例外的是，一個人不應該在整個「職業生涯」裡都擔任幕僚工作，幕僚應該只是個人職涯的一部分。擔任某個幕僚工作五至七年之後，就應該重新擔任營運工作，此後大約五年內都不應該再擔任幕僚工作。否則，他們很快就會變成幕後操縱傀儡絲線的人，也就是所謂的「幕後操縱者」，「擁立國王的後台老闆」，「聰明的挑撥離間者」。

《管理新境》

思考與實踐　輪調幕僚人員擔任營運工作，再回任幕僚工作。

公關的角色

「公關」這個詞已經帶有大肆宣揚、宣傳樣板、粉飾太平的意味。

對一般社會大眾而言，「公關」表示要引起大眾注意——基本上是廣告的延伸，從為產品打廣告，延伸到為產品製造商打廣告。但是，「公關」的重點應該是讓社會大眾瞭解這家公司的問題，而不是說服大眾這家公司有哪些優點和成就。我們要瞭解，企業若要讓大眾瞭解它的問題，就必須先瞭解大眾的問題。

大型企業的每個重要決策多少都會影響到社會大眾，包括勞工、顧客、市民；因此，社會大眾無論有意或無心，都會對這家企業的每一項行動有所反應。而企業的決策是否有效，端視大眾的反應而定——這只是「企業寄於社會」的另一種說法。因此，經營者的決策是否有效，不只取決於他對自身公司業務問題的瞭解程度，也取決於他是否瞭解大眾對公司問題的態度。所以，公關工作的目的是，讓總部和各事業部的經營者瞭解社會大眾的態度和信念，以及這些態度和信念背後的原因。

《企業的概念》

瞭解大眾對公司決策的反應。瞭解並評估大眾對公司的態度。你要明白，一家企業是基於大眾的意願而存在的。

控制中階主管

開始推動中階主管的精簡方案。

現在正是開始推動中階主管精簡方案的時機。方法之一是遇缺不補。也就是說，如果員工因為退休、死亡或辭職而造成職位空缺時，不要立刻補人。讓這個職位空缺六或八個月，觀察結果如何；除非要求補人的聲浪很強，否則就取消這個職位。有少數企業曾經實施遇缺不補，結果約有半數的空缺職位在六個月後裁撤。縮減中階主管的第二個方法是用擴大職權來取代升遷。讓年輕經理人和高階主管，以及他們底下那些更年輕的員工感到滿意並獲得成就感的唯一方法就是，讓他們的工作範圍更廣，更富挑戰性，要求更高，自主性更強，而在獎勵他們的傑出表現時，多利用水平調動，讓他們負責不同的工作，以此取代升遷。

四十年前，我們在評估經理人績效時增加了以下這個問題：「他們為升遷做好準備了嗎？」現在，我們應該改問另外一個問題：「他們準備好接受更高、更嚴格的挑戰，準備好在現有職位上擴充新職責嗎？」

《管理新境》

思考與實踐 建立扁平化組織。利用資訊處理，包括資訊處理的架構、內容和方向，讓你們的組織保持靈活有效能。

DECEMBER

十二月

1. 社會生態學家的工作
2. 未來是動盪時代
3. 新創業家
4. 有關成本和價值的資訊
5. 價格導向成本法
6. 作業基礎成本法
7. 採用經濟鏈成本法的障礙
8. 以EVA衡量生產力
9. 競爭力的標竿評比
10. 資源配置決策
11. 收購的六個成功定律
12. 收購是業務策略，不是財務策略
13. 收購方的貢獻
14. 結合的共同核心
15. 尊重被收購企業及其價值觀
16. 指派新任高層主管
17. 人人有升遷機會
18. 聯盟求進步
19. 聯盟的成功法則
20. 行善的誘力
21. 告密者
22. 社會責任的限制
23. 精神價值
24. 人類存在於緊張狀態
25. 不合時宜的齊克果
26. 惡魔再現
27. 整合經濟面和社會面
28. 家族企業
29. 家族企業守則
30. 靠創新爭取最多機會
31. 從資料到資訊素養

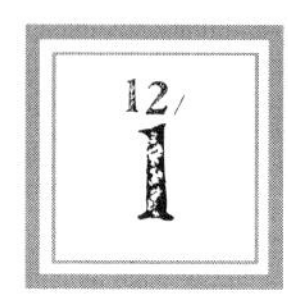

社會生態學家的工作

如果這變化與我們有關，而且有意義，
那麼這種變化會帶來哪些機會？

社會生態學家的工作如下：首先，社會生態學家在觀察社會和社區時，提出下列問題：「已經發生了哪些並非『人人皆知』的變化？」「有哪些『典範轉移』？」最後則問：「如果這個變化與我們有關，而且有意義，那麼它會帶來哪些機會？」

知識變成一種很重要的資源，這便是一個很簡單的例子。有一件事讓我察覺有新變化產生了，這件事就是，第二次世界大戰之後，美國通過了「大兵法案」（GI Bill of Rights）。根據這項法案，每位退伍軍人都有權上大學，並且由政府支付所有學雜費用。這是個前所未有的新發展。經過思考，我提出這個問題：「這件事在期望、價值觀、社會結構、就業等方面，將會造成什麼影響？」我在一九四〇年代末期首次提出這個問題，從那之後，情勢已經很明顯，在人類歷史上，知識成為一種能夠創造效益的資源，並且已經在社會上取得前所未有的地位。我們顯然正面臨一個重大變化的開端。十年之後，也就是在一九五〇年代中期，人們可以很篤定地把「知識社會」、「知識工作」當做經濟的新中心，把「知識工作者」當做職場的新生力軍。

《生態願景》

舉出已經發生、並非「人人皆知」的變化。善用這些變化帶來的機會。

12/
2

未來是動盪時代

在動盪不安的時代，管理者的首要任務就是
確保組織能夠禁得起考驗。

在動盪不安的時代，管理者的首要任務就是確保組織能夠存活，確保組織架構夠堅強，能夠禁得起考驗，因應突發的變化，好好把握新機會。就定義而言，動盪就是沒有規則、非線性、反覆無常。但是引起動盪背後的原因可以分析、預測和掌控。

經理人應該掌控——而且可以掌控的是最近許多盪動不安背後的一個最重要的新事實：人口結構和人口變遷的巨大改變，尤其是西方的已開發國家和日本的變化。這些變化改變了全球經濟整合的形式。它們可能會導致一個以生產分工（production sharing）和市場控制為基礎的新型「跨國邦聯」（transnational confederation），在許多地區取代原先以金融控制為基礎的「多國籍企業」。這些變化正在創造新的消費市場，重新調整既有的消費市場。這些變化徹底改變了勞動力，未來將出現各種不同的勞動力，而每種勞動力各有不同的期待和特性。這些變化將會迫使我們完全放棄「固定退休年齡」的概念。這些變化會為管理者帶來新要求，同時也是新機會，要求他們嚴謹地規劃備援方案。

《動盪時代下的經營》（精裝本）

現在正在影響你們公司的變數，背後的成因是什麼？你應該如何保護你的組織，讓它在動盪之中茁壯發展？

新創業家

歷史按螺旋形路徑發展，事件會再度重演，只是層級更高。

我們再度進入一個強調創業精神的年代。不過，這和一百年前的那種創業精神不同。當年的創業精神是一個人獨力創業，創業者能夠經營、控制、擁有自己的事業。但是，現在的創業精神是要能夠創立和領導一個組織。我們需要能夠在過去八十年所累積的管理基礎上，為創業精神建立一個新架構的人。我們常常發現，歷史按照螺旋形的路徑發展，事件會再度重演，只是層級更高。按照這種發展路徑，我們將會再度發揮創業精神。我們經歷了較低的層級，也就是單打獨鬥的創業家，然後發展到經理人，現在又回到創業精神。企業家必須培養幾種新能力，這些能力的本質都具有創業精神，但是都必須在需要管理的組織內部，或者透過需要管理的組織發揮體現。

《不連續的時代》

思考與實踐　在你的組織裡建立富有創業精神的文化。

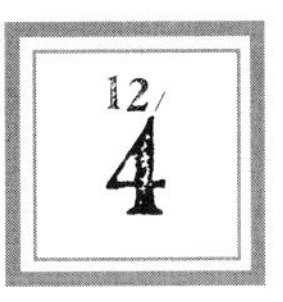

有關成本和價值的資訊

我們必須取得成本和價值的相關資訊，才能夠創造成果。

基本的結構性資訊著重的是為顧客創造的價值，以及為創造價值而必須投入的資源。會計的觀念和工具目前正經歷重大變化的陣痛期。新的會計工具不僅採取與原先不同的觀點來記錄各項交易，而且對於企業和成效也有不同的概念。因此，即使是職掌與會計工作關聯很小的經營者，例如某個開發實驗室的研究經理，也必須瞭解會計工作變化背後的基本理論和觀念。這些新觀念和工具包括：作業基礎成本法（activity-based costing），價格導向成本法（price-led costing），經濟鏈成本法（economic-chain costing），經濟附加價值分析（economic value added analysis，簡稱EVA），以及標竿評比（benchmarking）。

作業基礎成本法記錄顧客在實際買下一項產品或服務之前的所有成本，這種成本法可以整合分析成本和價值。

《典範移轉：杜拉克看未來管理》
「從資料到資訊素養」（柯比迪亞線上課程）

選一本有關作業基礎成本法的書，熟悉這個會計觀念裡有關策略、觀念和程序的各項議題。

12/
5

價格導向成本法

問題不在於技術，而在於心態。

傳統上，西方企業在訂價時會從成本著手，成本加上預期的利潤率就是價格。這就是成本導向訂價法。在價格導向成本法裡，則是由顧客願意支付的價格來決定成本的限額，從最初的設計成本，到最後的服務成本都包括在內。透過行銷可以瞭解顧客願意付多少價格獲得某項產品或服務所提供的價值。

跨部門小組進行成本分析時，首先設定一個價格，然後減去應得的利潤，這個利潤必須足夠彌補公司的資本投資和風險，最後得到的就是某項產品或服務的成本限制。接著，跨部門小組在產品效用和可接受的成本這兩者間權衡取捨。根據價格導向成本法，整個經濟架構著重的是為顧客創造價值，符合成本目標，同時也要獲得必要的投資報酬率。

《典範移轉：杜拉克看未來管理》
「從資料到資訊素養」（柯比迪亞線上課程）

檢討你們組織使用的成本法和訂價方式。你們是採用成本導向訂價法，還是價格導向成本法？把焦點放在你們為顧客創造的價值，採用價格導向成本法。

作業基礎成本法

作業基礎成本法是完全不同的思維方式。

傳統的成本法目前正迅速被作業基礎成本法取代。傳統的成本法由下而上決定成本——勞工、材料、間接費用等。這種成本法主要著重在與製造有關的成本，也就是所謂的存貨入帳成本（inventoriable cost）。作業基礎成本法則是從終端開始著手，它問的是：「與目標成本有關的所有活動組成一個完整的價值鏈，在執行這個價值鏈時，牽涉到哪些活動和相關的成本？」作業制成本法把品質和服務的成本也納入計算。

在產品設計階段就把品質納入產品和服務的設計裡，如此一來，設計成本也許會提高，但是產品保固和售後服務的成本都可能會下降，因而彌補了價值鏈前段的成本上漲。作業成本法與傳統的成本法不同，因為它把生產某項產品或提供某項服務的所有成本都納入計算。

《典範移轉：杜拉克看未來管理》
「從資料到資訊素養」（柯比迪亞線上課程）

作業基礎成本法是完全不同的思維方式，對於那些不必在財務報告中納入各項活動成本的會計師而言，尤其是如此。和你的會計部同仁一起解決這個問題。

採用經濟鏈成本法的障礙

若要改採經濟鏈成本法，
整條經濟鏈都必須採取統一的會計制度。

真正的成本是整個流程的成本，即使是規模最大的企業，也是這個流程中的一個環節。因此，企業要開始改變成本法，從原先只計算在公司內部產生的成本，改為計算整個經濟流程的成本，也就是經濟鏈的所有成本。採用經濟鏈成本法有一些障礙。對許多企業而言，改採經濟鏈成本法是勞師動眾。因為整個經濟鏈裡的所有公司都必須採用統一的會計制度，至少這些會計制度必須是一致的。但是每家公司都有自己的會計方法，每家公司都相信他們自己的會計制度是唯一可行的制度。此外，如果採用經濟鏈成本法，各家公司之間必須交換資訊；可是即使在同一家公司裡，人們往往都不太願意跟別人分享資訊。無論有什麼障礙，經濟鏈成本法勢在必行。否則，即使是最有效率的公司，成本優勢也會日益衰微。

《典範移轉：杜拉克談未來管理》
「從資料到資訊素養」（柯比迪亞線上課程）

找出採行經濟鏈成本法的障礙，克服這些障礙，在你的組織裡採用經濟鏈成本法。

以EVA衡量生產力

除非公司的利潤高於資金成本，否則就不算是創造財富，而是耗損財富。

在知識工作的年代，計算總要素生產力（total-factor productivity）是經營者面臨的主要挑戰之一。對勞力工作者而言，計算產量往往就夠了。至於知識工作，我們必須同時管理量與質，但我們還不知道要如何做到這一點。我們必須嘗試用營業額和費用為公分母來估算總要素生產力。EVA計算在所有成本之外（包括資金成本）增加的價值，因此可以計算出所有生產要素的生產力（或是所有已投入資源的實際經濟成本）。

一家公司有繳稅，因此看起來似乎有獲利，其實這並不重要。除非他們報表中的利潤超過資金成本，否則他們投入的成本就不算完全回收。一家公司獲得的利潤如果低於資金成本，就算是虧損。這就是為什麼EVA愈來愈普及的原因。EVA本身並不能告訴我們為何某項產品或服務沒有附加價值，也無法告訴我們該如何因應。但是，EVA能夠顯示哪些產品、服務、營運或作業方法的生產力特別高，附加價值也特別高。接下來我們應該自問：「我們可以從這些成功的做法中學到什麼？」

《典範移轉：杜拉克談未來管理》

「從資料到資訊素養」（柯比迪亞線上課程）

計算你們組織的「經濟附加價值」，或是你們某項產品或服務的經濟附加價值。

競爭力的標竿評比

標竿評比背後根據的想法是，擁有競爭力的先決條件就是至少要跟領導廠商表現得一樣好。

如果要評估一家公司在全球化市場裡的競爭力，經濟附加價值分析是個好的開始，但是我們必須再加上標竿評比。標竿評比這個工具可以協助企業瞭解，他們是否具有全球競爭力。標竿評比背後所根據的想法是，一家公司能做到的，另一家公司一定也能做到。的確是如此。我們往往可以在公司內部、在對手公司裡、甚至在其他產業公司相同的服務項目或部門裡，找到「績效最佳者」。EVA和標竿評比兩相結合，可以做為評估和管理總要素生產力的診斷工具。這些都是經營者應該瞭解的新工具，這些工具可以用來評估並管理企業內部事務。這兩者結合在一起，就是當前最佳的評量工具。

《典範移轉：杜拉克看未來管理》
「從資料到資訊素養」（柯比迪亞線上課程）

蒐集一家與你們類似的公司的某項產品、服務或流程的資料，即使是不同產業的公司也可以，接著著手進行標竿評比。設定恰當的績效評量標準，確保你們公司的競爭力和績效與最佳公司不相上下。

資源配置決策

資金和人力的配置決定企業表現的良窳。

管理階層所有的經營理念，都要透過資金和人力的配置，轉化為行動；資金和人力的配置決定企業表現的良窳。組織在分配人力資源時，應該像分配資金時一樣目標明確，經過深思熟慮。要瞭解一項資本投資，公司必須檢視四項指標：投資報酬率、還本期間、現金流量以及折現值。對經營者而言，這四項指標提供有關未來某項資本投資案的資訊，每一項指標提供不同的資訊。每一項指標都從不同的角度審查投資案。決策者不應該單獨評估某項資本投資案，而應該把每項投資案都當做投資組合的一部分看待。接下來，決策者選擇機會和風險比率最佳的投資組合。在做投資後追蹤時，應該把資本支出的成效與當初預期的目標做比較。在評估未來可能進行的投資案時，可以參考投資後追蹤所得到的資訊。

在經營者所做的決策當中，解雇、聘用和升遷人員的決策是最重要的。這些決策比資金配置決策還困難。組織必須有一個系統化的流程進行人事決策，這個流程必須像資金決策的流程一樣嚴謹。經營者必須評估員工的表現是否達到當初的期望。

《典範移轉：杜拉克看未來管理》
「從資料到資訊素養」（柯比迪亞線上課程）

檢討你們去年的資金配置決策。那些決策是否達成預期目標？檢討你們去年的人事聘用和升遷決策，那些決策是否符合預期目標？用這些資料進行反饋分析，根據分析的結果調整資源分配程序。

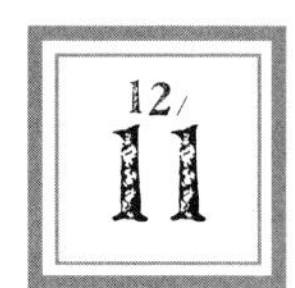

收購的六個成功定律

收購案的成功案例其實很少。

人們都以為收購案理所當然會成功，但是，收購的成功案例其實很少。成效不佳的原因永遠都一樣：忽略了收購的成功定律，這些定律廣為人知，而且事實證明它們有效。

收購案要成功的六個定律是：

1. 成功的收購必須以業務策略為基礎，而非財務策略。
2. 成功的收購必須根植於收購方對這個收購案的貢獻。
3. 收購案雙方必須有結合的共同核心，例如市場和行銷、技術或是核心能力。
4. 收購方必須尊重被收購方的業務、產品和顧客，以及被收購方的價值觀。
5. 收購方必須做好準備，在一段相當短的期間內，頂多一年，就必須指派人選擔任被收購方的高層主管。
6. 成功的收購必須為買賣雙方的員工創造具體可見的升遷機會。

《管理新境》

「成功的收購」（柯比迪亞線上課程）

用這六項定律評估三件潛在的收購案。你會建議你的組織選擇哪件收購案？

收購是業務策略，
不是財務策略

「沒有廉價品」，還有，「你得到的，不會超過你付出的」。

成功的收購案是以業務策略為基礎，而不是財務策略。收購的對象必須符合買方的業務策略；否則該收購案就可能會失敗。二十世紀末的數十年間，最糟糕的收購案就是彼得・葛瑞斯（Peter Grace）的收購案。長期擔任葛瑞斯公司（W.R. Grace）執行長的彼得・葛瑞斯是個聰明人。他從一九五〇年代開始，靠著以財務為基礎的收購案建立了一個世界級的多國籍企業。他聘用了一群能力高強的頂尖財務分析師，派他們周遊全世界，尋找低本益比的產業和企業。他用他認為很划算的價格收購這些企業。他的每件收購案，財務分析簡直是完美無瑕。但是，這些收購案毫無業務策略可言。

相反地，靠收購企業達到成長，最成功的案例之一就是威爾許（Jack Welch）領導下的奇異公司（General Electric），他在一九八一至二〇〇一年間擔任奇異公司執行長，靠著收購企業創造了耀眼的績效。奇異的營業額和獲利都有成長，連帶提高了公司的市值，締造這些成就一個最重要的原因就是，奇異資融（GE Capital）以收購為基礎的擴張。當然，奇異並不是所有的收購案都很成功。事實上，其中有一項收購案便是個大敗筆，那次是收購一家證券經紀公司。但是除此之外，奇異資融的收購案似乎都非常成功。這些收購案全都有一個堅實的業務策略為基礎。

「成功的收購」（柯比迪亞線上課程）

仔細研究你的組織進行的某項收購案。這項收購案的基礎是什麼？是屬於策略性質或財務性質？收購的結果如何？

收購方的貢獻

成功的收購根植於買方對收購案的貢獻。

無論收購之後的預期「綜效」看起來有多麼吸引人，收購案要能成功，買方必須仔細思考自己對被收購的企業能有哪些貢獻，而不是被收購企業對買方有何貢獻。買方的貢獻有很多種，像是管理、技術、通路的優勢。買方的貢獻必須是資金以外的貢獻，光有資金是不夠的。

旅行家集團（Travelers）收購花旗銀行（Citibank）便是件成功案例。身為買方的旅行家集團便曾仔細思考並規劃，他們對花旗銀行可以有哪些貢獻，讓花旗改頭換面。花旗銀行在世界各國的據點幾乎都有很好的發展，同時也建立了一支跨國管理團隊。不過，花旗銀行的產品和服務，基本上仍是傳統的銀行業務，而就他們的通路和管理能力而言，要銷售商業銀行的產品和服務可說是綽綽有餘。旅行家集團正好有許多這類的產品和服務。旅行家集團認為他們對花旗可以有很大的貢獻，因為他們可以增加花旗在全球的龐大通路和管理人員所銷售的產品線，而不需要增加太多的成本。

《管理新境》

「成功的收購」（柯比迪亞線上課程）

思考與實踐 在收購一家企業之前，考量的重點應該是貢獻，而不是綜效。

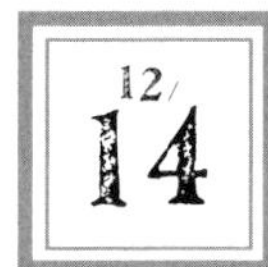

結合的共同核心

必須具備「相同的文化」，或者至少「文化相近」。

靠收購企業進行多角化，就跟所有的多角化做法一樣，其中的成功之道在於，必須要有一個結合的共同核心。兩家公司必須要有一些相同之處，例如相同的市場或技術。不過，偶爾也會因為雙方的生產流程相似，雙方的經驗和專長得以整合，兩家公司彷彿因為說著共同的語言而結合。如果沒有這樣的共同核心，多角化絕對不會成功，尤其是透過收購進行多角化；總之，只靠財務關係是不夠的。

例如，有家法國公司，它一向都是靠收購各種精品來擴充，包括香檳和高級時裝設計師，高價手錶和香水，手工皮鞋。表面看來，這家公司簡直就是那種最糟糕的大型集團，他們旗下的產品根本沒有共同之處。不過，他們旗下所有產品的顧客，卻是為了相同的原因而購買他們的產品。沒錯，購買的原因並不在於方便或價格，顧客買這些產品其實是因為這些產品代表「地位」。這家企業所有的收購案都很成功，這些收購案都有一個共同點，那就是顧客的價值觀。香檳和高級時裝的銷售方式很不一樣，但是顧客買這兩樣產品，卻是為了相同的原因。

《管理新境》

「成功的收購」（柯比迪亞線上課程）

每次收購企業時，收購案雙方一定要有共同的文化，或是相近的文化。

尊重被收購企業及其價值觀

收購案的雙方必須「氣質相合」。

買方公司的人員必須尊重被收購公司的產品、市場和顧客，收購案才能成功。許多大型製藥公司都曾經收購化妝品公司，卻鮮少有成功的案例。藥學家和生化學家屬於「嚴肅」的人，他們關心的是健康和疾病。對他們而言，口紅和使用口紅的人不值一顧。同理，大型電視網和其他娛樂公司收購出版公司，也很少有成功案例。書籍並非「媒體」；而出版公司的兩種顧客——買書的讀者和作家，也都不是尼爾森公司（Nielsen）收視率調查的「閱聽大眾」。公司遲早必須有所決定，這種決定早一點做比較好。如果買方人員不尊重或者不喜歡被收購企業的業務、產品和顧客，那麼他們注定會做出錯誤的決策。

《管理新境》

「成功的收購」（柯比迪亞線上課程）

思考與實踐 選擇一件你熟悉的收購案。買賣雙方的氣質是否相合？雙方是否尊重彼此的業務？

指派新任高層主管

這些人出售的公司是他們的「孩子」。

大約在收購後的一年以內，買方公司就必須指派人選，擔任被收購公司的高層主管。被收購公司的高階主管可能會求去，買方公司對此必須有所準備。被收購公司的高階主管已經習於當發號施令的大老闆，他們不想變成「部門經理」。如果他們擁有被收購公司，或是持有部分股權，公司被收購之後，他們的財富大增，因此如果合併之後他們工作得不愉快，就不必勉強再待下去。如果他們是沒有公司股份的專業經理人，他們通常也很容易就可以另尋出路。因此，聘任新高階主管也是會發生的事。

如果被購併公司就是現任執行長所創立的，更可能會出現上述的情況。很可能就是這位執行長提出這項收購案的。他希望買方公司可以推動一些他一直不太願意推動的變革，例如，開除某位資深員工，而這位員工正好是他的好朋友。隨著公司的成長，這位好友一直對公司忠心耿耿，但是現在他已經無法勝任工作了。不過，這些人出售的公司是他們的「孩子」。一旦公司變成別人的，他們就會想要保護這家公司，認為他們的職責就是保護這個「孩子」，不受新東家這個冷酷無情的「外來者」欺負。

《管理新境》

「成功的收購」（柯比迪亞線上課程）

思考與實踐

調查你的公司或其他公司最近進行的收購案。被收購公司的高層主管後來怎麼了？

人人有升遷機會

從政治角度來看，被收購公司的員工會站在同一陣線，
變成「我們」，決心保護自己的公司不受「他們」破壞。

收購企業時，即使已經認真恪守所有的原則，還是有許多收購案終究以失敗收場，或是永遠也無法達到當初預期的成效。就法律層面而言，被收購的公司已經成為買方的一部分。但是，從政治角度來看，被收購公司的員工會站在同一陣線，變成「我們」，決心保護自己的公司不受「他們」破壞。而買方的思考和行為同樣也是採用「我們」對抗「你們」的模式。這些無形但又無法突破的障礙，有時候要經過一個世代才能消除。因此，一定要在收購之後的幾個月內，讓兩家公司各部門都有一些人員升遷。如此一來，雙方人員都會認為，這樁收購案對他們個人而言，是個機會。

這麼做的目的是，讓兩家公司的經理人都相信，合併會為他們個人帶來機會。這項原則不僅適用於高階主管，也適用於較年輕的主管和專業人員，而每家公司的繁榮發展主要便是仰賴年輕主管和專業人員的付出和努力。如果他們認為收購案會阻礙他們的發展，他們就會「用腳投票」，離開公司，而且他們總是能夠比離職的高階主管更容易找到新工作。

《管理新境》

「成功的收購」（柯比迪亞線上課程）

在收購企業之後，一定要讓員工升官。

12/18

聯盟求進步

管理實務必須以一個新觀念為基礎：
管理的範疇並不是法律界定的，它牽涉到整個經濟鏈。

全球各地，企業的成長和擴張愈來愈不是靠併購，也不是靠成立百分之百控股的新事業，而愈來愈要靠聯盟、合夥、合資，以及透過與其他政治主權轄區內的組織，形成各種不同的合作關係來成長擴張。企業的成長愈來愈要靠經濟單位組成的架構，而非法律單位的架構，也就是說，並不是靠政治單位的架構。

因此，企業的成長將要靠各種不同的合夥關係，而不是靠百分之百的所有權和命令控制的模式。造成這個現象的原因很多，其中一個不得不然的原因是，企業必須在一個全球化的世界經濟體系和一個分裂的全球政治體制裡運作。合夥關係並不是解決這個問題的完美方法。但是，如果經濟單位不是法律單位，而是一種合夥、聯盟、合資的關係，而且這種關係可以將政治和法律的表象，與經濟的現實劃分開來，那麼這種關係至少可以大幅緩和經濟現實和法律現實之間的衝突。

《典範移轉：杜拉克看未來管理》

一家很成功的美國企業在南美洲設立了幾座工廠。一家比較不知名的美國公司決定跟南美洲當地的公司聯盟。前者一敗塗地，後者卻成功了。這兩家公司的成與敗提供了哪些值得深思的觀點？

聯盟的成功法則

聯盟成功之時，往往也陷入嚴重的困境。

雖然聯盟在初期的失敗率不會高於成立新公司的失敗率，但是聯盟成功之時，往往也會陷入嚴重的困境，有時候，甚至會陷入致命的困境。聯盟成功之後，雙方往往會發現，彼此的目標並不是那麼相合。遵守以下五項原則，就可以預見可能面臨的問題，往往也可以防止問題發生。

1. 在成立聯盟之前，參與聯盟的公司都必須仔細思考他們的目標，以及「孩子」的目標。
2. 同樣重要的是，關於合作事業要如何運作，聯盟成員事先必須達成協議。
3. 接著必須謹慎思考，由誰來管理合作事業。
4. 每家合作公司都必須在自己的組織內部預做準備，規劃好將來如何處理與合作事業、其他合作公司的關係。最好的方法就是，把所有這些「危險關係」都交由一位資深主管負責，大型企業尤其應該這麼做。
5. 最後，事前就必須協議好，未來如何解決歧見。最好的辦法就是，在產生任何爭議之前，就先選定一位仲裁者，這位仲裁者必須是各方都認識而且尊敬的人，而且各方都願意接受他的裁決。

《杜拉克談未來管理》

企業的聯盟被形容為「危險關係」。想想看，聯盟有哪些危險之處？

行善的誘力

公共服務機構就是要最大化，而不是最佳化。

創新最重大的障礙就是，公共服務機構存在的目的畢竟還是為了「做好事」。這表示他們總認為他們的任務絕對是道德性的任務，而不是必須受制於成本效益考量的經濟性任務。經濟原理總是要將相同的資源做不同的分配，以獲得較高的效益。在公共服務機構裡，並沒有所謂較高的利益。如果要「做好事」，那就沒有所謂的「更好的事」。的確，在努力做「好事」的時候，如果無法達成目標，就表示應該要加倍努力。

「只要地球上還有一個孩子餓著肚子上床，我們就不算完成使命，」反饑餓運動的領導人說。如果他說的是，「透過現有管道所能接觸到的孩子當中，如果我們盡可能讓最多的孩子得到足夠的食物，不至於發育不良，我們的任務就算達成了。」那麼他可能會被開除。但是，如果把目標訂為儘量做到極大化，那麼就永遠無法達成目標。的確，愈接近目標，就需要愈努力。因為一但達到了最適的境界，接下來要持續進步所需要增加的成本就會呈指數增加，但是增加的成效卻會呈指數減少。因此，公共服務機構愈接近目標，挫折感就愈深，也會愈努力去做他們目前正在做的事情。

《創新和創業家精神》

監獄團契（Prison Fellowship）嘗試降低獲釋囚犯因新犯罪而再度入獄的比率。監獄團契想要消除所謂的「累犯」，為何這一點是不智的？

12/
21

告密者

告密行為落在道德的模糊地帶。

肩負「告密者」的責任，維繫告密者和他的主管或組織的關係，以及保護告密者不受主管或組織的壓迫，這些成為當今組織倫理的爭論重點。這些論調聽來崇高。當然，屬下也許不一定有責任讓大眾瞭解他主管的惡行，但他的確有權力公布他主管的惡行，進而改正這種惡行，尤其是當他的主管或他所屬的組織觸犯了法律時。但是，就互相依存的倫理而言，告密行為落在道德的模糊地帶。

的確，有些主管或企業的錯誤行為實在離譜，逾越了禮節和法律，因此屬下（或是他們的朋友、小孩，甚至妻子）不能再保持沉默。畢竟這就是法律上所謂「重罪」的含意；某人如果變成重罪的同夥，知情不報使得情況更加嚴重，也會因此有罪。但是，從另一方面來看呢？重點不在於鼓勵告密會破壞主管和屬下間的信任感，而是鼓勵告密一定會讓屬下不再相信主管願意並能夠保護屬下。

《生態願景》

沙賓法案（Sarbanes-Oxley Law）鼓勵員工告發公司的不法行為。這項法案會如何影響主管和屬下之間的關係？

12/22

社會責任的限制

「企業的績效良好還不夠；還必須做好事。」
但是，企業若要「做好事」，就必須先「績效良好」。

一旦企業無視於經濟績效的限制，而負起他們在經濟上無法承擔的社會責任，那麼他們很快就會陷入困境。

聯合碳化公司（Union Carbide）在西維吉尼亞州維也納市設立了一座工廠，以降低當地的失業率，但是這麼做並不算是負起社會責任。事實上，該公司這麼做是不負責任的。那座工廠一開始就不受重視，採用的製程也已經過時。他們頂多只能勉強維持。顯然，這種績效意味著這座工廠無法負起社會責任，甚至無法為他們自己造成的影響負責。那座工廠一開始便不具有經濟效益，長期以來，聯合碳化公司都要對抗要求處理掉這座工廠的聲浪。在一九四〇年代末期，人們對就業的重視遠高於環保，當時無法預見後來會有人要求他們處理這座工廠。不過，你一定可以預料到，往後總是會有人提出某些要求。基於社會責任而實行一件在經濟上既不合情也不合理的事，這絕不可能是負責任的事，而是情緒化的事。結果一定會帶來更大的破壞。

《管理：工作，責任，實務》

說明下列敘述為何是對的：企業若要「做好事」，就必須先做到「績效良好」，而且要非常良好。

精神價值

唯有靠同情心才能救贖。同情心是內心無可言喻的體會，體認到自己對上帝最卑微的子民應該負起的責任。這是屬靈的知識。

社會必須回歸屬靈價值，這並非為了彌補物質的不足，而是要讓物質充分發揮效用。對芸芸眾生而言，要實現這個境界，無論前路還有多麼遙遠，今天我們已經可以預見一個物質豐饒的未來，或者至少是物質充裕的未來。人類必須回歸屬靈價值，因為人類需要同情心。人類需要愛人如己的深刻體驗，這是所有高等宗教都具備的特質。在一個充滿恐懼、迫害和大屠殺的年代，如同我們現在身處的這個年代，也許要靠道德麻木形成的硬殼，我們才能生存下去。否則，我們恐怕會陷入頹喪的絕望。但是，道德的冷漠是心智和靈魂的可怕疾病，是個嚴重的危機。道德的冷漠就算不是對殘酷和迫害行為的饒恕，至少也是助紂為虐。我們已經瞭解，十九世紀的道德人道主義無法防止人類變成野獸。

個人必須回歸屬靈價值，因為在人類現今的處境下，唯一的生存之道就是再度肯定人不只是生物和生理的存在，也是精神的存在，也就是說，我們是活生生的人，人的存在是為了造物者的意旨，應該要服從祂。唯有如此，人類才會明白，即使面臨滅種的迫切威脅，人的存在、意義和責任也不會落空。

《明日的地標》

面臨滅種的迫切威脅時，若沒有屬靈價值，我們如何保有意義和責任？

12/24

人類存在於緊張狀態

人類的生命既是精神上的個體，也是社會裡的公民，此兩者造成一種緊張狀態。對齊克果（Kierkegaard）而言，唯有在這種緊張狀態下，人類才存在。

社會的理性特質崩壞，人與社會之間的理性關係崩潰，這是我們這個時代最具革命性的特徵。

如果社會希望人類只存在於社會之中，就不能讓人們在絕望中死去。要做到這一點，只有一個方法：讓個人的生命沒有意義。如果你只是人類這棵樹上的一片葉子，只是社會這個身體裡的一個細胞，那麼你的死亡就不算是死亡；你最好稱之為一個集體重生的過程。不過，在這種情形之下，你的生命當然也不是真正的生命，而是整體生命裡面一個功能性的過程，除非透過整體的存在，否則毫無意義可言。因此，宣稱人類存在於社會的這種樂觀態度只會帶來絕望。這種絕望必然會導致極權主義。人類不必非存於絕望之中，不必非存於悲劇之中，人類可以存在於信仰之中。信仰就是相信上帝可以化不可能為可能，相信時間與永恆在上帝合一，相信生與死都有意義。

《生態願景》
《經濟人的末日》

思考下面這段話：「人類的生命既是精神上的個體，也是社會裡的公民，此兩者造成一種緊張狀態。而唯有在這種緊張狀態下，人類才存在。」

不合時宜的齊克果

人能夠為信仰而死，也能夠為信仰而活。

我的作品一直與社會息息相關。但是，早在一九二八年我就明白，我的人生不會、也不可能只存在於社會之中，我的存在必須有個超越社會的層面。我的作品一直與社會息息相關，只有這篇關於齊克果的文章不是。

雖然齊克果的信仰無法克服人類存在帶來的可怕寂寞、疏離和不協調，但是如果能讓人類的存在變得有意義，這一切也就可以忍受了。人們能夠為了極權式教條的理論而死。低估這種理論的力量是很危險的；因為在悲傷和痛苦之中，在災難和驚恐之中，能夠死去是一件很好的事。但是，這還不夠。齊克果的信仰也能夠讓人為其死，讓人為其活。信仰就是相信，在上帝，一切不可能的都為可能，時間和永恆與上帝合一，相信生與死都有意義。信仰就是認知到，人是生物，人並非獨立自主，人不是主宰，不是目的，也不是中心，然而人有責任，有自由。信仰就是接受人類本質的寂寞，只要堅信上帝永遠與人同在，甚至「直到我們死去的那一刻」都與我們同在，就能克服這種寂寞。

《生態願景》

思考與實踐

若要靠社會來救贖，終究不可成。尋求一個能夠讓你存在於社會，也能讓你成為人類一份子的目的。

12/26

惡魔再現

如果自由與安全不可兼得，社會大眾將會選擇安全。

如果放棄自由可以重建世界的理性，那麼社會大眾隨時可以放棄自由。如果自由與平等不可兼得，社會大眾會選擇放棄自由。如果自由與安全不可兼得，他們會選擇安全。如果我們擁有的自由無法驅趕惡魔，自由與否已經變成次要問題。既然「自由」的社會受到惡魔的威脅，那麼譴責自由，並且期待放棄自由可以使我們不再絕望，都是很合理的。

《經濟人的末日》

這段文字描述的是歐洲接受納粹主義以逃避戰爭和迫害的惡魔。在欠缺強而有力的機構時，社會為何比較可能接受嚴密控制和極權主義？

整合經濟面和社會面

一個運作良好的工業化社會能夠整合我們的工業現實，
我們這個年代的危機就是欠缺這樣一個工業化社會。

在社會和政治層面，人需要一個運作良好的社會才得以生存；就像在生物層面，人需要呼吸空氣才能生存。不過，人類需要社會，並不表示人類就能擁有社會。發生船難時，那一群驚慌失措、四處奔逃的雜沓人群並不能算是「社會」。那裡有一群人，卻沒有社會。事實上，就是因為社會崩潰了，才會造成大家驚慌失措；唯一的解決之道就是重建一個有社會價值、社會紀律、社會權力和社會關係的社會。

若社會不存在，社會生活就無法順利運作；但是現在，社會生活擺明根本沒有在運作。過去二十五年間，西方文明的發展實在讓我們很難說我們的社會生活運作良好，更別說是提出社會運作良好的明證了。

《工業人的未來》

上述文字寫於第二次世界大戰期間。這段文字指出，工業經歷了數百年的進展，但是社會其他部門並沒有類似進展。我們是否應該讓社會的經濟層面掌控社會的人性、社會、政治層面？

12/28

家族企業

世界各地的企業大多是由家族控制和管理。

包括美國和所有其他已開發國家，世界各地企業大多是由家族控制和管理。家族企業並不限於中小企業，全世界最大的企業當中，也有一些是由家族經營的。杜邦公司（DuPont）由家族控制管理長達一百七十年（杜邦於一八〇二年成立，直至一九七〇年代中期才由專業經理人取代家族成員，組成管理團隊），它最後成為全球最大的化學公司。一名毫不起眼的古錢幣商人派他的兒子們到歐洲各國首都設立銀行，經過兩個世紀之後，這些以羅斯柴爾德（Rothschild，意為「羅氏之子」）為名、由羅斯柴爾德家族經營的金融機構目前仍然名列全球一流私人銀行之林。

不過，管理書籍和管理課程談的幾乎都是公開上市、由專業經理人管理的公司，而很少提到家族企業。當然，就職能而言，由專業經理人管理和由家族管理並沒有不同，例如研發、行銷或會計。但是，就管理而言，家族企業的經營有其特有的規則，與專業經理人管理的公司大不相同。他們必須嚴格遵守這些規則，否則由家族管理的公司無法生存，更不可能繁榮昌盛。

《視野：杜拉克談經理人的未來挑戰》

所有的家族企業當中，交棒給第二代之後還能繼續存在的，不到30%，只有10%能傳到第三代，4%能傳到第四代〔資料來源：《家族雜誌》（*Family Magazine*）網站，2004年6月〕。仔細思考一下，家族企業為何如此難以代代傳承。

家族企業守則

「由家族管理的企業」一詞裡，關鍵詞並不是「家族」，
而是「企業」。

第一條守則就是家族成員不能在企業裡工作，除非他們的能力至少跟非家族成員的員工相當，而且至少跟他們一樣努力工作。第二條守則跟第一條一樣簡單：無論公司的管理階層有多少名家族成員，無論他們的工作績效多麼好，一定要有個最高階主管職位是由非家族成員的外人擔任。這個職務通常是財務主管或研發主管，因為要擔任這兩個職位，專業資格是最重要的。第三條守則是，由家族管理的公司需要聘任愈來愈多非家族成員的專業人士擔任重要職位，也許只有那些規模極小的家族企業才不必遵守這一點。這些職位所需的知識和專業極為博大精深，唯有家族中能力最強的成員才可能勝任，例如製造、行銷、財務、研究、人力資源管理等領域。

即使認真遵守前述三條守則的家族企業，也很容易在管理階層交接傳承的時候陷入困境，而且常會造成公司分崩離析。在這個時候，公司需要的和家族想要的往往互相衝突。解決之道只有一個：交由外人決定繼任人選，這名外人既不是家族成員，也不在公司任職。

《視野：杜拉克談經理人的未來挑戰》

結識一家家族企業的最高管理階層。詢問家族成員計劃如何處理「交棒給下一代」的接班問題。觀察他們的計畫是基於業務考量，或是家族考量，或者是同時考量業務和家族。

靠創新爭取最多機會

要讓潛在的事情成真，還欠缺哪些條件？

創新者的特質就是有能力將別人認為不相干的個別因素想像成一個完整的體系。這是因為他們能夠成功地找到、並提供那些因素之間欠缺的那個最小的聯繫，這個小聯繫可以轉化改造那些別人認為不相干的因素。想要知道在哪些領域的創新能夠創造最多機會，可以問問以下這個問題：「要讓潛在的事情成真，還欠缺哪些條件？只要一個小步驟，就可以改變我們的經濟效益，那個小步驟是什麼？有哪些小改變也許可以改變我們整體資源的生產力？」

說明需求並不表示滿足需求。但是，說明需求可以釐清我們想要達到的成果，可以決定是否能夠達到那些成果。創新可以發現潛在的商機，創造未來。

《成效管理》

思考與實踐　問問你自己上述三個問題。

12/31

從資料到資訊素養

經營者和知識工作者只有一項工具——資訊。

資訊可以凝聚組織，可以讓每位知識工作者的工作有所成效。企業和個人必須瞭解自己需要什麼資訊，知道如何取得這些資訊。他們必須學會如何整理資訊，成為他們的關鍵資源。

從資料素養（data literacy）轉化為資訊素養（information literacy），你必須回答兩個重要問題：「我的企業需要什麼資訊？」以及「我需要什麼資訊？」要回答這些問題，你就必須重新思考：

- 你的工作是什麼，你的工作應該是什麼？
- 你的貢獻是什麼，或者應該是什麼？
- 你的組織的基礎是什麼？

你需要三種類型的資訊，各種類型都有其專屬的觀念。資訊主要的三種類型是：外部資訊、內部資訊和跨組織的資訊。你自身的成功和你組織的成功取決於，你是否能夠在這些方面得到正確的資訊。

《典範移轉：杜拉克看未來管理》
「從資料到資訊素養」（柯比迪亞線上課程）

回答下列問題：「我的工作是什麼？我的貢獻應該是什麼？」以及「我的組織的基礎是什麼？」然後再回答下列問題：「我的組織需要什麼資訊？」和「我需要什麼資訊？」

The End of Economic Man; Transaction Publishers 1995
(originally published by John Day Company, NY, 1939)

《經濟人的末日》(寶鼎出版)
《經濟人的末日》乃杜拉克第一本完整的著作。本書以對話的方式探討極權國家；本書也是頭一本探討集權主義起源的著作。杜拉克在書中描述了法西斯主義崛起的原因，以及頗具規模的機構有何弱點，才會導致集權主義出現。杜拉克說明了集權主義社會的動態，我們可以藉此了解集權主義的成因，以免未來重蹈覆轍、再度出現這樣的災難。杜拉克指出，建立運作健全的社會、宗教、經濟以及政治性機構，有助於防微杜漸，避免極權國家滋生的溫床。

The Future of Industrial Man; Transaction Publishers 1995
(originally published by John Day Company, NY, 1942)

《工業人的未來》(寶鼎出版)
杜拉克在本書透過一般社會（特別是工業社會）的社會理論，說明社會運作所需的條件。在《工業人的未來》一書中，杜拉克提出讓所有社會符合正當性的運作條件：社會必須賦予個人地位和功能。書中探討的問題如下：「面對管理者的權力和企業的主導力，工業社會要如何保障個人自由？」本書是在美國投入第二次世界大戰之前所寫的，書中對於二次大戰之後的歐洲情勢抱持樂觀看法，為這個充滿絕望的時代帶來希望和價值。本書大膽問道：「我們對戰後的世界有什麼樣的期望？」

Concept of the Corporation; Transaction Publishers 1993
(originally published by John Day Company, NY, 1946)

《企業的概念》(天下遠見出版)
這是頭一本針對通用汽車這樣的大型企業，就結構、政策和實務加以說明和分析的經典著作。本書將「企業」視為一種「組織」；也就是一種社會性的結構，結合人力以滿足經濟層面的需求和社會的期望。該書將「組織」視為一種獨特的實體，組織的管理階層則具有合法的視察地位。本書結合了杜拉克針對社會主題而作的頭兩本著作，以及後續的管理論述。書中就分權、訂價等管理實務以及利潤和工會的角色有精闢的闡述。杜拉克研究通用汽車的管理組織，並進而了解這家公司效率如此之高的成功之道。諸如「通用的核心原則為何？這些原則對於公司的成功有何貢獻？」等問題，書中均有所探討。通用汽車的組織原則和管理已成為全球各地企業效法的模範。本書探討的議題其實超越了企業的範疇，而跨入公司國家（corporate state）的研究。

The New Society; Transaction Publishers 1993
（originally published by John Day Company, NY, 1950）

《全新的社會》（寶鼎出版）
杜拉克在《全新的社會》一書中，進一步闡述他在《企業的概念》、《工業人的未來》這兩本書中的看法，有系統、有組織地分析二次世界大戰之後出現的工業化社會。他分析大型企業、政府、工會，也分析在這些機構的社會背景中，個人所處的地位。在《全新的社會》一書出版之後，喬治‧希金斯（George G. Higgins）在《公益》（*Commonweal*）一書中寫道：「杜拉克分析個別公司或所謂『企業』（enterprise，泛指營利機構或非營利組織）中的工業關係問題，闡述之精闢不下當代任何作者。他對於經濟學、政治學、產業心理學以及產業社會學的研究都極為深入，並巧妙地將這四個領域的研究成果融合在一起，應用在企業的實際問題上。」杜拉克認為，工人、管理階層以及企業的利益是可以和社會相容的。他提倡「工廠社群」（plant community）的看法，鼓勵工人肩負起更多的責任，扮演猶如「經理人」的角色。他也對工會的角色提出質疑：如果鼓勵工人扮演經理人的角色，那麼工會目前的型態能否繼續生存下去？

The Practice of Management; HarperCollins 1993
（originally published by Harper & Row Publishers, NY, 1954）

《彼得‧杜拉克的管理聖經》（遠流出版）
這是率先將管理學界定為一門學科、一種實務的經典著作，杜拉克也因此成為現代管理學的先趨。管理這門學問雖然好幾個世紀以來都獲得實際應用，但是本書以有系統的方法讓管理學成為一門可以教授和學習的學科。這樣一來，希望改善管理效能和生產力的管理者就有了可以依循的指標。「目標管理」（Management by Objectives）在本書真正成為一種管理哲學，整合了企業、管理者以及組織貢獻者的利益。福特汽車、奇異電器、百貨巨擘Sears, Roebuck & Co., 通用汽車、IBM以及AT&T都是例證。

America's Next Twenty Years; HarperCollins
(originally published by Harper & Row Publishers, NY, 1957)

《美國的下個二十年》

在這一系列的文章當中，杜拉克討論了他認為對美國將會極為重要的議題，其中包括勞工市場即將陷入勞工短缺，自動化，少數人把持多數財富，大學教育，美國政治，其中最重要的，可能要屬「擁有者」和「缺乏者」之間的差距愈來愈大。在這些文章當中，杜拉克說明「對未來具有決定性」、「已經發生的」關鍵事件。「找出已經發生的未來」是杜拉克許多論著的主軸。

Landmarks of Tomorrow; Transaction Publishers 1996
(originally published by Harper & Brothers Publishers, NY, 1957)

《明日的地標》

《明日的地標》從人類生活和經驗的三大領域界定「已經發生的未來」。本書的第一個部分探討哲學領域的變遷——從笛卡兒的機械宇宙觀，乃至於由模式、目的和組態架構而成的新世界觀。杜拉克強調，這樣的轉變必須結合具備知識、高技能之人力和績效，才能得以實現。第二個部分則在說明自由政府所面對的四大挑戰，以及東方文化的瓦解。本書最後探討人力存在的精神層面。這些層面可以說是二十世紀末期社會的基本要素。杜拉克在他為《明日的地標》再版而新作的導論中，重新探討了該書主要的研究成果，並配合當今的重要議題，分析這些原理是否依然適用。

Managing for Results; HarperCollins 1993
(originally published by Harper & Row Publishers, NY, 1964)

《成效管理》（天下遠見出版）

本書重點在於經濟面的績效之於企業的特定功能和貢獻、及其存在的理由。根據杜拉克的觀察心得，效能企業會專注於機會，而不是問題。本書和《彼得・杜拉克的管理聖經》乃並駕齊驅的經典著作，都是探討如何把握機會，協助企業繁榮成長。《彼得・杜拉克的管理聖經》是他比較早期的作品，主要是從學科和實務這兩個層面來探討管理學的運作。本書則是探討經營者必須做些什麼，麾下的企業才能順利蓬勃成長。本書結合了具體的經濟分析和企業成功要素中的創業精神，這是杜拉克最為人所稱道的成就之一。本書對於「做些什麼」的探討，顯然比杜拉克早期的作品更為深入，但也強調企業在質化層面的重要性：所有的企業都得具備本身的目標和精神，才能邁向成功的康莊大道。「企業策略」（business strategy）以及所謂企業的「核心能力」（core competencies）等，這些現在廣為人知的觀念，就是出自《成效管理》。

The Effective Executive; HarperCollins 2002
（originally published by Harper & Row Publishers, NY, 1966, 1967）

《杜拉克談高效能的5個習慣》（遠流出版）
《杜拉克談高效能的5個習慣》是本劃時代的巨著，書中具體地說明了經營者如何提升效能的實務。這些都是基於杜拉克對企業和政府內高效能主管的觀察心得而成。杜拉克開宗明義就提醒經營者，效能的重點在於「做好正事」的能力，這方面可用五點說明：第一，管理個人時間；第二，專注於貢獻，而不是問題；第三，強化優點的生產力；第四，分辨優先順序；以及第五，做出有效的決定。本書絕大部分都是在闡述如何做出有效決定的過程和標準。書中提供許多執行力的例子。書中最後強調，創造效能是可以、而且必須學習的過程。

The Age of Discontinuity; Transaction Publishers 2003
（originally published by Harper & Row Publishers, NY, 1968, 1969）

《不連續的時代》（寶鼎出版）
本書的重點在於，明確剖析促使經濟情勢轉變、並創造明日社會的變革力量；杜拉克在書中提出真知灼見的闡述。他表示，在當代的社會和文化之下，有四大呈現不連續發展的領域：第一，新科技爆炸性的發展，促使重要的嶄新產業崛起；第二，國際性經濟轉變為世界性經濟；第三，多元機構產生新的社會政治現象，對政治、哲學以及精神層面都構成挑戰；第四，以大眾教育為基礎的知識工作世界及其影響。《不連續的時代》為「已經發生的未來」提供了重要的絕佳藍圖。

Men, Ideas, and Politics; HarperCollins
（originally published by Harper & Row Publishers, NY, 1971）

《人，觀念與政治》

本書乃蒐集十三篇文章而成，分別探討社會的各個議題—人、政治學以及思想。探討主題包括亨利・福特、日式管理以及效能總裁等。其中有兩篇文章特別突顯出杜拉克的重要思想。其中一篇是〈不合時宜的齊克果〉（The Unfashionable Kierkegaard）；這篇文章推崇人類精神層面的建構。另外一篇則是闡述約翰・柯亨（John C. Calhoun）的政治理念，說明美國多元主義的基本原則，以及這些基本原則對於政府政策和計畫的塑造有何影響。

Technology, Management, and Society; HarperCollins
（originally published by Harper & Row Publishers, NY, 1970）

《科技，管理與社會》

《科技，管理與社會》對現代科技的本質，現代科技和科學、工程以及宗教之間的關係進行全觀式的探討。本書在廣泛的機構變革架構下，分析日益箝制科技發展的社會和政治力量。對於這個社會日益依賴技術性解決方案，以解決複雜社會和政治問題的現象，杜拉克提出尖銳的批判；同樣看不慣這種現象的學者和學子，對於本書的論述，勢必覺得心有戚戚焉。

Management: Tasks, Responsibilities, Practices; HarperCollins 1993
（originally published by Harper & Row Publishers, NY, 1973）

《管理：任務、責任、實務》（天下雜誌出版，分成《管理的使命》、《管理的責任》、《管理的實務》）

本書匯集了杜拉克闡述管理學的精華；進一步說明《彼得・杜拉克的管理聖經》書中的論點。對於經營者而言，本書是很重要的參考資料。管理學有組織地說明了管理任務、管理工作、管理工具、管理職責以及高層管理者角色的相關知識。根據杜拉克的說法，「本書希望協助經理人了解當今和明日的工作、思想和知識。」作者基於三十多年來在大學、專案、講座教授管理學的經驗，以及為大型及小型企業、政府機構、醫院以及學校擔任顧問時和管理階層的密切合作，建構這本經典著作，書中內容也禁得起檢驗。

The Pension Fund Revolution; Transaction Publishers 1996
（originally published asThe Unseen Revolution, by Harper & Row Publishers, NY, 1976）

《退休基金革命》

本書中，杜拉克闡述機構投資人（特別是退休基金）如何成為美國大型企業的控制者和「資本主義者」。他探討所有權是怎麼集中在大型機構投資人的手裡，也探究「生產工具的所有權」如何透過退休基金「社會化」，而不是「國家化」。本書另一個主題為美國高齡化問題。杜拉克指出，這個趨勢將會對美國經濟和社會在健保、退休金以及社會安全等層面構成新挑戰。本書也探討中產階級和高齡者價值觀如何成為美國的主流政治議題。在本書的新版結語裡，杜拉克說明，重要性日高的退休基金為何會成為經濟史裡最驚人的權力轉移力量之一，並探討它對當今社會的影響。

Adventures of a Bystander; John Wiley & Sons 1997
（originally published by Harper & Row Publishers, NY, 1978）

《旁觀者：管理大師杜拉克回憶錄》（聯經出版）

杜拉克在《旁觀者》一書中，以自傳方式述說生平，以及其所處的大時代。杜拉克從早年在維也納度過青春歲月說起，一直談到歐洲陷入戰爭的歲月，還有新政時代、第二次世界大戰以及戰後的美國歲月；他談到許多這些年來認識的傑出人士，從中鋪陳出自己的生平事蹟。除了銀行家、交際花、藝術家、貴族、先知和帝國主義者外，書中還介紹了他自己的家人和親近的朋友圈，其中不乏佛洛伊德、亨利・露斯（Henry Luce）、史隆、約翰・路易斯、以及富勒（Buckminster Fuller）等知名人物。《旁觀者》除了描述動盪的大時代，也生動地呈現出杜拉克對於人物、觀念和歷史的興趣與想像力。

Managing in Turbulent Times; HarperCollins 1993
（originally published by Harper & Row Publishers, NY, 1980）

《動盪時代下的經營》

這本重要著作探討企業、社會和經濟即將面臨的未來。杜拉克在書中指出，我們正邁向一個嶄新的經濟世代，面臨新趨勢、新市場、全球經濟、新科技以及新機構。面對這些新現實所造成的動盪，管理者和管理階層要如何因應？本書誠如杜拉克所說的：「分析適應變化所需的策略，探討如何將迅速的變化轉變為契機，把變化的威脅變為行動，創造生產力和獲利能力，進而對我們的社會、經濟以及個人帶來正面貢獻。組織必須有結構，才能抵擋環境變化所造成的打擊。」

Toward the Next Economics; HarperCollins
（originally published by Harper & Row Publishers, NY, 1981）

《邁向經濟的新紀元》

書中蒐集的文章涵蓋各個主題，包括企業、管理學、經濟學、以及社會。不過這些議題都不脫杜拉克所說的「社會生態」（social ecology），特別是機構這個主題。這些短文探討「已經發生的未來」，強調杜拉克在一九七〇年代這十年當中的信念：人口結構和變遷的重大變化、機構角色的變化、科學和社會之間關係的改變，以及經濟學和社會長久以來奉為圭臬的基本理論也出現了變化。這些文章討論的地區包括世界各國。

The Changing World of the Executive; Truman Talley Books
（originally published by Truman Talley Books, NY, 1982）

《變動中的管理世界》

這些取自《華爾街日報》（*Wall Street Journal*）的文章探討各式各樣的議題。主要是研究工作人力的變化（如工作和期望），「員工社會」的權力關係，以及全球經濟裡科技的變革。這些文章討論大型機構所面臨的問題和挑戰，其中包括企業、學校、醫院以及政府機構。本書以全新的角度探討執行主管的職務和工作、他們的績效以及衡量績效的方式、執行主管的薪酬。這些主題雖然多元，但是各章都依循一個共同的脈絡，也就是執行主管所身處的世界裡的變化：組織內部瞬息萬變的變化，以及願景、期望的改變，甚至員工、顧客和成員的特質迅速改變，還有組織外部，以及經濟面、技術面、社會面以及政治面的變遷。

Innovation and Entrepreneurship; HarperCollins 1993
（originally published by Harper & Row Publishers, NY, 1985）

《企業創新》（長河出版）

本書率先把創新和創業精神（entreprenurship）當成一種有目的、有系統的學科呈現。本書針對企業和公共服務機構，分析並探討創業經濟崛起之後所帶來的挑戰與機會；這樣的分析對於運作中的管理階層、組織以及經濟而言，可說是一大貢獻。本書主軸有三：第一，創新的實務；第二，創業精神的實務；第三，創業精神的策略。作者分別從實務及學科兩個層面切入，探討創新以及創業精神，把重點放在創業家的行動上，而不是創業精神的心理層面和特質。包括公共服務機構在內，所有組織都必須具備創業精神，才能在市場經濟裡生存、蓬勃成長。本書闡述創業政策，並為新興和已建立規模的組織開發創新實務的機會之窗。

The Frontiers of Management; Truman Talley Books 1999
（originally published by Truman Talley Books, NY, 1986）

《管理新境》

本書匯集三十五篇杜拉克先前發表過的文章和短文；其中二十五篇取自《華爾街日報》的社論。杜拉克在書中概要地敘述了對昔日和下一個千禧年的商業趨勢的大膽預測。《管理新境》以明確、直接、生動、詳盡的筆調對全球趨勢和管理實務進行探討。書中有幾章是探討全球經濟、惡意併購、以及伴隨成功而來的意外問題。工作、年輕人、以及生涯困境也都是書中討論的主題。杜拉克在書中不斷強調前瞻的重要性，以及執行主管在作出決策時，對於「變化就是契機」的體認有多麼重要。

The New Realities; Transaction Publishers 2003
（originally published by Harper & Row Publishers, NY, 1989）

《新現實》

本書探討的主題是「新世紀」，本書的論點是「下一個世紀」已經來臨，我們的確已經搶先跨入下一個世紀。杜拉克在本書中討論「社會超結構」（social superstructure），也就是政治學和政府、社會、經濟和經濟學、社會組織、以及新的知識社會。他說明政府的限制和領導「魅力」的危險性。他也表示，未來的組織是以資訊為本。本書雖然不在討論「未來主義」，但試圖找出未來幾年將會出現的議題、爭議、和疑慮。杜拉克強調，今日的作為應該將未來納入考慮。當今吾人所面臨的難題，有許多是伴隨著昔日成功而來；杜拉克在自設的範圍之內，試圖為這些挑戰找出解決的方向。

Managing the Non-Profit Organization; HarperCollins 1992
(originally published by HarperCollins, NY, 1990)

《彼得•杜拉克：使命與領導》（遠流出版）

社會上非營利組織服務的成長非常快速（從事這類工作的人員超過八百萬人，志工人數更超過八千萬人），因此，要如何有效管理並領導這些組織，亟需指導和專家的建議。本書是杜拉克對於如何管理非營利組織的觀點的應用，書中列舉各種例子，並闡述使命、領導、資源、行銷、目標、人力開發、決策等議題。書中訪談了九位研究非營利事業重要議題的專家。

Managing for the Future; Truman Talley/E.P. Dutton, NY 1992

《杜拉克談未來管理》（時報文化出版）

本書集結杜拉克近年來關於經濟學、企業實務、變革管理以及現代企業演進等議題所發表的文章。對於想要在未來激烈競爭中出類拔萃的人士而言，本書提供了重要的願景和經驗。杜拉克的世界是個不斷擴大的宇宙，他所精通的領域可以劃分為四：第一，攸關我們生活和生計的經濟力量；第二，今日勞工界以及職場的變化；第三，最新的管理觀念和實務；第四，組織的成型（其中包括企業），以及組織如何因應日益增生的任務和職責。本書各章分別探討一家公司、企業或是「人」的問題，杜拉克說明如何解決這些問題，並將其視為變革的契機。

The Ecological Vision; Transaction Publishers 1993

《生態願景》

本書總共集結杜拉克四十多年來所寫的三十一篇短文。這些文章的主題涵蓋許多不同的領域，但同樣都是探討「社會生態」以及人為環境。這些文章多多少少都觸及到個人和社會之間的互動，並試著檢視經濟、科技、藝術等社會經驗的面向以及社會價值的表達。本書最後一篇文章〈不合時宜的齊克果〉（Unfashionable Kierkegaard）便逐一驗證物種在存在、精神和個體性等層面，杜拉克主要的目的在於突顯「社會並不足夠」這個主題，他甚至認為社會對社會本身而言也不足夠。本書目的在於肯定「希望」的地位。這是一本見解精闢的重要文集。

Post-Capitalist Society; Transaction Publishers 2005
(originally published by HarperCollins, NY, 1993)

《杜拉克談未來企業》（時報文化出版）

在《杜拉克談未來企業》一書中，杜拉克說明每隔幾百年就會出現的巨大轉變是如何發生的，以及這種轉變對社會造成什麼重大的影響，包括世界觀、基本價值觀、商業和經濟以及社會與政治結構。杜拉克表示，我們所處的時代正在劇烈變化，從資本主義和民族國家的時代轉變為知識社會和組織社會。後資本主義社會的主要資源是知識，主導這個社會的族群乃是「知識工作者」。杜拉克橫貫古今，探討工業革命、生產力革命、管理革命以及企業治理。他在書中闡述組織的新功能、知識經濟學以及社會和經濟應該以生產力為優先考量。書中涵蓋從民族國家到超級國家（Megastate）的轉變、政治體系的新多元主義以及政府所需的改革等主題。最後，杜拉克詳述與知識相關的議題，以及知識在後資本主義社會裡所扮演的角色和功能。《杜拉克談未來企業》可以分為社會、政治機構和知識三個部分，一方面尋找未來的方向，另一方面則精闢地分析過去，聚焦於當前轉變期的挑戰，以及如果我們能夠了解這些挑戰並且加以因應的話，我們要如何締造一個新未來。

Managing in a Time of Great Change; Truman Talley / E. P. Dutton 1995

《視野：杜拉克談經理人的未來挑戰》（天下遠見出版）

本書彙整杜拉克從一九九一年到一九九四年的短文，這些文章多發表在《哈佛商業評論》以及《華爾街日報》。這些文章全部都是探討「變化」這個主題：經濟、社會、商業以及一般組織的變化。杜拉克對於管理者應該如何適應這些結構性變化的建議，都是以無所不在的知識工作者和全球經濟的崛起為中心。本書中，杜拉克說明當今企業面臨的挑戰，並且探討當前的管理趨勢，這些管理方式是否真的有效，以及政府改造對於企業的影響，和管理階層與勞工之間權力平衡的調整。

Drucker on Asia; Butterworth-Heinemann 1995
(first published by Diamond Inc., Tokyo, 1995)

《杜拉克看亞洲》（天下遠見出版）

《杜拉克看亞洲》乃杜拉克和中內功（Isao Nakauchi）這兩位頂尖的企業思想家間的對話錄。他們所討論的主題包括當今經濟情勢所面臨的變化，以及自由市場和自由企業所面臨的挑戰，其中特別以中國和日本為關注的焦點。這些變化對日本有何影響？日本要如何締造「第三次的經濟奇蹟」？這些變化對於社會、個別企業以及個別專業和執行主管又有何影響？這些都是杜拉克和中內功探討的主題。書中對於亞洲在未來經濟中所扮演的角色有精闢的分析。

Peter Drucker on the Profession of Management; Harvard Business School Press 1998

《責任與擔當：杜拉克談專業經理人》（天下遠見出版）

本書集結杜拉克為《哈佛商業評論》所撰寫的經典文章。從企業策略到管理風格，乃至於社會變遷，杜拉克逐一探討經理人所面對最重要的議題。本書為讀者提供了寶貴的機會，可以了解職場重大變化的演進，並且更清楚經理人在平衡變革與持守兩造的過程裡，所扮演的角色，而「傳承持守」一直是杜拉克著作的重點。這些策略性的分析是為了探討兩個連貫的主題：一是「經理人的職責」，二是「執行者的世界」。本書並針對「後資本主義時代的經營者」這個主題訪談杜拉克，還有杜拉克本人撰寫的序；本書編輯是《哈佛商業評論》資深編輯史東（Nan Stone）。

Management Challenges for the 21st Century; HarperCollins 1999

《典範移轉：杜拉克看未來管理》（天下遠見出版）

本書是繼《杜拉克看未來企業》發表後的又一本重要著作。杜拉克在書中探討新的管理典範，包括這些典範變化的方式，以及吾人對於管理實務和原則的看法會受到什麼影響。杜拉克分析了新策略，也揭示了變化過程中的領導之道，並說明「新的資訊革命」，以及經營者需要並擁有哪些資訊。他也探討知識工作者的生產力，並闡述生產力的提升有賴個人和企業改變基本態度，而且工作本身的結構也得有所變化才行。杜拉克最後闡述的議題是：現代人的事業生涯延長，職場也不斷變化，個人要如何因應這個時代的需求，同時滿足自我管理的挑戰？

Managing in the Next Society; St. Martin's Press 2002

《下一個社會》（商周出版）

本書彙整多篇杜拉克在雜誌發表的文章。有一篇取自二〇〇一年十一月號《經濟學人》的長篇社論，還有從一九九六年到二〇〇二年的訪問。杜拉克在書中對我們不斷變化的商業社會、以及不斷擴大的管理角色提出精闢的預測。杜拉克進而探討「下一個社會」的各種現象。下一個社會是由三大趨勢所塑造而成的：年輕族群的減少、製造業的萎縮以及工作人口的轉變（伴隨資訊革命對社會造成的影響）。杜拉克也主張，電子商務以及電子學習之於資訊革命的重要性，猶如鐵路對於工業革命的影響，因此，資訊社會正在成型。杜拉克闡述社會部門的重要性（也就是非政府部門和非營利機構），因為非營利組織能夠滿足我們目前的需求：公民社群，特別是在已開發社會裡，逐漸成為主導族群、受過高等教育的知識工作者。

選集_

The Essential Drucker; HarperCollins 2001

《杜拉克精選》（天下遠見出版）

在此引述杜拉克自己的話，「《杜拉克精選》提供了連貫而詳盡的『管理導論』，並對我的管理工作提供一個全觀的圖像，而回答了這個大家一再問我的問題：『哪些是管理的精要論著？』」本書包括了二十六篇有關組織管理、管理和個人以及社會管理的文章，涵蓋了管理的基本原則、主要考量以及管理的問題、挑戰與契機，為管理者、執行主管以及專業人員，在當今和明日的經濟與社會裡，提供了執行任務的工具。

A Functioning Society; Transaction Publishers 2003

《運作健全的社會》（寶鼎出版）

本書匯集了大量杜拉克過去有關於社區、社會及政治結構的論述。杜拉克主要在探討「運作健全的社會」，也就是賦予個人地位以及功能的社會。由於社群崩解，造成歐洲極權主義的興起，書中的第一部和第二部即探討可以再造社群的機構。這些文章都是他在第二次大戰期間所寫的。第三部則探討政府在社會和經濟領域力有未迨之處。這本選集主要在探討大型政府和效能政府之間的差異。

小說_

The Last of All Possible Worlds; HarperCollins 1982《最後的世界》
The Temptation to Do Good; HarperCollins 1984《行善的誘力》

線上學習課程_

■自我管理與管理他人

Module 8101: Managing Oneself (Corpedia Education 2001)「自我管理」
Module 8102: People Decisions (Corpedia Education 2001)「人事決策」
Module 8103: Managing the Boss (Corpedia Education 2001)「管理上司」
Module 8104: The Elements of Decision Making (Corpedia Education 2001)「決策的要素」
Module 8105: Knowledge Worker Productivity (Corpedia Education 2002)「知識工作者的生產力」

■企業策略精要

Module 8106: The Successful Acquisition (Corpedia Education 2001)「成功的收購」
Module 8107: Alliances (Corpedia Education 2001)「聯盟」
Module 8108: The Five Deadly Business Sins (Corpedia Education 2001)「企業的五條大罪」
Module 8109: Permanent Cost Control (Corpedia Education 2001)「持續成本控管」
Module 8110: Entrepreneurial Strategies (Corpedia Education 2001)「企業策略」

■學習變革

Module 8114: The Next Society (Corpedia Education 2004)「下一個社會」
Module 8115: From Data to Information Literacy (Corpedia Education 2004)「從資料到資訊素養」
Module 8116: Driving Change (Corpedia Education 2003)「驅動變革」

除非特別注明，本索引中的頁碼，係參照各書的最近版本內容。各書的出版狀況，請參閱本書的「參考文獻」。

Mar. 10 *Managing in the Next Society* 74-75
Mar. 11 *Management Challenges for the 21st Century* 86-88
Mar. 12 *The Practice of Management* 39-40
Mar. 13 *Management: Takes, Responsibilities, Practices* 128
Mar. 14 *"Management's New Paradigms," Forbes, Oct. 5, 1998* 174
Management Challenges for the 21st Century 73-93
The Next Society (Corpedia Module 8114)
Mar. 15 *The Ecological Vision* 116
Management Challenges for the 21st Century 179
Mar. 16 *The Practice of Management* 62-63
Mar. 17 *The Practice of Management* 76-77
Mar. 18 *The Ecological Vision* 112-113
Mar. 19 *A Functioning Society* 131, 133-134
Mar. 20 *Managing in Turbulent Times* 67-71
Mar. 21 *Managing in the Next Society* 3-4, 19-20
Mar. 22 *Managing in the Next Society* 30-31
Mar. 23 *Managing in the Next Society* 60-61
The Next Society (Corpedia Module 8114)
Mar. 24 *Managing in a Time of Great Change* 45-50
The Five Deadly Business Sins (Corpedia Module 8108)
Mar. 25 *Management Challenges for the 21st Century* 114-115
From Data to Information Literacy (Corpedia Module 8115)
Mar. 26 *Managing in the Next Society* 241-242
Mar. 27 *Managing in the Next Society* 274-275
The Next Society (Corpedia Module 8114)
Mar. 28 *Management Challenges for the 21st Century* 121-123
Mar. 29 *Landmarks of Tomorrow* 6
Management: Tasks, Responsibilities, Practices 508
Mar. 31 *The New Realities* 157-159
The New Realities 252-254
Apr. 1 *The Frontiers of Management* 226-227
Apr. 2 *Management: Tasks, Responsibilities, Practices* 284
second Paragraph from a letter to Jack Beatty, The World According to Peter Drucker, Jack Beatty (Free Press, 1998) 79
Apr. 3 *Management: Tasks, Responsibilities, Practices* 455-456
Apr. 4 *Landmarks of Tomorrow* 109-110
Apr. 5 *Managing the Non-Profit Organization* 16-17
Apr. 6 *Managing the Non-Profit Organization* 3
Management: Tasks, Responsibilities, Practices 463
Apr. 7 *The Effective Executive* 98-99
Apr. 8 *The Leader of the Future, Francis Hesselbein, et al., eds.* (Jossey-Bass, 1996) xi-xiv
The Essential Drucker 268-271
Managing the Non-Profit Organization 9-27
Apr. 9 *Management: Tasks, Responsibilities, Practices* 462
Apr. 10 *Managing the Non-Profit Organization* 9

Apr. 11 *Managing the Non-Profit Organization* 20-21, 27
Apr. 12 *A Functioning Society* 35-36
Apr. 13 *A Functioning Society* 35-36
Apr. 14 *Management Cases (Part Five, Case No.2)* 95-97
Apr. 15 *Managing the Non-Profit Organization* 145-146
Apr. 16 *Management: Tasks, Responsibilities, Practices* 108-109
Apr. 17 *Managing the Non-Profit Organization* 149
Apr. 18 *The Essential Drucker* 127-135
People Decisions (Corpedia Module 8102)
Apr. 19 *Managing the Non-Profit Organization* 145-153
People Decisions (Corpedia Module 8102)
Apr. 20 *Managing the Non-Profit Organization* 154-155
Apr. 21 *Adventures of a Bystander* 280-281
Apr. 22 *Adventures of a Bystander* 281
Apr. 23 *Managing for Results* 223
Apr. 24 *Managing in a Time of Great Change* 84
Apr. 25 *Adventures of a Bystander* 292-293
Apr. 26 *"An Interview with Peter Drucker," The Academy of Management Executive*
(Vol.17, No.3, Aug. 2003) 11
Apr. 27 *The Ecological Vision* 196-197, 199
Apr. 28 *The Ecological Vision* 199-202
Apr. 29 *Management: Tasks, Responsibilities, Practices* 366, 368-369
Apr. 30 *The New Society* 200-201
May 1 *Management Challenges for the 21st Century* 21
Managing in the Next Society 23-24
May 2 *Managing in a Time of Great Change* 65-66, 68-69, 72
May 3 *Management Challenges for the 21st Century* 61, 63
The Next Society (Corpedia Module 8114)
May 4 *Managing in the Next Society* 237-238
May 5 *The New Realities* 78-79
May 6 *The Age of Discontinuity* 268
Management Challenges for the 21st Century 149-150
Managing in the Next Society 238-239
May 7 *Managing in a Time of Great Change* 76, 250
Post-Capitalist Society 215
May 8 *Managing in the Next Society* 262-263
May 9 *Managing in a Time of Great Change* 77, 226, 234
May 10 *The Age of Discontinuity* 213-214
May 11 *The Frontiers of Management* 66, 68
The New Realities 121-122
May 12 *Managing in the Next Society* 263, 264-265, 266, 268
May 13 *Management Challenges for the 21st Century* 62
The New Realities Xiii
Managing in the Next Society 268
May 14 *Managing in the Next Society* 118-122
The Next Society (Corpedia Module 8114)

May 15 *Managing in the Next Society* 114-118, 276
The Next Society (Corpedia Module 8114)
May 16 *Managing in the Next Society* 292-294
The Next Society (Corpedia Module 8114)
May 17 *Managing in the Next Society* 283-284
The Next Society (Corpedia Module 8114)
May 18 *Managing in the Next Society* 286
May 19 *Managing in a Time of Great Change* 350-351
May 20 *Management Challenges for the 21st Century* 136-137, 141
May 21 *The Ecological Vision* 228-230
May 22 *Post-Capitalist Society* 93-95
Managing for the Future 275
May 23 *Management Challenges for the 21st Century* 142
May 24 *Management Challenges for the 21st Century* 143-146
Knowledge Worker Productivity (Corpedia Module 8105)
May 25 *Management Challenges for the 21st Century* 147
Knowledge Worker Productivity (Corpedia Module 8105)
May 26 *Management Challenges for the 21st Century* 146-148
May 27 *Concept of the Corporation* 296-297
May 28 *Management Challenges for the 21st Century* 146
Knowledge Worker Productivity (Corpedia Module 8105)
May 29 *Post-Capitalist Society* 192-193
May 30 *Post-Capitalist Society* 56, 64
The Age of Discontinuity 276-277
May 31 *The Ecological Vision* 99
Jun. 1 *Management Challenges for the 21st Century* 163
Managing Oneself (Corpedia Module 8101)
Jun. 2 *The Ecological Vision* 349-350
Jun. 3 *The Ecological Vision* 350-351
Jun. 4 *The Ecological Vision* 351
Jun. 5 *The Ecological Vision* 352-353
Jun. 6 *The Frontiers of Management* 204, 206-207
Jun. 7 *Drucker on Asia* 107-108
Jun. 8 *Managing the Non-Profit Organization* 201-202
Jun. 9 *Managing the Non-Profit Organization* 189-190, 192-193, 200
Jun. 10 *Management Challenges for the 21st Century* 178
Jun. 11 *Managing the Non-Profit Organization* 195-196
Jun. 12 *"An Interview with Peter Drucker," The Academy of Management Executive*
(Vol.17, No.3, Aug. 2003) 10-12
Jun. 13 *Managing in the Next Society* 281-282
Jun. 14 *Managing in the Next Society* 288-289
The Next Society (Corpedia Module 8114)
Jun. 15 *Post-Capitalist Society* 76
Jun. 16 *The Pension Fund Revolution* 71-72
Jun. 17 *The Pension Fund Revolution* 81-82
Jun. 18 *Managing for the Future* 236, 248

The Five Deadly Business Sins (Corpedia Module 8108)

Jul. 25 *Managing for the Future* 251-255

Jul. 26 *Management: Tasks, Responsibilities, Practices* 64-65

Jul. 27 *Managing in a Time of Great Change* 47-48
The Five Deadly Business Sins (Corpedia Module 8108)

Jul. 28 *Permanent Cost Control* (Corpedia Module 8109)
Managing for Results 68-110

Jul. 29 *Permanent Cost Control* (Corpedia Module 8109)
Innovation and Entrepreneurship 143-176

Jul. 30 *Permanent Cost Control* (Corpedia Module 8109)

Jul. 31 *Permanent Cost Control* (Corpedia Module 8109)

Aug. 1 *Management: Tasks, Responsibilities, Practices* 674, 679

Aug. 2 *Management: Tasks, Responsibilities, Practices* 664, 666, 668

Aug. 3 *Managing in Turbulent Times* 48
Management: Tasks, Responsibilities, Practices 774

Aug. 4 *Innovation and Entrepreneurship* 162-163

Aug. 5 *Managing for the Future* 281-282

Aug. 6 *Innovation and Entrepreneurship* 189-192

Aug. 7 *The Ecological Vision* 177-179

Aug. 8 *The Ecological Vision* 179

Aug. 9 *Managing in the Next Society* 277-279
The Next Society (Corpedia Module 8114)

Aug. 10 *Innovation and Entrepreneurship* 193

Aug. 11 *Innovation and Entrepreneurship* 193-194

Aug. 12 *Innovation and Entrepreneurship* 194-195

Aug. 13 *Innovation and Entrepreneurship* 198-199

Aug. 14 *Managing for Results* 151

Aug. 15 *Managing for Results* 171-172

Aug. 16 *Innovation and Entrepreneurship* viii, 19, 209
Entrepreneurial Strategies (Corpedia Module 8110)

Aug. 17 *Innovation and Entrepreneurship* 210-211
Entrepreneurial Strategies (Corpedia Module 8110)

Aug. 18 *Innovation and Entrepreneurship* 220-221
Entrepreneurial Strategies (Corpedia Module 8110)

Aug. 19 *Innovation and Entrepreneurship* 225-227
Entrepreneurial Strategies (Corpedia Module 8110)

Aug. 20 *Innovation and Entrepreneurship* 243, 247
Entrepreneurial Strategies (Corpedia Module 8110)

Aug. 21 *Innovation and Entrepreneurship* 233-236
Entrepreneurial Strategies (Corpedia Module 8110)

Aug. 22 *Innovation and Entrepreneurship* 236-240
Entrepreneurial Strategies (Corpedia Module 8110)

Aug. 23 *Innovation and Entrepreneurship* 240-242
Entrepreneurial Strategies (Corpedia Module 8110)

Aug. 24 *Innovation and Entrepreneurship* 241
Entrepreneurial Strategies (Corpedia Module 8110)

Sept. 29 *Management: Tasks, Responsibilities, Practices* 431

Sept. 30 *Management: Tasks, Responsibilities, Practices* 434-436

Oct. 1 *Drucker on Asia* 104

Oct. 2 *The Effective Executive* 130

Oct. 3 *The Effective Executive* 134-135

Oct. 4 *The Effective Executive* 134-135

Oct. 5 *The Effective Executive* 136-139
The Elements of Decision Making (Corpedia Module 8104)

Oct. 6 *Management: Tasks, Responsibilities, Practices* 472-474

Oct. 7 *The Effective Executive* 113-142
The Elements of Decision Making (Corpedia Module 8104)

Oct. 8 *The Effective Executive* 155-156
The Elements of Decision Making (Corpedia Module 8104)

Oct. 9 *The Effective Executive* 123-130
The Elements of Decision Making (Corpedia Module 8104)

Oct. 10 *The Effective Executive* 126-128
The Elements of Decision Making (Corpedia Module 8104)

Oct. 11 *The Effective Executive* 126-128
The Elements of Decision Making (Corpedia Module 8104)

Oct. 12 *Management: Tasks, Responsibilities, Practices* 466-470
The Elements of Decision Making (Corpedia Module 8104)

Oct. 13 *The Effective Executive* 141

Oct. 14 *The Effective Executive* 139-142
The Elements of Decision Making (Corpedia Module 8104)

Oct. 15 *Management: Tasks, Responsibilities, Practices* 543-545

Oct. 16 *The Future of Industrial Man* 28, 32

Oct. 17 *The End of Economic Man* xx-xxi

Oct. 18 *The End of Economic Man* 37-38

Oct. 19 *Managing in the Next Society* 149-150

Oct. 20 *Concept of the Corporation* 242-243

Oct. 21 *Post-Capitalist Society* 120, 122-123

Oct. 22 *The Age of Discontinuity* 229, 233

Oct. 23 *The Age of Discontinuity* 233-234, 241

Oct. 24 *The Age of Discontinuity* 236, 240-241

Oct. 25 *The Age of Discontinuity* 225
The New Realities 129-130

Oct. 26 *The Frontiers of Management* 210, 212-213

Oct. 27 *The New Realities* 22-23

Oct. 28 *A Functioning Society* 143

Oct. 29 *Managing the Non-Profit Organization* 4, 53-54

Oct. 30 *Managing the Non-Profit Organization* 56

Oct. 31 *Managing the Non-Profit Organization* 157-158

Nov. 1 *The Age of Discontinuity* 192-193

Nov. 2 *Management Challenges for the 21st Century* 122-123
From Data to Information Literacy (Corpedia Module 8115)

Nov. 3 *Management Challenges for the 21st Century* 123-126

Dec. 9 *Management Challenges for the 21st Century* 117
From Data Information Literacy (Corpedia Module 8115)
Dec. 10 *Management Challenges for the 21st Century* 120-121
From Data Information Literacy (Corpedia Module 8115)
Dec. 11 *The Frontiers of Management* 257-260
The Successful Acquisition (Corpedia Module 8106)
Dec. 12 *The Successful Acquisition* (Corpedia Module 8106)
Dec. 13 *The Frontiers of Management* 257-258
The Successful Acquisition (Corpedia Module 8106)
Dec. 14 *The Frontiers of Management* 258
The Successful Acquisition (Corpedia Module 8106)
Dec. 15 *The Frontiers of Management* 258
The Successful Acquisition (Corpedia Module 8106)
Dec. 16 *The Frontiers of Management* 259-260
The Successful Acquisition (Corpedia Module 8106)
Dec. 17 *The Frontiers of Management* 259
The Successful Acquisition (Corpedia Module 8106)
Dec. 18 *Management Challenges for the 21st Century* 34, 37, 67
Dec. 19 *Managing for the Future* 288-291
Dec. 20 *Innovation and Entrepreneurship* 179-180
Dec. 21 *The Ecological Vision* 210-211
Dec. 22 *Management: Tasks, Responsibilities, Practices* 345
Dec. 23 *Landmarks of Tomorrow* 264-265
Dec. 24 *The Ecological vision* 429, 435, 437
The End of Economic Man 55
Dec. 25 *The Ecological Vision* 425, 437, 439
Dec. 26 *The End of Economic Man* 78-79
Dec. 27 *The Future of Industrial Man* 25-26
Dec. 28 *Managing in a Time of Great Change* 51-52
Dec. 29 *Managing in a Time of Great Change* 52-57
Dec. 30 *Managing for Results* 148
Dec. 31 *Management Challenges for the 21st Century* 97-102
From Data to Information literacy (Corpedia Module 8115)

著作摘錄索引

主題閱讀索引

國家圖書館出版品預行編目資料

每日遇見杜拉克：世紀管理大師366篇智慧精選／杜拉克（Peter F. Drucker）著；馬齊里洛（Joseph A. Maciariello）編；胡瑋珊, 張元嘉, 張玉文合譯. -- 第二版. -- 臺北市：遠見天下文化, 2010.12

面； 公分. --（財經企管；600A）

譯自 The daily Drucker : 366 days of insight and motivation for getting the right things done

ISBN 978-986-216-659-8（精裝）

1. 企業管理

494　　99023922

每日遇見杜拉克

世紀管理大師366篇智慧精選

作　　者／杜拉克（Peter F. Drucker）著、馬齊里洛（Joseph A. Maciariello）編
譯　　者／胡瑋珊（序、自序、導論、一至四月、附綠）、
　　　　　張元嘉（五至八月）、張玉文（九至十二月）
封面照片／© Steve Smith/Corbis
資深行政副總編輯／吳佩穎
責任編輯／周宜芳、胡純禎
封面及版型設計／江孟達

出版者／遠見天下文化出版股份有限公司
創辦人／高希均、王力行
遠見・天下文化・事業群 董事長／高希均
事業群發行人／CEO／王力行
天下文化社長／總經理／林天來
國際事務開發部兼版權中心總監／潘欣
法律顧問／理律法律事務所陳長文律師　　　著作權顧問／魏啟翔律師
地　址／台北市104松江路93巷1號2樓
讀者服務專線／(02) 2662-0012
傳　真／(02)2662-0007；(02)2662-0009
電子郵件信箱／cwpc@cwgv.com.tw
直接郵撥帳號／1326703-6號　遠見天下文化出版股份有限公司

電腦排版／立全電腦印前排版有限公司
製版廠／東豪印刷事業有限公司
印刷廠／中康彩色印刷事業股份有限公司
裝訂廠／中原造像股份有限公司
登記證／局版台業字第2517號
總經銷／大和書報圖書股份有限公司　電話／(02) 8990-2588
出版日期／2019年12月12日第三版第1次印行

定價／500元
原著書名／The Daily Drucker: 366 Days of Insight and Motivation for Getting the Right Things Done
By Peter F. Drucker with Joseph A. Maciariello

4713510946831（英文版ISBN: 0-06-074244-5）
書號：BCB600B

天下文化官網　bookzone.cwgv.com.tw

天下文化

BELIEVE IN READING